Fisch und Netz
Ethologische Beobachtungen in der Binnenfischerei

Martin Rauschert

Fisch und Netz

Ethologische Beobachtungen in der Binnenfischerei

Ein Beitrag zum Bemühen eigenständiger Nahrungsmittelproduktion in der ehemaligen DDR

© 2013 Martin Rauschert

Herstellung und Verlag: BoD – Books on Demand, Norderstedt
Bibliografische Information der Deutschen Nationalbibliothek
Die Deutsche Nationalbibliothek verzeichnet diese Publikation in der Deutschen Nationalbibliografie;
detaillierte bibliografische Daten sind im Internet über http://dnb.d-nb.de abrufbar.
ISBN 978-3-7322-42382
Printed in Germany

Vorwort

In der ehemaligen DDR richtete sich das Bestreben darauf, möglichst unabhängig von Westimporten zu sein und die vorhandenen Ressourcen gut auszuschöpfen. Es existierte zwar eine Fangflotte in der Hochseefischerei, doch die Erträge der Binnenfischerei sollten ebenfalls gesteigert werden. Eine Möglichkeit dazu, bot sich in der Veränderung von Fanggeräten. Dazu mussten allerdings zunächst einmal die Reaktionen der Fische auf die unterschiedlichsten Geräte erkundet werden. Von oben her war das jedoch kaum möglich. Man konnte es nur durch Aufnahmekameras oder Direktbeobachtungen unter Wasser erreichen.

Während meiner Tätigkeit als wissenschaftlicher Sekretär der AG Unterwasserforschung in der Akademie der Wissenschaften der DDR konnte ich mich in einer außerplanmäßigen Aspirantur von 1961 bis 1971 dieser Problematik widmen und es entstand die hier abgedruckte Dissertation.

Tauchgeräte und Zubehör konnte man kaufen oder als Mitglied einer Tauchsportgruppe der GST (Gesellschaft für Sport und Technik) zur Verfügung gestellt. Mit UW-Fotoapparaten, UW–Filmkameras war es schwieriger. Die mussten selbst gebaut werden. An Fernsehkameras war weder für den normalen Gebrauch und schon gar nicht für den UW-Einsatz zu denken. Alles wurde im Eigenbau hergestellt und speziell die Fernsehkamera wurde ein riesiges, nur stationär einetzbares Gerät.

Eine längere Einarbeitungszeit war erforderlich, um in den Fischereibetrieben so Fuß zu fassen, dass meine Arbeit nicht nur geduldet wurde, sondern die Ergebnisse meiner Beobachtungen auf reges Interesse stießen.

Erhebliche Schwierigkeiten bereiteten die vorgefassten Meinungen der Fischer. Zunächst nahmen sie an, durch den Taucher würden die Fische aus dem Netz gescheucht. Als ich erstmals im Weißen See bei Wesenberg tauchte, einem flachen Karpfenintensivgewässer, versteckten sich die durch das sie einkreisende Netz beunruhigten Karpfen sogar unter dem am Grund liegenden Taucher. Ich war von Karpfen umgeben, die nicht die geringste Scheu vor mir erkennen ließen. Die in den Kähnen arbeitenden Fischer ahnten nichts von der Situation unter Wasser und nahmen an, ich würde ihre Fangobjekte aus dem Netz treiben. Sie begannen mit ihren langen Stakrudern nach mir zu schlagen, indem sie sich nach meiner an der Oberfläche aufsteigenden Ausatemluft richteten, dabei aber nur die Pressluftflaschen trafen.

Foto- und Filmaufnahmen vom Verhalten der Fangobjekte an den Netzen wurden bald von mir in den größeren Fischereibetrieben vorgeführt, von den Kollegen diskutiert und häufig mit Änderungen von Fangmethoden und Fanggeräten beantwortet, die auch oft zur Steigerung der Fangerträge beitrugen.

Um damals überhaupt eine Doktor-Dissertation einreichen zu können, musste vorher eine Philosophieprüfung bestanden werden, zu der auch eine umfangreichere schriftliche Arbeit gefordert wurde. Da sie bei mir sehr praxisbetont ausgefallen war, empfahl mir die Kommission, sie als einführenden Teil meiner eigentlichen Arbeit voran zu stellen. Stark verkürzt und geändert habe ich das dann auch getan.

Heute ist es wahrscheinlich für viele junge Menschen recht interessant, etwas über die Tätigkeit eines Wissenschaftlers aus dieser Zeit zu erfahren und ich möchte deshalb hier die Arbeit für die Allgemeinheit publizieren.

„Beobachtungen zum Verhalten von Fischen
an Fanggeräten der Binnenfischerei"

DISSERTATION

zur Erlangung des Grades eines Doktors der
Naturwissenschaften (rer. nat.)

vorgelegt der biowissenschaftlichen Fakultät des
wissenschaftlichen Rates der Humboldt Universität zu Berlin

von
Martin Rauschert
geb. am 9. Mai 1934
in Berlin-Dahlem

Dekan: Herr Professor Dr. med. Dr. phil. Dr. h.c. S.M.
Rapoport

Gutachter:
1. Herr Professor Dr. rer. nat. habil. G. Tembrock
2. Herr Professor Dr. phil. habil. D. Scheer
3. Herr Dr. sc. G. Predel

Berlin, den 20.11.1970

INHALT

1. Die Ethologie als wissenschaftliche Produktivkraft bei der Steigerung der Fangergebnisse in der Binnenfischerei

1.1. Die Ethologie als Produktivkraft

Die Produktion bedarf realer materieller Produktivkräfte und auch der auf die Erkenntnis der Wirklichkeit gerichteten „geistigen Potenzen der Produktion", sie braucht die Wissenschaft als „Produktionspotenz" (Marx).

Diese Vorstellung von Marx gewinnt im „Entwickelten gesellschaftlichen System des Sozialismus" nicht nur für die Schwerpunktwissenschaften erheblich an Bedeutung. Da die wissenschaftliche Arbeit immer mehr zu einer entscheidenden Lebenstätigkeit der Menschen wird, gehören ihre Probleme auch zu den wichtigsten Grundfragen des modernen gesellschaftlichen Lebens.

1.1.1. Ethologie und Nahrungsmittelproduktion

Obwohl im Rahmen der strukturbestimmenden Schwerpunktvorhaben vor allem der industriellen Produktion besondere Bedeutung beim Aufbau des „Entwickelten gesellschaftlichen Systems des Sozialismus" zufallen, müssen bestimmte Wissenschaftsdisziplinen die Aufgabe übernehmen, die Nahrungsmittelproduktion direkt zu steigern.

Darin besteht vor allem das Anliegen der Landwirtschaftswissenschaften. Bei der Ertragssteigerung der tierischen Produktion kann jedoch auch die Ethologie eine recht erhebliche Rolle spielen.

Seit Jahren sind Verhaltensforscher bestrebt, durch ihre wissenschaftlichen Untersuchungen an marinen Fischen, die Erträge der Hochseefischerei zu steigern. Ebenso unterstützen ethologische Arbeiten die Bemühungen des Instituts für Binnenfischerei darin, die Produktion an Süßwasserfischen der Seen- und Flussfischerei zu erhöhen.

Die Binnenfischerei hat ihre gesamten Fanggeräte auf bestimmte, zum großen Teil nicht exakt bekannte Verhaltenssysteme der Fische ausgerichtet. Die Richtigkeit von Fanggerät und Fangmethode stützt sich auf Erfahrungswerte, die man rückschließend aus positivem oder negativem Fangergebnis gewann. Experimentelle Ergebnisse lassen sich mitunter nicht auf die Praxis übertragen.

Hier hat die Ethologie Anknüpfungsmöglichkeiten, das Studienobjekt in seinem natürlichen Lebensraum zu untersuchen.

Nach *Tembrock* ist das Grundproblem für die Ethologie die basierende Voraussetzung, dass es bei allen Organismen ein von innen her organisiertes („programmiertes") Verhalten gibt, in Aufbau und Intensität des Ablaufes artspezifisch organisiert, auf das die Außenfaktoren auslösend und raumzeitlich orientierend wirken. Hier findet die Binnenfischerei die Möglichkeit, Auslösereize zu schaffen, die das Regelsystem der Fische so beeinflussen, dass sie besser gefangen werden, ohne die Möglichkeit zu erhalten, sich den neuen Umweltbedingungen anpassend die Fanggeräte zu meiden (eventuell über eine „Selbstdressur" oder andere Lernvorgänge - *Herter*, 1953, p. 1; 7; 14 ff; 22 ff). Das beobachtete Verhalten kann natürlich meist nicht ausschließlich auf einem „Programm" beruhen. Es kann Erbkoordination sein oder (und außerdem auch) Elemente einer individuellen Anpassung enthalten. Arttypische Verhaltensweisen können schließlich in ihrer endgültigen Ausformung von obligatorischen Erfahrungen abhängig sein (zum Beispiel Singen bestimmter Vogelarten, Sprechen und Gehen der Menschen).

„Erbkoordinationen können ... als Teilmechanismen von Regelsystemen aufgefasst werden, die zur Aufrechterhaltung bestimmter physiologischer Fließgleichgewichte beizutragen vermögen. Das ist natürlich besonders einleuchtend bei stoffwechselbedingtem Verhalten, ... gilt auch ebenso für Schutzverhalten, ... oder für das Ruheverhalten" (*Tembrock,* 1968, p. 17).

Kann man mit der Fangtechnik in so eine Erbkoordination einbrechen, bestehen berechtigte positive Erfolgsaussichten. Ohne die Erbkoordinationen der modernen Ethologie zu kennen, nutzt der Mensch wohl seit der Menschwerdung das stoffwechselbedingte Verhalten - den Hunger der Tiere - um Fische zu angeln, sie bei täglichen oder jahreszeitlich bedingten Veränderungen zu fangen; - das Fortpflanzungsverhalten - um den Hecht auf dem überschwemmten Ufer zu überlisten oder - das Schutzverhalten der in Uferhöhlungen versteckten Forelle - um ihrer habhaft zu werden.

Nun, da die moderne Ethologie eine feste Stellung im Wissenschaftsnetz der Gegenwart eingenommen hat, kommt es ihr zu, sich zu einer bedeutenden wissenschaftlichen Produktivkraft auf dem Gebiet der tierischen Produktion zu entwickeln.

1.2.   Stand der Ethologie im Hinblick auf die Binnenfischerei
1,2,1,   Ausnutzung der Ethologie beim Fischfang

Die Fischerei ist eine der ältesten Tätigkeiten des Menschen zum Nahrungserwerb (*Wundsch,* 1963, p. 7). Die urtümlichsten erhaltenen Fischereigeräte bestehen aus Feuerstein und wurden als Speerspitzen und Angelhaken verwendet. Zielbewusst wurden, wie oben erwähnt, die Fanggeräte auf die Verhaltensweise der Beuteobjekte zugeschnitten. Nachdem das Verhalten vieler Fische bekannt war, zum Laichgeschäft oder zum Nahrungserwerb in Überschwemmungsgebiete zu ziehen, konnten sich schon größere Fangvorrichtungen entwickeln lassen. Es entstanden, an die örtlichen Gegebenheiten angepasst, Fischzäune und -wehre, die man heute noch in verschiedenen Überschwemmungsgebieten in ähnlicher Form finden kann.

Lange Zeit hindurch bestand die Fischerei aus einer reinen Sammelwirtschaft. Es gab nur eine Ernte aus natürlicher Produktion und nichts wurde zur Erhaltung oder Vermehrung der Bestände getan. (Die Meeresfischerei arbeitet heute im allgemeinen noch nach diesem Prinzip, wenn auch Fangbeschränkungen erlassen wurden, um die Bestände zu erhalten und die Fangflotten mit den modernsten technischen Hilfsmitteln ausgerüstet sind. Erst in den letzten Jahren beginnt man sich in verschiedenen Ländern verstärkt auch marinen Kulturen zuzuwenden. Die größten Erfolge auf diesem Gebiet haben bisher die Japaner erreicht, die schon vor etwa 80 Jahren mit der Anlage von Austernkulturen begannen.).

Schon im Mittelalter kam es zu bestimmten, den Fang betreffende Vorschriften, die allerdings meist ökonomischer Natur waren und innerhalb eines abgegrenzten Gebietes die Interessen der jeweiligen Zünfte oder Innungen sichern sollten. Relativ früh entstand die Teichwirtschaft. Da man den Fisch als eine recht zuträgliche Fastenspeise empfand, begannen schon vor mehreren 100 Jahren die Mönche in verschiedenen Klöstern mit der Fütterung und Züchtung von Fischen und der Düngung der Teiche. Damit eilten sie der Entwicklung der übrigen Binnenfischerei weit voraus. Ausgewählt wurden für den Teichbesatz Arten mit qualitativ hochwertigem Fleisch (Forelle, Karpfen). Man musste für die Teichwirtschaft geeignete Arten finden. Dabei spielte unter anderem auch das Verhalten des Tieres eine bedeutende Rolle.

Obwohl die Teichwirtschaft schon sehr lange moderne wissenschaftliche Methoden verwendet (angewandte Genetik bei der Herauszüchtung der drei Standard-Karpfenarten: Schuppenkarpfen, Spiegelkarpfen, Lederkarpfen, gekoppelt mit bestimmten Resistenzerscheinungen), begann die Binnensee- und Flussfischerei erst in den letzten Jahrzehnten grundlegend neue Fanggeräte zu konstruieren und die alten sinnvoll verändert einzusetzen.

Die Binnenfischerei hat sich zu einem bewussten Wirtschaftsbetrieb der von Wasser bedeckten Oberflächen gewandelt. Dabei liegt die Aufgabe der Fischereiwirtschaft darin, die Wechselbeziehungen zwischen dem Gewässer und seinen Bewohnern zu studieren und die wirtschaftsgünstigsten Verhältnisse zu ermitteln (*Wundsch*, 1963, p. 8). War man bisher darauf angewiesen, Boden-, Wasserproben u.a. Mit den klassischen Methoden, z. B. Bodengreifer und Ruttnerschöpfer, zu gewinnen; konnte man das Verhalten der Fische zum Fanggerät nur subjektiv nach dem guten oder schlechten Fangergebnis spekulativ vermuten, so vermag heute die Direktmethode der Unterwasserbeobachtung oder Probeentnahme (mithilfe des autonomen Tauchgeräts) innerhalb kurzer Zeiträume auswertbare Ergebnisse zu erlangen.

Unter ökologischen Gesichtspunkten bildet der See ein System. Ökosysteme sind als über mehr oder weniger lange Zeiträume hin multistabile Regelsysteme mit negativer kompensierender Rückkopplung aufzufassen. Demgegenüber kann die Wirtschaftseinheit See ein negativ oder positiv rückgekoppeltes Regelsystem sein. Es kann bei einer schlechten Beherrschung des Fischbestandes infolge ungenügender Bewirtschaftung zu einem Nachwuchsmangel oder einem Nachwuchsüberschuss kommen, d.h. die Erzeugung von wirtschaftlich wertvollen Fischen im See nimmt immer mehr ab. Hier sind Intensivgewässer besonders gefährdet, denn kleine Fehler in der Bewirtschaftung können das positiv rückgekoppelte System, das nur infolge der Betreuung durch den Menschen (als Intensivgewässer) aufrechtzuerhalten ist, zusammenbrechen lassen. (z.B. Aussticken im Winter, Auftreten von Krankheiten, wie Bauchwassersucht u.a.).

Neben ökologischen Bedingungen spielen hier auch Fragen des Verhaltens der einzelnen Arten eine bedeutende Rolle. Der Überbevölkerung lässt sich durch verschiedene Maßnahmen begegnen. Resultiert die Überbevölkerung aus einem Nachwuchsüberschuss (häufig in eutrophen Seen bei Plötze, Barsch), so muss versucht werden, die Tiere während des Laichens zu fangen oder das Laichgeschärft zu stören. Durch entsprechende Förderung des Raubfischbestandes (vor allem Hecht!) Kann ebenfalls gegen eine Überbevölkerung vorgegangen werden. Da sie eine gemeinsame Nahrungsgrundlage besitzen, ist es theoretisch möglich, Weißfische durch künstlichen Besatz der Seen mit Karpfen und Aal zu verdrängen. (Praktisch muss diese Theorie jedoch erst bewiesen werden!).

Liegt ein zu geringer Fischbestand vor, kann das zum Beispiel die Folgeerscheinung einer Überfischung sein, die Ursachen im Nahrungsmangel haben, daran liegen, dass keine Zuwanderungsmöglichkeiten bestehen (Aal, Zander). Hier ist Abhilfe durch künstlich angelegte oder Verbesserung natürlicher Laichplätze zu schaffen (für Zander). Voraussetzung ist natürlich, dass man das Laichverhalten der betreffenden Fischarten und die bevorzugten Laichgebiete in dem entsprechenden Gewässer kennt. Während des Laichgeschäftes dürfen die Gewässer nicht mehr befischt werden, es werden Schonzeiten eingehalten oder wenigstens Schonreviere eingerichtet. Künstlich ist der Fischbestand durch Besatz mit Jungfischen zu verbessern. Dabei muss natürlich der Bestand des Gewässers genau bekannt sein, um nicht durch Nahrungskonkurrenten das Verhältnis Fisch - Nährtier zu stören. Alle Wirtschaftsmaßnahmen sind auf die Fruchtbarkeit des Gewässers und die Ertragsfähigkeit an einzelnen Fischarten abzustimmen. Dem Ökosystems See, als negativ rückgekoppeltes Regelsystem sollte die Wirtschaftseinheit See als negativ rückgekoppeltes Regelsystem gegenübergestellt werden, um effektive Produktionsergebnisse zu erreichen.

1.2.2. Bedeutung der ethologischen Forschung in der Binnenfischerei im „Entwickelten gesellschaftlichen System des Sozialismus"

Enger als in vielen anderen Wissenschaftsdisziplinen war eine Verbindung der Landwirtschaftswissenschaften mit der Praxis besonders auffällig. Es liegt in der Natur der Sache, dass auch die Fischereiforschung gezwungen ist, in vielfältiger Verknüpfung eng mit den Praktikern zusammenzuarbeiten. So gehen nicht nur neue Fanggeräte zur Erprobung in die Fischereibetriebe, sondern an den regelmäßig durchgeführten Kolloquien des Instituts nehmen Kollegen der Fischereibetriebe teil, unmittelbaren Nutzen für ihre Produktionsarbeit ziehend. Es kommt zu einer Verwissenschaftlichung der Produktion.

Durch enge Verbindung und Durchdringung von Wissenschaft und Praxis gelingt es auch verhältnismäßig schnell, neue Fanggeräte und Fangmethoden in der Produktion zu nutzen. Zum Beispiel waren 1966 die Entwicklungen des Elektrofanggerätes „Aalzeese" noch nicht so weit gediehen, dass man ein universell einsetzbares Gerät vorstellen konnte. 1968 half es den größeren VE-Binnenfischereibetrieben bereits, ihren Produktionsplan zu erfüllen. 1968 plante und konstruierte man ein „Elektrozugnetz" für die Karpfenabfischung auf der Grundlage der beobachteten Reaktionen der Fische am normalen Zugnetz, das bereits im gleichen Jahr bei der Herbstabfischung in Karpfenintensivgewässern der VE-Binnenfischerei Prenzlau versuchsweise eingesetzt werden konnte.

1.2.2.1. Prognostische Bedeutung der Entwicklung der Binnenfischerei und daraus abgeleitete Untersuchungen heute

Auf einer Rede zum 75. Geburtstag *Walter Ulbrichts* wies *Steenbeck* (1968) darauf hin, dass *Ulbricht* schon Ende der Fünfzigerjahre gedrängt habe, Prinzipien der sozialistischen Planung im Bereich Forschung/Entwicklung einzuführen und in diesem Zusammenhang besondere Bedeutung der Gemeinschaftsarbeit der Wissenschaftler untereinander und mit den anderen Werktätigen zumaß. Auf der 2. Plenartagung des Forschungsrates (Nov. 1967) forderte *Walter Ulbricht* eine Verstärkung der wissenschaftlichen Basis in der Industrie als notwendige Voraussetzung, die Wissenschaft als Produktivkraft wirksam werden zu lassen. Dass diese für die Industrie geforderte Entwicklung auf die Arbeitsweise des Instituts für Binnenfischerei Anwendung fand, deuten die oben genannten Beispiele an.

In der Binnenfischerei ist man in der Perspektive darauf angewiesen, die Fangtechnik wesentlich zu verbessern, da sonst dem steigenden Bedarf an Fisch mit der Produktion nicht nachgekommen werden kann. Von anderen Möglichkeiten der Produktionssteigerung abgesehen, soll hier besonders vom Verhalten der Tiere ausgegangen werden.

Gegenwärtig werden in Karpfenintensivgewässern Karpfen produziert. Die Fischereibetriebe konzentrieren ihre Bemühungen in steigendem Maße auf die Karpfenproduktion. Der Karpfen hat sich heute zum Hauptfisch entwickelt. Je nach Gewässer ist es nach wie vor mehr oder weniger problematisch, die Karpfen zu Beginn des Winters aus den Intensivgewässern wieder zu fangen. Die Schwierigkeit drückt sich schon darin aus, dass während der Karpfenabfischung die Zugnetzbrigaden durch Verwaltungsangestellte unterstützt werden, die so für Tage und Wochen ihren Arbeitsplatz verlassen. Trotzdem kommt es regelmäßig vor, dass die letzten Züge unter Eis gemacht werden müssen und einige Seen bis zum Frühjahr liegen bleiben, weil die Tiere nicht zu fangen sind.

Ausgehend von der Kenntnis bestimmter Verhaltensformen der Karpfen am Zugnetz wurde inzwischen ein Elektrozugnetz entwickelt, das weiter oben schon erwähnt wurde. Damit hat man versucht, modernste wissenschaftliche Methoden in die Praxis einfließen zu lassen. In der Perspektive genügen solche bekannten Methoden natürlich nicht.

Es wäre denkbar, dass man die Stoffwechselvorgänge des Karpfens für dessen Fang ausnutzt. In den Intensivgewässern werden die Karpfen zusätzlich gefüttert. Dabei kommt es zu großen Fressgesellschaften an den Futterplätzen. Diese Karpfenansammlungen ließen sich ausnutzen, um die Tiere ohne großen Aufwand vor der Herbstabfischung zu fangen und bis zum Verkauf zu hältern. Gleichzeitig hätte man die Möglichkeit, den Karpfen das ganze Jahr über zum Verkauf anzubieten und nicht nur als Weihnachts- oder Silvesterkarpfen auf den Markt zu bringen. Eine andere Möglichkeit, die jedoch eine umfangreiche Grundlagenforschung auf diesem Gebiet erforderte, bestünde darin, die Hydroakustik für den Fang anzuwenden. Panik- oder Fressgeräusche der Karpfen ließen sich - ins Wasser ausgestrahlt - eventuell dazu benutzen, die Tiere in Netze zu treiben oder sie anzulocken. Hier wären Möglichkeiten gegeben, den Fang weitestgehend zu mechanisieren oder sogar zu automatisieren.

Das pneumatische Hebenetz könnte z.B. sehr effektiv zum Fang an Futterstellen eingesetzt werden. Darüber hinaus könnte versucht werden, über die Hydroakustik oder bestimmte Ortungsmethoden Karpfenansammlungen (Überwinterungsgesellschaften) zu lokalisieren, um die Tiere gezielt zu fangen und nicht erst den gesamten See abzufischen. Zu den genannten Problemen müssen heute die wissenschaftlichen Grundlagen erarbeitet werden, um die Fischproduktion in der Perspektive effektiv steigern zu können.

1.2.2.2.   <u>Voraussetzungen, um die Ethologie im Rahmen der Binnenfischerei als Produktivkraft wirksam werden zu lassen</u>

Dass die Fischereiforschung selbst eine Wissenschaft darstellt, wurde weiter oben angedeutet. Wie verhält es sich nun aber mit den Voraussetzungen, die der Verhaltensforschung als wissenschaftlicher Produktivkraft im Rahmen der Binnenfischerei gegeben sind?

Die Ethologie kann als mittelbare wissenschaftliche Produktivkraft angesehen werden, denn sie übt ihren Einfluss außerhalb des materiellen Produktionsprozesses aus. Sie gibt der Fischereiforschung Grundlagen, um zweckmäßige Fanggeräte zu konstruieren und sinnvolle Fangmethoden zu entwickeln. Darüber hinaus trägt sie dazu bei, Bildung und Qualifizierung sowohl der Wissenschaftler als auch der werktätigen Fischer zu erhöhen, indem zum Beispiel das natürliche Verhalten der Tiere und die Reaktionen der Fische auf die Fanggeräte erforscht und vermittelt wird. Die Ethologie ist jedoch auch unmittelbare wissenschaftliche Produktivkraft, weil sie direkt in den materiellen Produktionsprozess eingreift und seine Faktoren zu beeinflussen vermag. So ergaben die Direktbeobachtungen an Netzen wiederholt sofort die Möglichkeit, das Verhältnis Netz - Fisch so aufeinander abzustimmen, dass der effektivste Einsatz gewährleistet werden konnte (Schleppgeschwindigkeit, Schlepphöhe über Grund, Bodenschluss der Unterleine u.a.m.).

13

In beiden Fällen ergibt sich ein ökonomischer Nutzeffekt (siehe weiter unten).

Grundsätzlich vollziehen sich der wissenschaftliche Arbeitsprozess und die Anwendung der wissenschaftlichen Ergebnisse in der materiellen Produktion in zwei aufeinander abgestimmten Phasen (Seickert , 1967 , p. 714).

Die erste Phase beinhaltet einen Komplex überwiegend wissenschaftlicher Arbeiten im Wissenschaftsbereich. Die Forschungstätigkeit reicht von gezielter Grundlagenforschung über die Forschung und Entwicklung bis zu den in der Produktion anwendbaren Forschungsergebnissen.

Die zweite Phase umfasst einen Komplex produktiver Tätigkeiten im Anwendungsbereich und in der Zirkulationssphäre, der bei der Schaffung von Voraussetzungen der Produktion und des Absatzes des neuen Zeugnisses beginnt. Sie führt über die Erprobung und Einführung neuer Produktionsmethoden und Technologien bis zur Übernahme in die laufende Produktion. Beide Phasen wurden unter dem Aspekt der Industrieproduktion herausgearbeitet.

Während die erste Phase ohne weiteres auf den hier behandelten Problemkreis zutrifft, müssen wir versuchen, den Komplex der zweiten Phase mit unserer Überlegung in Einklang zu bringen, um ihn unter den besonderen Verhältnissen der Nahrungsgüterproduktion verständlich werden zu lassen. Zum Zirkulationsprozess gehören neben den vor- auch die nachgelagerten Bereiche des Reproduktionsprozesses, also auch der Absatz des neuen Erzeugnisses. So kann die Ethologie die Voraussetzung schaffen, die Produktion einer bestimmten Fischart anzuheben. Handelt es sich um eine wenig bekannte (z.B. Kleine Maräne) oder neue Fischarten (z.B. pflanzenfressende „Karpfenarten"), muss zunächst einmal der Absatz dafür gesichert werden.

Beispiele haben gezeigt, dass so hochwertige Fische wie Kleine Maräne bei zufälligen Massenfängen nicht in dem erforderlichen Maße abzusetzen sind, da der Käufer dem im Aussehen heringsartigen Fisch nur mit Skepsis begegnet. Weil sich die Kleine Maräne nicht über längere Strecken versenden lässt, sondern in der Nähe des Fischereibetriebes zum Verbrauch oder zur Verarbeitung verkauft werden muss, kann der Absatz problematisch werden. Günstig erwiese sich in einem derartigen Fall die Verwendung des Produkts in der fischverarbeitenden Industrie (durch Räuchern wird die Qualität der *Maräne* erheblich gesteigert, die Verarbeitung zu Fischkonserven wäre möglich).

Eine derartige örtliche Fischverarbeitung (Fischkonserven, Fischmehl) würde gleichzeitig dazu beitragen, in Gewässern mit einem hohen Fischbestand (z.B. durch Nachwuchsüberschuss) die überschüssigen, infolge ihrer geringen Größe schlecht absetzbaren Fische, durch das steigende materielle Interesse der Fischer heraus zu fangen und dadurch effektive Produktionsergebnisse aus der Wirtschaftseinheit See zu erhalten (Umwandlung der Wirtschaftseinheit See aus einem positiv rückgekoppelten Regelsystem in ein Regelsystem mit negativer Rückkopplung).

Erst in einer regulierten Zirkulationssphäre ist es sinnvoll, die neuen Produktionsmethoden und Technologien im Produktionsbetrieb zu erproben, einzuführen und in die laufende Produktion zu übernehmen.

Analog der zwei Phasen des wissenschaftlichen Arbeitsprozesses lassen sich zwei Faktorengruppen des ökonomischen Nutzeffektes, der im Gesamtprozess der produktiven Arbeit entsteht, erkennen. Man kann „innere" und „äußere" Faktoren des Nutzeffektes unterscheiden. Die „inneren" Faktoren beeinflussen die „inneren" Effekte der wissenschaftlichen Arbeit, die Umfang, Qualität, Anwendbarkeit, wissenschaftliche und kulturelle Bedeutung der Forschungsergebnisse usw. bestimmenden Effekte.

Die bedeutendsten Reserven zur Erhöhung des Nutzeffektes der wissenschaftlichen Arbeit sind in einer Reihe von Faktoren zu sehen.

Hierher gehören z.B. die in Bibliotheken, Patenten, Lizenzen und wissenschaftlichen Arbeiten gesammelten und im Informations- und Dokumentationsdienst ausgewerteten wissenschaftlichen Erkenntnisse. Wesentliche Faktoren bestehen in der Organisation der sozialistischen Gemeinschaftsarbeit in Forschungsgemeinschaften und -kollektiven, der

Organisation der wissenschaftlichen Arbeit über den nationalen Rahmen hinaus und vor allem in Organisation und Leitung der wissenschaftlichen Arbeit.

Dabei schieben sich solche Probleme immer mehr in den Vordergrund wie: Wissenschaftsorganisation, Systematisierung der wissenschaftlichen Tätigkeit, Koordinierung im nationalen und internationalen Maßstab, Planung und Leitung der wissenschaftlichen Arbeit, Wissenschaftsaustausch (Wissenschafts-Import und -Export), rationeller Informationsaustausch und Dokumentationsdienst der Wissenschaft (*Seickert*, 1967, p. 717).

Für die Fortführung der eigenen ethologischen Arbeiten im Rahmen der Binnenfischerei erwiesen sich internationale Zusammenkünfte als besonders bedeutungsvoll, um den Stand der eigenen Erkenntnisse einschätzen zu können und sich auf besondere Probleme in der weiteren Forschung zu konzentrieren (z.B. Durchführung eines Kolloquiums über „Ergebnisse bei der Direktbeobachtung von Fischen an Fanggeräten" im Institut für Binnenfischerei in *Olsztyn* (Polen) oder ein Vortrag über Beobachtungen der Verhaltensweisen von Fischen an Fanggeräten, der anlässlich einer Tagung der im Rahmen der RGW-Mitgliederstaaten vereinigten Fischereiwissenschaftler auf dem Gebiet der Fangtechnik durchgeführt wurde).

Die „inneren" Faktoren des Nutzeffektes der wissenschaftlichen Arbeit zeigen, dass hier ein ganzer Komplex von Wissenschaftsdisziplinen zusammenwirkt und sich die Naturwissenschaften den Gesellschaftwissenschaften in diesem Prozess unterordnen. Bei der bewussten Anwendung der Wissenschaft durch den Menschen zur Umgestaltung seiner materiellen Umwelt rückt die Wissenschaft von der Gesellschaft und ihren Entwicklungsgesetzen immer mehr in den Mittelpunkt und wird in der sozialistischen Gesellschaft geplant zur Befriedigung der Bedürfnisse der Menschen eingesetzt (*Bernal*, 1961, p. 498).

Ohne Verwendung naturwissenschaftlicher Disziplinen und Arbeitsmethoden (z.B. Kybernetik, elektronische Datenverarbeitung) kommen dabei die Gesellschaftswissenschaften nicht aus. Sie fließen auch zunehmend in die Arbeit des Verhaltensforschers ein. Durch die Kybernetik hat z.B. die systematische Betrachtungsweise, die in der marxistisch-leninistischen Philosophie schon immer eine Bedeutung hatte, Eingang in die Ethologie gefunden. In vielen Fällen lässt sich dadurch relativ leicht der Forschungsgegenstand definieren, in seiner Wechselwirkung mit der Umgebung erfassen und durch komplexes Systemdenken, angewendet auf diese Wissenschaftsdisziplinen, neue Erkenntnisse gewinnen.

Ganz entscheidende Bedeutung, um die wissenschaftliche Revolution zu beherrschen und maximal in der materiellen Produktion nutzen zu können, kommt der in der Entstehung begriffenen Wissenschaftsforschung zu. Die Wissenschaftsorganisation erfordert in zunehmendem Maße moderne Methoden der Leitungs- und Organisationswissenschaft, der Operationsforschung, der Systemtheorie u.a.m. anzuwenden. „Vom Standpunkt der sozialistischen Forschung sind ... Systematik, Klassifizierung und Methodologie der Gesellschaftswissenschaften im Rahmen der Wissenschaft von den Wissenschaften, der Wissenschaftskunde (gemeint ist Wissenschaftsforschung), neu zu durchdenken. Angesichts der zunehmenden Umwandlung der Wissenschaften in eine unmittelbare Produktivkraft der Gesellschaft und ihrer besonderen Bedeutung für die Leitung gesellschaftlicher Prozesse müssen das System und die Methodologie der Wissenschaften, einschließlich der Gesellschaftswissenschaften selbst, zum Gegenstand der Wissenschaften werden." (*Hager*, 1968, p. 53).

Die „äußeren" Faktoren des Nutzeffektes der wissenschaftlichen Arbeit sind mitbestimmen dafür, in welcher Zeit und in welchem Umfang wissenschaftliche Erkenntnisse in der Produktion verwendet werden können. In der Vergangenheit wurden oft wissenschaftliche Entdeckungen nicht schnell genug genutzt, weil die „äußeren" Faktoren zur Anwendung wissenschaftlicher Erkenntnisse in der materiellen Produktion oder Zirkulation noch nicht gegeben waren oder der wissenschaftliche Vorlauf fehlte, wenn die „inneren" Faktoren des Nutzeffektes der wissenschaftlichen Arbeit für das notwendige Niveau der wissenschaftlichen Resultate nicht ausreichten (*Seickert*, 1967, p. 719 f.). Weiter oben wurde schon am Beispiel der Binnenfischerei (Kleine Maräne, „Graskarpfen") darauf hingewiesen, dass gute Forschungsergebnisse der Ethologie zwar ausreichen können, um die Ergebnisse bei bestimmten Fischarten zu steigern, sie aber keine effektiven Produktionsgewinne für den Betrieb zu bedeuten brauchen, wenn nicht gleichzeitig über eine entsprechende Marktanalyse der Absatz gesichert wird.

Stimmen die „inneren" und „äußeren" Faktoren des Nutzeffektes nicht überein, führt das dazu, dass Forschungsergebnisse auf einigen Gebieten veralten, weil „Investitionen für ihre Produktionstechnische Realisierung erst Jahre später vorgesehen sind … oder … Ergebnisse jahrelanger Erforschungs- und Entwicklungsarbeit werden ökonomisch nicht maximal genutzt, weil für entwickelte weltmarktfähige Spitzenerzeugnisse nicht rechtzeitig die Absatzmöglichkeiten eingeschätzt und die notwendigen Produktionskapazitäten vorbereitet wurden. Andererseits reichen oft Umfang und Niveau der Resultate wissenschaftlicher Arbeit auf volkswirtschaftlich wichtigen Gebieten nicht aus, um mit dem internationalen Tempo der technischen Revolution Schritt zu halten (Ulbricht, 1966, P. 32).

Die im Rahmen der Binnenfischerei gezielt eingesetzte ethologische Forschung wird in der Perspektive als wissenschaftliche Produktivkraft noch stärker im Bereich der DDR wirksam werden können, als sie es bisher vermochte. Gelang es bis jetzt, wie weiter oben ausgeführt, neue Geräte und Methoden verhältnismäßig schnell in der Praxis einzusetzen, um sie produktiv wirksam werden zu lassen, so wird das durch erhöhtes komplexes Zusammenspiel der „inneren" und „äußeren" Faktoren infolge der gegenwärtigen Umstrukturierungen im Wissenschaftsbereich noch zu beschleunigen sein. Um den gesamten Produktionsprozess überschaubar zu gestalten und besser beeinflussen zu können, ist das Institut für Binnenfischerei in der DDR der VVB Binnenfischerei unterstellt und somit die Wissenschaft noch enger mit der Produktion verbunden worden. Dadurch ist im übertragenen Sinne ein „Industrieinstitut" entstanden (Anon., 1968).

Die Struktur einer Volkswirtschaft erfordert eine ganz bestimmte Struktur, Qualität und Organisation der wissenschaftlichen Arbeit. Das ist beim Entschluss der neuen Unterstellung des Instituts für Binnenfischerei wahrscheinlich ausschlaggebende Überlegung gewesen und unterstreicht die Wichtigkeit einer Nahrungsgüterproduktion, für die die Ethologie keine untergeordnete Rolle spielt, wenn sie vielleicht auch oft nur unterschwellig wirkt.

1.2.3.   Ansatzpunkte zur Ausnutzung der Ethologie als Produktivkraft
1.2.3.1.   Gebrauchshandlungen - systemerhaltende Verhaltensweisen
Weiter oben wurde fest gestellt, dass beim Fischfang in der Binnenfischerei möglichst versucht werden muss (und vielfach erfolgreich versucht wurde), bestimmte Erbkoordinationen des Fisches auszunutzen, um seiner habhaft zu werden.

In den Gebrauchshandlungen liegen derartige erbkoordinierte Verhaltensweisen der Tiere vor, die der Mensch auch für die Produktionssteigerung verwenden kann.

Nach *Tembrock* haben sich durch die Evolution mit der Art auch deren Verhaltensweisen entwickelt, die er Gebrauchshandlungen nennt. Es sind Verhaltensweisen, die ohne zusätzliche Rezipienten ablaufen und dem ausführenden System zur Aufrechterhaltung des Fließgleichgewichtes dienen. Sie besitzen arterhaltenden Funktionswert, was nicht ausschließt, dass sie für das einzelne Individuum, das sie vollzieht, tödlich ausgehen können (Absterben nach der Fortpflanzung, Weibchen verzehrt Männchen nach der Kopulation usw.). „Gebrauchshandlungen verändern den Informationsstrom für den betreffenden Organismus, der sie ausführt. Sie dienen dazu, einen bestimmten Informationseingang herzustellen, einen Sollwert, nach dessen Erreichen sie beendet werden. Ebenso werden sie eingesetzt, wenn ein Sollwert von innen her oder durch Außenfaktoren gestört bzw. verhindert wird. … Gebrauchshandlungen können die Umwelt des Organismus raumzeitlich umstrukturieren, bis sie ein spezifisches Informationsmuster liefert, das als Sollwert für den Vollzug eines neuen Verhaltens erforderlich ist." (*Tembrock*, 1968, p. 32).

1.2.3.1.1. **3 Elementargruppen der Gebrauchshandlungen**

Nach der systemerhaltenden Aufgabe der Gebrauchshandlungen kann man sie aufgrund der Prinzipien der Lebensfunktionen in drei Elementargruppen („ Funktionskreise") ordnen: Gebrauchshandlungen **1.** im Dienste des Stoffwechsels, **2.** des Informationswechsels (Informationswechsel ist ebenso elementarer Bestandteil der Funktionskreise 1 und 3), **3.** der Fortpflanzung

1.2.3.1.2. **Abgeleitete Gebrauchssysteme**

Je höher ein lebendes System organisiert ist, d.h. je mehr es sich durch seine innere Struktur von der der Umgebung unterscheidet, desto wahrscheinlicher werden Umgebungsreize zu Störgrößen für das System. Es müssen sich differenzierten Gebrauchshandlungen entwickeln, die eine zunehmende Strukturierung im Organismus erfordern (Entwicklung von Zellverbänden, Geweben, Organen). So entstehen Gebrauchsstrukturen, denen bestimmte Aufgaben zugeordnet sind. Beide zusammen bilden Gebrauchssysteme. Zu den abgeleiteten Gebrauchssystemen gehören: Gebrauchshandlungen **1.** im Dienste des Schutzes und der Verteidigung, **2.** der Körperpflege, **3.** von Ruhe und Schlaf, **4.** im Dienste der Erkundung und Orientierung.

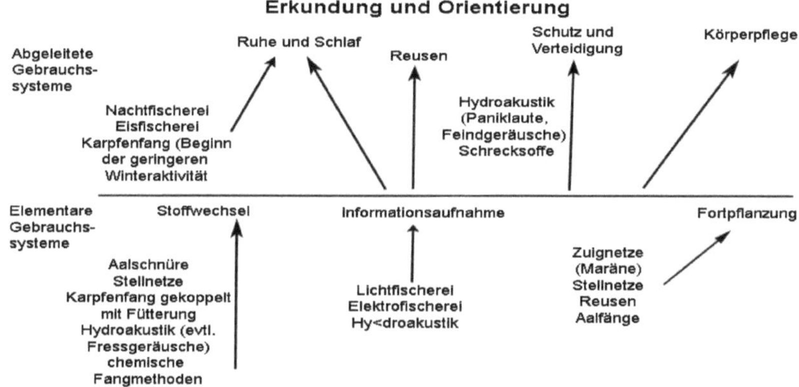

Abb-17.1 Schema der Gebrauchssysteme nach *Tembrock*, 1968, p. 35 (mit eigenen Ergänzungen). An einigen Stellen des Schemas kann der Fang theoretisch angesetzt werden

1.2.3.2. **Bedeutung der einzelnen Gebrauchssysteme für die Fängigkeit der verschiedenen Fischereigeräte**

Es soll der Versuch unternommen werden, anhand der einzelnen Gebrauchssysteme zu erklären, wo die Binnenfischerei Ansatzpunkte für Fanggeräte und -methoden gefunden hat und wo sich Möglichkeiten anbieten, die Produktion in der Perspektive zu steigern (Abb. 17.1).

1.2.3.2.1. Informationsaufnahme

Wie schon hervorgehoben, besitzt die Informationsaufnahme in den anderen Gebrauchssystemen ebenfalls elementarer Bedeutung.

Zu den verschiedenen. Auf den Organismus wirkenden Reizen gehört unter anderem auch das Licht. In der Hochseefischerei hat das Licht bei der Fangtechnik eine bestimmte Bedeutung (Sardinenfang, Kalmarangeln), konnte aber in der Binnenfischerei bisher keinen großen Einfluss gewinnen, weil noch keine für den Fang positiven Verhaltensgrundlagen bei wirtschaftlich wichtigen Süßwasserfischen bekannt sind

Die negative Phototaxis von Aalen nutzt man, um die Tiere nachts in Aalwandergebieten durch Lichtsperren in Reusen zu leiten.

Schall wird beim Pulsen eingesetzt, um die Fische zu jagen bei der Klapperfischerei und ähnlichen Methoden besitzt er scheuchenden oder anlockenden Effekt (*Wolff*, 1966).

Einen umgebungsfremden Reiz verwendet man bei der Elektrofischerei. Vermag der Fisch auf schwache elektrische Felder im Rahmen der Informationsaufnahme noch mit unterschiedlichem Verhalten zu reagieren, so gerät er durch die physiologische Wirkung der für ihn unnatürlich starken elektrischen Felder sofort in Elektronarkose.

Heute ist die Elektrofischerei mit stark differenzierten Reaktionen der Fische als sehr schonende Methode, vielfältig abgewandelt schon fester Bestandteil der Fischerei geworden und noch in aufsteigender Entwicklung begriffen.

1.2.3.2.2.   Stoffwechsel

Neben bekannten Fangmethoden, die besonders die Nahrungsaufnahme der Fische ausnutzen (Aalschnüre, Stellnetze, Reusen), sind es besonders hier Überlegungen, die in der Perspektive an Bedeutung gewinnen werden (weiter oben schon im Zusammenhang mit prognostischen Überlegungen und Karpfenintensivhaltung erwähnt).

In Karpfenintensivgewässern ist es denkbar, die regelmäßige Fütterung des Karpfens zu dessen Fang auszunutzen.

Die Hydroakustik könnte ebenfalls beim Fang Anwendung finden, wenn man es z. B. schaffte, Fische durch ausgestrahlte Fressgeräusche anzulocken und zu fangen.

1.2.3.2.3.   Fortpflanzung

Das Fortpflanzungsverhalten unserer wirtschaftlich wichtigsten Fische ist teilweise schon sehr lange bekannt und wird von der Fischerei schon immer ausgenutzt. Es ist die Voraussetzung für den Fang mit Fischwehren und -zäunen (siehe oben) sowie für die Aalfänge (Fang der abwandernden Aale). Stellnetz, Reuse und Zugnetz (z.B. beim Maränenfang) werden eingesetzt; der Fang während der Fortpflanzungsperioden kann zur Regulierung des Fischbestandes (siehe oben) verwendet werden.

1.2.3.2.4.   Ruhe und Schlaf

Um den Fischbestand eines Gewässers kennen zu lernen und zu beeinflussen ist es möglich, dass noch ungenügend bekannte Winterverhalten der Fische bei der Eisfischerei auszunutzen.

Eine recht große Bedeutung kann für die Fischproduktion die Nachtfischerei gewinnen, die manchmal überraschend gute Fangergebnisse bringt. Leider ist diese Methode infolge Arbeitskräftemangels bei uns sehr in den Hintergrund gerückt.

1.2.3.2.5.   Erkundung und Orientierung

Die Gebrauchshandlungen der Erkundung und Orientierung sind bei Fischen noch verhältnismäßig wenig erforscht. Dieser Funktionskreis spielt bei der Bedeutung der Reusenfischerei eine Rolle. Augenfällig ist das Orientieren der Fische auf neue Wege, sobald im Frühjahr eine Reuse neu gesetzt wurde (*Schiemenz*, 1946, p. 102 ff..). Die anfangs guten Fangergebnisse gehen bald zurück und bei Direktbeobachtungen kann man die verblüffende Feststellung treffen, dass die Fische der Reuse ausweichen, sie als „unpassierbare" Stelle in ihre Umwelt einbeziehen.

1.2.3.2.6.   Schutz und Verteidigung

Wie schon an einigen Stellen vorher erwähnt, lassen sich bestimmte Reize in der Perspektive zur effektiven Erhöhung der Arbeitsproduktivität einsetzen. Gebrauchshandlungen zum Schutz und zur Verteidigung wurden bisher für Ertragssteigerungen in der Binnenfischerei kaum genutzt.

Hier könnte die Hydroakustik eine ganz wesentliche Rolle spielen, wenn wir zum Beispiel den Fischen Paniklaute oder Feindgeräusche anbieten würden, um sie in Fanggeräte zu treiben.

Sicherlich gibt es eine ganze Reihe, zurzeit noch nicht bekannter Schreckmittel, die ähnliche Ergebnisse zu liefern in der Lage sind. An diesen Problemen wird weltweit gearbeitet. Das unterstreicht die Bedeutung von moderner Information, Dokumentation, des Wissenschaftsaustausches und -imports sowie internationaler Zusammenarbeit von Wissenschaftlern bei der schnellstmöglichen Entwicklung der Wissenschaften der DDR zur Hauptproduktivkraft.

1.3. <u>Betrachtungen über die allgemeine Verwendbarkeit der Ethologie als wissenschaftliche Produktivkraft</u>

Praktische Erfahrungen aus der ethologischen Forschung zeigen, dass die Verhaltenswissenschaft in den vielfältigsten Bereichen der Gesellschaft zur mittelbaren oder unmittelbaren Produktivkraft werden kann. Zum Beispiel war im Holz antiker Möbel und wertvoller Kunstgegenstände, mit chemischen Mitteln der Totenuhr (*Anobium* sp.) nicht beizukommen. Man nahm Balzgeräusche auf, spielte den Männchen das Band so lange vor, bis sie sich „totgebalzt" hatten und die Population erlosch.

Mit dem Aufkommen moderner Düsenmaschinen gerieten immer mehr Vögel in die Ansaugkanäle der Flugzeuge. Es kam zu erheblichen Unfällen, indem die Maschinen nach dem Start abstürzten. Über Lautsprecher abgestrahlte Geräusche (Warnlaute) vertrieben die Vögel von den Flugplätzen oder aufgelassene natürliche Feinde (abgerichtete Raubvögel) verhinderten ein Auffliegen.

Wie diese kurzen Hinweise ahnen lassen, ist die Palette der Ethologie sehr weit gespannt. Ihr Wert als wissenschaftliche Produktivkraft liegt besonders auf dem Gebiet der Nahrungsgüterproduktion und dürfte darum im Rahmen des „Entwickelten gesellschaftlichen Systems des Sozialismus" für die DDR auch in der Perspektive an Bedeutung gewinnen. D.h. auch die Ethologie wird neben den Schwerpunktwissenschaften zunehmend in eine wissenschaftliche Produktivkraft umgewandelt werden. Als Grundlage der wissenschaftsökonomischen Forschungsproblematik ist dabei die Erforschung des Umfanges und des Wirkungsmechanismus der Faktoren des Nutzeffektes der wissenschaftlichen Arbeit im System der ökonomischen Wachstumsfaktoren anzusehen. Sie muss zu einer dringenden Aufgabe der ökonomischen Forschung in der DDR gemacht werden, da ihre Lösung in Zusammenarbeit mit Experten anderer sozialistischer Länder für eine planmäßige proportionale Gestaltung der Volkswirtschaft und für die Ausnutzung der Wissenschaft als Produktivkraft unbedingt notwendig ist (*Seickert*, 1967, p. 720 f.).

2.0. <u>Aufgabenstellung</u>
2.0.1. <u>Tradition und Arbeitsmethoden in der Binnenfischerei</u>

Unter dem Aspekt der wissenschaftlich-technischen Revolution, in deren Verlauf ganze Produktionsprozesse automatisiert werden und vollkommen neue Industriezweige aufgebaut werden, muss auch die Produktion der Nahrungsmittel zunehmend industriemäßig erfolgen. Das Fischereigewässer wird als Produktionseinheit angesehen und nach Hektarerträgen abgerechnet. In stärkerem Maße als in den übrigen Zweigen der Landwirtschaft hat man hier Unbekannte einzuplanen. Das Ergebnis ist nicht nur von klimatischen Bedingungen, der Witterung, Abwässereinflüssen u.v.a. abhängig, sondern die Ernte selbst hängt von so vielen, meist spekulativen Zufälligkeiten ab, dass man sie in ihrem Verhältnis zum notwendigen Arbeitsaufwand vorher nicht einschätzen kann (eine Ausnahme mögen die Teichwirtschaften mit ihren ablassbaren Wasserbecken bilden). Selbst bei Intensivgewässern lässt sich das Ergebnis nicht vorausbestimmen.

Meist scheitert die effektive Ernte an der richtigen Methode, die Fische zu fangen. Durch die „Versuch- und Irrtum-Methode" haben sich bestimmte Fangverfahren entwickelt, die am

19

erfolgreichsten erschienen; dennoch kennt kaum einer der Fischereipraktiker die genauen Reaktionen der Fische auf die Fanggeräte.

In den Binnengewässern kann sich der Fisch nicht in dem Maße der Beobachtung durch den Fischer ziehen, wie es im Meer der Fall ist und so konnten viele Fischereimethoden den Verhaltensweisen der Fische relativ angepasst werden. (Gelbaalfang am Gewässergrund, Blankaalfang in höheren Wasserschichten, Fang des Lachses in mit Lachsattrappen beköderten Fallen zur Laichzeit, Hechtfang im Frühjahrshochwasser auf überschwemmten Wiesen, Fischzäune zum Aufhalten der mit dem Hochwasser zurückgehenden Fische, Aalfänge an den Flussläufen u. a.).

Auch ließen sich vom Fischer selbst mit geringen Mitteln ohne großen Aufwand Experimente anstellen, um die Erträge zu erhöhen (*Mohr*, 1964 a).

Anders lagen die Verhältnisse in der Hochseefischerei. Hier konnte man nicht auf Jahrtausende alte Traditionen zurückblicken. Die Trawlfischerei entwickelte sich zu einer immer effektiveren Methode durch die Weiterentwicklung der Schifffahrt und mit neuen Ortungsmethoden wie dem Echolot entstand die Möglichkeit den Aufenthaltsort der Fische zu erkunden und sie mit einer gewissen Wahrscheinlichkeit auch zu fangen. Die Fangmethoden wurden immer mehr verfeinert. Mit dem Schwimmtrawl setzte eine neue Ära der Fang- und Orientierungsmethoden ein. Niemand wusste aber bisher genau, wie sich überhaupt ein Fanggerät unter Wasser verhält und wie die Fische darauf reagieren. Die ersten diesbezüglichen Versuche wurden 1950 von den Engländern unternommen (Anon., 1952; *Margetts*, 1950; *v. Brandt*, 1951). Im August wurden im Mittelmeer mit verschiedenen Typen von Trawls durch Mitarbeiter des Ministeriums für Landwirtschaft und Fischerei in nahen Küstengewässern verschiedene Experimente durchgeführt, die Aufschluss über die Arbeitsweise der Geräte gaben. Es entstand der Film „*Trawls in Action*". Die Experimente lieferten, gewissermaßen als Nebenprodukt außerdem Material über das Verhalten von Fischen am Fanggerät. Die guten Ergebnisse der Arbeiten veranlassten das *Scottish Home Department Marine Laboratory, Aberdeen*, Untersuchungen am „Seine-Netz" während des Fischens anzustellen (Film: *Fish and the Seine*). Dabei konnten mit gutem Erfolg im Juli/Juli 1952 besonders Plattfische beobachtet und während des Fangprozesses gefilmt werden (*Marine Laboratory*, 1952; *Dickson* 1959). Wie mithilfe von Direktbeobachtung und Unterwasserfotografie ein Schleppnetz beobachtet und daraufhin ein effektiveres konstruiert wird, geht aus einer Arbeit von *Ben-Yami* (1959) hervor. *High and Lusz* (1966) beobachteten das Verhalten von Fischen an einem Schwimmtrawl, um dieses Fanggerät konstruktiv verändern zu können.

Vergleichende Fischereiexperimente mit verschiedenen Trawls, bei denen während der Direktbeobachtung unter Wasser auch fotografiert wurde, beschreibt *Dickson* (1964). Da eingehende Untersuchungen über das Verhalten von Nutzfischen für die Vervollkommnung von Fanggeräten und -methoden von großer Bedeutung sind, wurden entsprechende Arbeiten vom *VNIRO* durch *Manteyfel* 1953 aufgenommen (*Aslanova*, 1958).

Den zweiten FAO-Welt-Fischereigerätekongress beschäftigte u. a. im Mai 1963 das Problem des Fischverhaltens nur am Rande (*Anon.*, 1963). Es wird ein Kongress gefordert, der sich speziell den Fragen des Fischverhaltens widmet. Besonders eingehend wurden auf der FAO-Konferenz 1967 in Bergen Probleme des Fischverhaltens in Bezug auf das Fanggeräte vorgetragen und diskutiert. In Murmansk wurde 1968 eine Alluniosnkonferenz der PINRO durchgeführt, die sich speziell mit den ethologischen Fragen in Zusammenhang mit Technik und Taktik der Fischerei beschäftigte (*PINRO*, 1968). Überall zeigte sich jedoch das man den Problemen der Meeresfischerei gegenüber der Binnenfischerei so stark den Vorzug gab, dass letztere beinahe völlig übersehen wurde. Anfänge, das Verhalten der Fische in der Binnenfischerei zu erkunden, wurden schon 1934-40 durch I. I. *Mesjacev* gemacht, der mit seinen Mitarbeitern unter Wasser Untersuchungen über das Verhalten der Fische im Wirkungsbereich der Fanggeräte mithilfe von Helmtauchern und durch direkte Beobachtung von Schiffen aus an Großhamen und Zugnetzen in der Kertscher Bucht, im Wolgadelta und an der aserbaidschanischen Küste des Kaspischen Meeres durchführte und deren Ergebnisse der Industriefischerei praktische Hinweise über Bewegung und Art von Zugnetzen sowie Konstruktion und Aufstellung von Großhamen gab (*Aslanova*, 1958).

Obwohl die Bedeutung der Kenntnis von Reaktionen der Fische auf Fanggeräte in der Küsten- und Binnenfischerei auch für unseren Bereich schon rechtzeitig erkannt wurde (*Schiemenz*, 1921; 1946), wie die Untersuchungen von *Ulrich* schon 1948-1950 in der Ostsee und gemeinsam mit *v. Brandt* im Plöner See zeigten (*v. Brandt*, 1951; *Ulrich*, 1951 a und b), richtete sich das Interesse der Fachwelt in zunehmendem Maße auf die Meeresfischerei, nicht zuletzt sicherlich durch die wegweisenden Arbeiten der Wissenschaftler aus England und Schottland angeregt; außerdem, wahrscheinlich der höheren Effektivität der Meeresfischerei gegenüber der Binnenfischerei und schließlich der größeren Erfolgsaussichten wegen, die die direkte Beobachtung im klaren Meereswasser den trüben Binnenseen gegenüber von vornherein versprechen. So kam es in den folgenden Jahren wohl zu sporadischen Einzeluntersuchungen (*v. Brandt*, 1956; *Privolnov*, 1956; *Kajewski*, 1958; *Merwald*, 1959; *Aslanova*, 1958; *Mohr*, 1960), die ein systematisches Arbeiten im Bereich der Binnenfischerei vermissen ließen und der richtigen Meinung von *Ulrich* (1951 b), „es lassen sich wohl durch solche Tauchabstiege (die das Beobachten des Verhaltens der Fische vor dem Netz betreffen - eig. Anm.) Interessante Einzelergebnisse erzielen, aber bei dem wenigen bisher vorhandenen Beobachtungsmaterial keine verallgemeinernden Schlüssel ziehen", konnte nicht widersprochen werden.

Erst in den sechziger Jahren ist das Bemühen verschiedener Autoren zu erkennen, sich intensiver mit dem Verhalten der Süßwasserfische zu beschäftigen (*Anwand und Lieder*, 1962; *Mohr*, 1964 a, 1964 b; *Steinberg*, 1961; *Hölke*, 1964; *Predel*, 1964; *Krec*, 1964; *Betge, Rohde und Kulow*, 1965; *Poddubny*, 1967; *Schentjakow*, 1968; *Knösche*, 1968; *v. Brandt*, 1968; *Patriarche*, 1968; *Zaferman*, 1968; *Manteyfel*, 1968; *Protasov*, 1968). Dennoch geht aus einigen Arbeiten klar hervor, dass besonders bei Laborversuchen, den marinen Fischen der Vorzug gegeben wird, was in der Natur der Sache liegt.

Sind einmal die Verhaltensweisen der Fische am Fanggerät nur ungenau oder kaum bekannt, um wie viel weniger kennt man das Lernvermögen der Fische in Hinsicht auf bestimmte Fangmethoden, speziell bei intensiv befischten Gewässern (z. B. Karpfenintensivgewässer). *Mohr* zweifelte noch 1960 daran, dass erworbene Verhaltensweisen (durch Lernen) bei der Vermeidung von Fanggeräten in den weiten Räumen des Meeres eine Rolle spielen können (*Mohr*, 1960; *Margetts*, 1964; *Anon.*, 1963; *Blaxter*, 1963) führt jedoch für den Binnenseebereich Beispiele für anscheinend aktives Lernen an: „... in einem norddeutschen See haben Fischer vor einigen Jahren begonnen, mit einem Miniaturtrawl zu fischen. In der ersten Zeit waren die Erfolge sehr gut, ließen aber bald nach. Die Fischer führen dies zumindest zum Teil auf ein Lernen der Fische zurück; (ähnliche Meinung vertreten Fischer unserer Fischereibetriebe, die Erfahrungen mit dem Elektroschleppnetz machen konnten). Darüber hinaus behaupten sie, dass es mit anderen Geräten ähnlich sei und dass sie von Zeit zu Zeit die Fangmethoden wechseln müssen." (*Mohr*, 1960) (Das ist ebenfalls eine bekannte Feststellung der Praktiker, doch eine wissenschaftliche Erklärung konnte bisher ebenso wenig gegeben werden, wie das einer bestimmten Fangmethode nachfolgende effektivste Fanggerät genannt werden kann). Für Ausnahmefälle erweiterte *Mohr* den Lernvorgang zur Netzvermeidung auch auf die Meeresfischerei: „Die Tatsache, dass ein Trawler beim wiederholten Abfahren des gleichen Striches meist immer geringere Fänge macht, könnte teilweise auf ein Lernen zurückgehen" (*Mohr*, 1964 a).

Wie sich die Erfahrung in Form von Erregungswellen oder durch Erregungsübertragung abgesprengter Schwärme auf noch nicht beunruhigte Schwärme ausbreiten kann, zeigten Untersuchungen an der Kleinen Maräne im Ober-Uckersee (*Anwand* und *Lieder*, 1962). Dass die

Fangtracht der einzelnen Geräte abnimmt, ist jedem Praktiker bekannt und dürfte neben der Entvölkerung des Wohngebietes (*Schiemenz*, 1946) ebenfalls auf Lernvorgänge, z. B. das Einbeziehen der Reuse in den Wohnraum der Fische, zu erklären sein.

Das Lernvorgänge erheblichen Einfluss auf den Fang haben können, erwähnte *Herter* (1953, p. 24), indem er eine Beobachtung von *Simon* (1903, p. 321) zitiert, der von unter einem Boot mit schwimmenden Schiffshaltern (*Echineis*), immer nur einen angeln konnte, wonach die anderen nachhaltig vergrämt wurden. Möglicherweise ließe sich eine Erklärung durch Schreckstoff geben (*v. Frisch*, 1941 a; *W. Pfeiffer*, 1965).

Nach *Hering* (1969, p. 733) ist das Netzvermeiden im Hochseebereich im Sinne einer bedingten Assoziation laut neuerer Erkenntnisse möglich (auch *Manteyfel* und *Radakov*, 1966, p. 13 f.), da die Entkommensrate, bzw. Begegnungsrate mit dem Schleppnetz äußerst hoch ist, Fische viele Aufgaben schon nach ein bis drei Versuchen zu lernen vermögen und die Gedächtnisdauer in vielen Fällen zwischen 150 Tagen und drei Jahren liegen kann. Gewonnene Erfahrung kann durch Stimmungsübertragung auf erfahrungslose Artgenossen weiter gegeben werden und durch den Spezialfall der Stimmungsübertragung den „Verstärkungseffekt" (*Siegmund* et al., 1969; *Taege*, 1969; *v. Wahlert*, 1963) auf alle Schwarmmitglieder übergehen.

Einleitend wurde schon darauf verwiesen, dass in der Binnenfischerei die Gebrauchssysteme nach *Tembrock* (1968, p. 32 ff.) Bisher zum größten Teil unbewusst ausgenutzt wurden und zur Entwicklung der heutigen Fanggeräte führten (nach der Methode Versuch und Irrtum) und dazu beitragen, die Fanggeräte weitaus effektiver zu verändern oder vollkommen neu zu entwickeln.

Fast alle gebräuchlichen Fanggeräte nutzen keine positive Reaktion der Fangobjekte aus (Ausnahmen u. u. Aalkörbe, Tonkrüge für Tintenfische, Reisigbündel), sondern beeinflussen die Tiere durch optische, taktile, akustische, chemische oder elektrische Reize, senden einen Komplex von Reizen aus, deren einzelne Komponenten isoliert äußerst schwierig zu betrachten sind (*Mohr*, 1960).

Im Laborversuch lassen sich die Reizkomponenten auf ein Minimum einschränken und eindeutige Ergebnisse erreichen, was die Arbeiten an Karpfen und anderen Süßwasserfischen (*Hunter* & *Wisby*, 1964; *Keenleyside*, 1955), sowie u. a. über Hering (*Blaxter, Parrish* and *Dickson*, 1964; *Chapman*, 1964; *Mohr*, 1960; *Welsby* et al., 1964; *Verheyen*, 1953 u. a.) ausweisen und die vielfach durch Freiwasseruntersuchungen bestätigt wurden (*v. Brandt*, 1954; *Mishima*, 1966; *Zaucha* et al., 1960; *Nomura*, 1959; *Kajewski*, 1958 u. a.).

Es können aber auch im Freiwasserversuch oder bei der Direktbeobachtung der Tiere am fischenden Fanggerät völlig andere, je nach vorherrschenden Bedingungen selbst noch widersprüchliche Ergebnisse gefunden werden, wofür besonders *Bagenal* (1958) und *Schärfe* (1959) im Gegensatz zu den vorher genannten zu erwähnen wären. Während nach Aquarienbeobachtungen und auch im Freiwasser Heringe (*Parrish and Blaxter*, 1964; *Chapman*, 1964) und andere Fische (*Karst*, 1968; *Kühlmann und Karst*, 1967, *Siegmund, Scheibe* und *Köhler*, 1969, *Kiselev*, 1968) nachts die Schwarmformation aufgeben, wiesen andere Untersuchung ein Beibehalten des Schwarmverbandes nach (z. B. *Radakov* und *Solovjev*, 1959, *H. Hones*, 1962).

Es ist also wahrscheinlich, dass neben dem optischen Signalsystem für den Schwarmzusammenhalt auch mechanische, akustische oder chemische (*v. Frisch*, 1941) Stimuli wirksam werden können (siehe auch *Taege*, 1969, 5. Signalsysteme in der Schwammstruktur, p. 22 ff.). Das Verhalten der Fische Fanggeräten gegenüber ist also nicht isoliert zu betrachten, sondern nur im Zusammenhang mit den Umwelteinflüssen und dem physiologischen Status der Tiere zu sehen.

Nach *Schäfer* (1955) ist der Schwarm eine überindividuelle Lebensform und Beobachtungen an Einzeltieren (sowie den relativ kleinen Schwärmen im Aquarienversuch (eig. Anm.)) lassen in keiner Weise Schlüsse auf das Verhalten eines Schwarmes (eig. Anm.: normaler Ausdehnung im Freiwasser) zu. Nach Aquarienbeobachtung steht die Stärke des Schwarmtriebes (im Schwarm zu schwimmen) im umgekehrten Verhältnis zur Netzvermeidung. Kleine, langsam schwimmende

Gruppen vermeiden meist auch grobmaschige Netze, während große, schnelle Schwärme mehr oder weniger glatt hindurch schwimmen (*Mohr*, 1960). Nach unterschiedlichen Umweltbedingungen und je nach physiologischem Status der Tiere scheinen sich die Reaktionen besonders beim Hering sehr stark zu ändern und oftmals sogar ins Gegenteil umzukehren. So erzielte *Gankow* (1958) mit pelagischem Trawl bei kleinen, wenig beweglichen Schwärmen gute Fänge, geringe Fänge hingegen bei großen Schwärmen, die sehr aktiv waren.

2.0.2. <u>Arbeitsweise der Fanggeräte in der Binnenfischerei</u>

Wie schon weiter oben erwähnt, sind in der Binnenfischerei die Fanggeräte und Methoden zum größten Teil seit Jahrtausenden in ihren Grundprinzipien unverändert geblieben und nur verbessert worden. Neben Angeln, die hier nicht näher untersucht wurden, da ihr prozentualer Fanganteil weniger stark ins Gewicht fällt, sind vor allem aktive Fanggeräte (Zugnetze), stille Fanggeräte (Reusen, Stellnetze) und Elektrofanggeräte die Hauptarbeitsinstrumente in den Binnenfischereibetrieben (auf Teichwirtschaften wird in diesem Zusammenhang nicht eingegangen).

Das Zugnetz wirkt durch mechanische Stimuli scheuchend auf die Fische. Nach Einkreisen der im Wasser vermuteten oder auch durch Echolot vorher georteten Fische mit den bis zu 1000 oder 2000 m langen Flügeln, die in der Fangperiode vom Grund bis zur Wasseroberfläche spannen sollen, werden die Flügel in Boote oder ans Land gezogen und die Fische in den zuletzt einzuholenden Sack getrieben. Dabei sollen möglichst wenig verwertbare Tiere durch die Maschen, zwischen Grund und Unterleine oder über die Oberländer entweichen und so dem Fangprozess verloren gehen. Durch zusätzlich angebrachte stromführende Elektroden kann die Scheuchwirkung infolge elektrischer Stimuli erhöht und der Prozentsatz der entweichenden Fische erheblich herabgesetzt werden.

Bei Reusen- und Stellnetzfängen versucht man die optomotorische Reaktion der Fische für den Fang auszunutzen (Reuse) oder, soweit wie möglich, unter Verwendung entsprechender wenig auffälliger Netzmaterialien auszuschalten (Stellnetze). Gekoppelt mit Lichterketten kann das phototaktische Verhalten der Fische (Aal) verstärkt dazu beitragen, sie in die Fangkammer, der Reuse zu leiten.

Neben zahlreichen Methoden, Fische mithilfe elektrischer Stimuli zu fangen, sind in den letzten Jahren eine Reihe aktiver Fanggeräte entwickelt worden, von denen vor allem die Elektroschleppnetze in ihrem Einfluss auf die Fische (Aal) während des Fangprozesses untersucht wurden (Elektro-Aalzeese).

Nähere Erläuterungen zur Arbeitsweise der Fanggeräte werden bei der Behandlung des Verhaltens der Fische an den Netzen, soweit es für das Verständnis notwendig erscheint, jeweils kurz gegeben.

2.0.3. <u>Fanggeräte, an denen die Reaktionen von Fischen beobachtet wurden</u>
2.0.3.1. <u>Zugnetz</u>

Das Zugnetz (Abb. 24.1) besitzt zwei Flügel mit einer Länge von je 100-2000 m (entsprechend dem Einsatzzweck), die von Booten langgestreckt ausgebracht (Abb. 24.2) und mit Leinen herausgezogen werden (Abb. 24.3). Nachdem jede Leine mit einer Winde in ein Boot gezogen wurde, werden die Boote zusammengenommen und zunächst die Leinen, nachfolgend die Flügel an einer Stelle aus dem Wasser gezogen (Abbildung 24.4). Für die eingekreisten Fische wird der Schwimmraum immer enger. Sie gelangen schließlich in den Sack, mit dem sie aus dem Wasser gehoben werden.

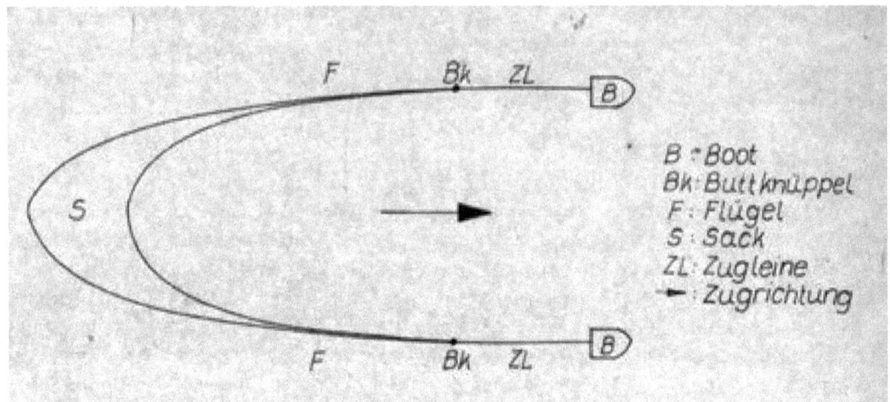

Abb. 24.1   Schema eines Zugnetzes in Aufsicht

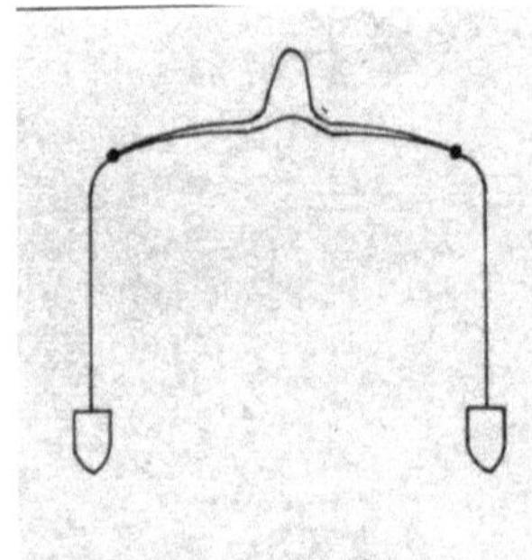

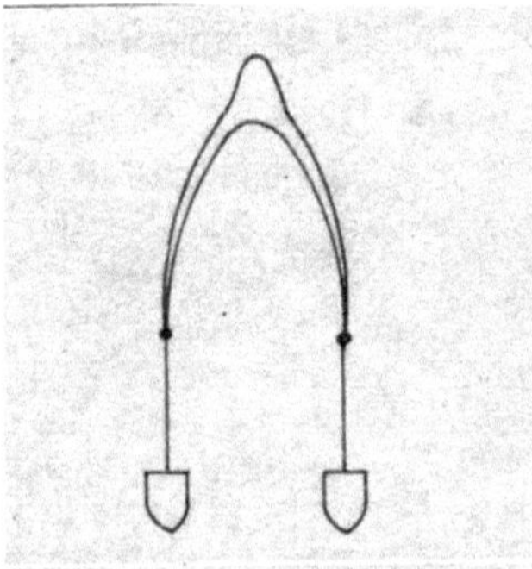

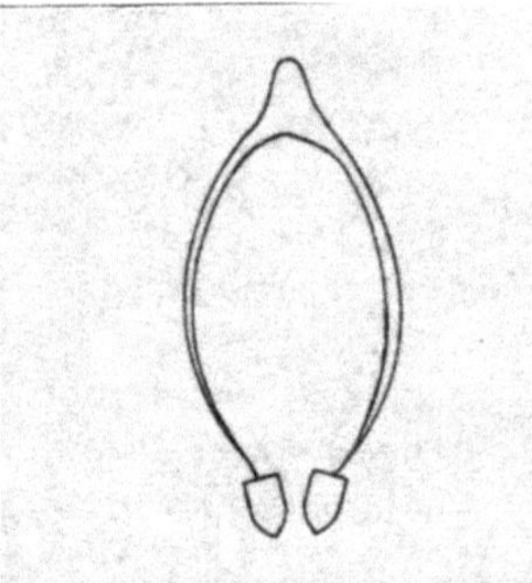

Abb. 24.2
Frisch ausgesetztes Zugnetz.

Abb. 24.3
Gezogenes Zugnetz während
des Einholens der Leinen.

Abb.24.4
Vollkommene Netzumkreisung
durch das Zugnetz nach
Zusammennehmen der Kähne.

2.0.3.2. Elektroschleppnetz

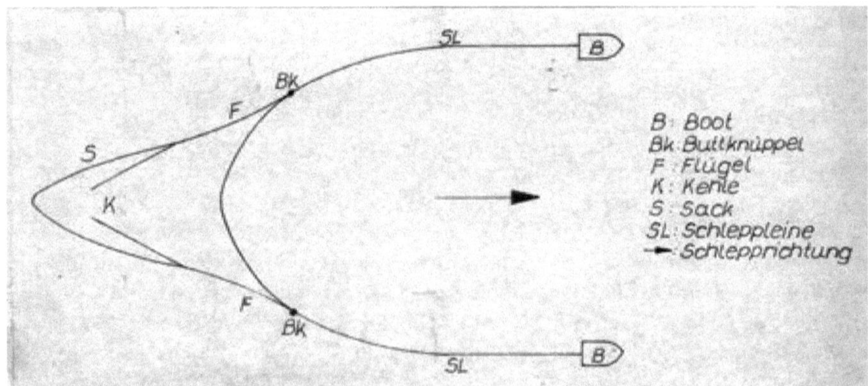

Abb. 24.5. Schema eines Schleppnetzes in Aufsicht

Elektroschleppnetze können unterschiedlicher Konstruktion sein, von einem oder zwei Booten gezogen werden und entsprechen in ihrer Bauart den Schleppnetzen der Küsten- oder Hochseefischerei. Es sind Trawls mit kurzen Flügeln (18-20 m Länge) sowie einer Fangöffnung von

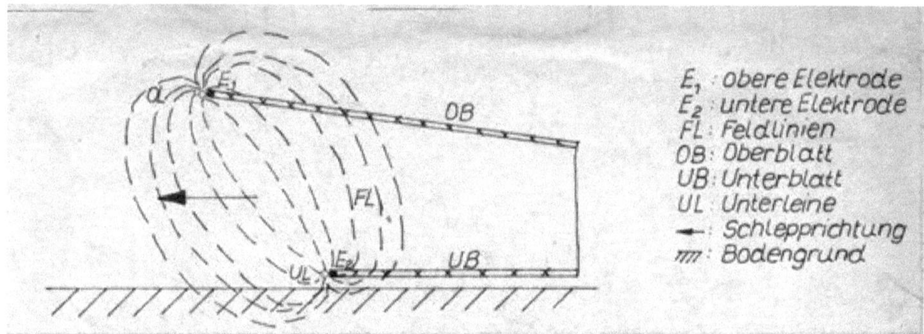

Abb. 25.1. Seitenansicht des elektrischen Feldes in der Mitte der Fangöffnung des Schleppnetzes (nach *Hattop/Predel*, 1969).

8-12 m Breite und 2-3 m Höhe. Flügel und Fangöffnung sind an Ober- und Unterleine mit Elektroden bestückt, die beim Anlegen einer entsprechenden Spannung und mit dem nötigen Strom beschickt, ein genügend starkes elektrisches Feld aufzubauen vermögen, um Fische zu betäuben (nähere Angaben über das Elektroschleppnetz des ES 026508 bei *Hattop, H.-W. & G. Predel*, 1969, p. 219 ff.; *Predel*, 1968). Der Sack des Schleppnetzes ist mit einer Kehle ausgestattet, um das Entweichen der gefangenen Tiere nach Abschalten des Stromes zu verhindern (Abb. 24.5 und 25.1).

2.0.3.3. **Reusen**

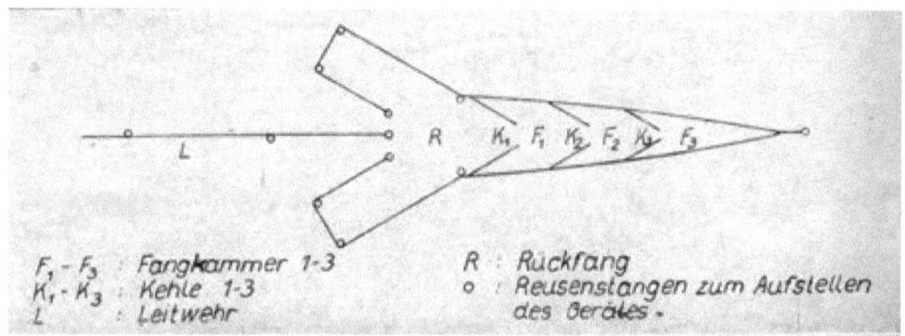

Abb. 25.2. Schema eines Rückfangsackes ist mit drei Fangkammern und Leitwehr in Aufsicht.

Reusen werden ins Flachwasser, meist in Ufernähe gestellt, um durch ein Leitwehr die Fische von ihrer normalen Schwimmrichtung abzulenken und in eine Fangkammer zu leiten, aus der sie nicht wieder entkommen sollen. Die in der Binnenfischerei am häufigsten verwendete Bügelreuse ist der Rückfangsack. Er besteht aus einem Rückfang und dem Sack, den (meist) 2-3 Kehlen in mehrere Fangkammern gliedern und der dort zusammen mit einem Leitwerk aufgestellt wird. Die nach oben offenen Netzelemente, wie Leitwehr, Rückfang, Reuseneingang, müssen an der Wasseroberfläche abschließen oder darüber hinausreichen. Nach unten ist sicherer Bodenschluss erforderlich (Abb. 25.2.).

An einem anderen Reusentyp, dem rückfanglosen Doppelsack mit Leitwehr wurden ebenfalls Beobachtungen durchgeführt (Abbildung. 26.1). Bei diesem Gerät läuft das Leitwehr auf eine Vorfangkammer zu, von der nach rechts und links je eine Fangeinheit (Sack mit 2-3 Kammern) anschließt. Bei den genannten Reusentypen sammeln sich die Fische in der letzten Fangkammer des Sackes, der während der Standzeit der Reuse in mehr oder weniger langen Zeitabständen (ein bis mehrere Tage) vom Boot aus gehobenen und gelehrt wird.

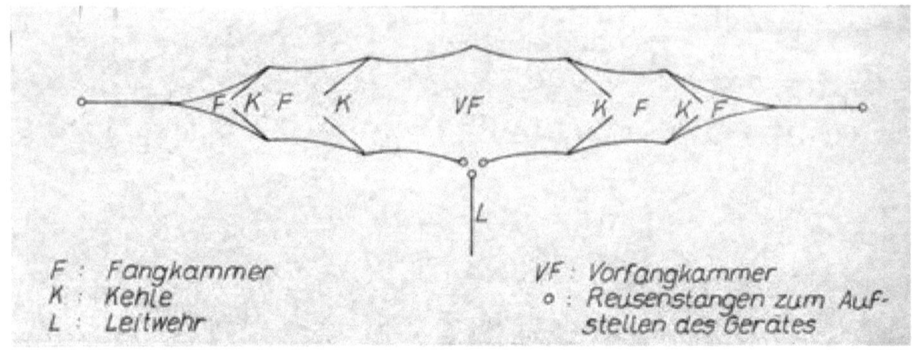

Abb. 26.1 Schema eines Doppelsackes mit Leitwehr in Aufsicht

2.0.3.4. **Stellnetze**

Stellnetze sind aus möglichst wenig sichtbarem Material gefertigte einwandige Netze, die durch Senker und Schwimmer senkrecht im Wasser ausgebreitet dem Fisch in den Schwimmweg gestellt werden (Abb. 26.2).

Das Kiemennetz soll die das Netztuch passierenden Fische hinter den Kiemendeckel oder den Flossen sicher festhalten (Abb. 26.2 u. 26.3). Es wird nach dem Heben entleert, indem die gemaschten Fische aus dem Netz herausgezogen werden. (Berechnung der Fängigkeit siehe Abschnitt 2.4.).

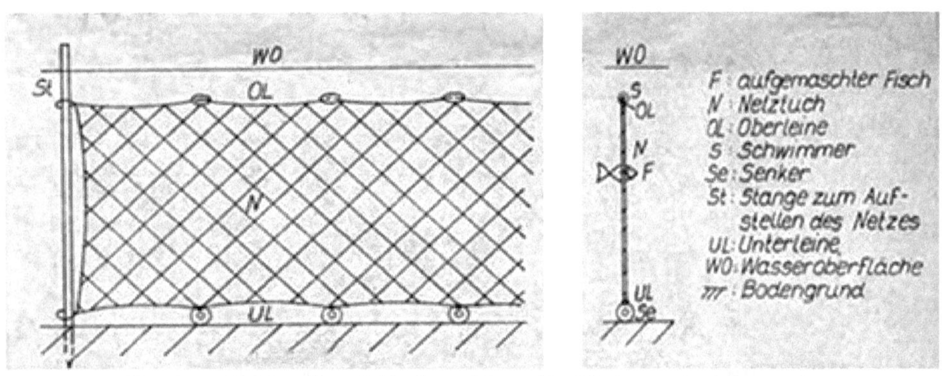

Abb. 26.2 und 26.3 Stellnetz in Vorderansicht und im Schnitt von der Seite gesehen

Andere „einwandige Netze", die ebenfalls senkrecht im Wasser stehen aber aus stärkerem Material gefertigt werden, sind z. B. Leitwehre und Rückfänge an Reusen, Flügel von Zugnetzen u.a. Die stellnetzähnlichen „dreiwandigen Netze" (*Breitenstein*, 1960, p. 82; *Wundsch*, 1963, p. 207), wie Stak- und Pulsnetze wurden nicht beobachtet.

2.0.4. **Fischarten, die an den erwähnten Geräten beobachtet wurden und die in der Arbeit verwendet Trivialnamen**

<u>Pisces</u>

Salmonidae:	*Coregonus albula* L. - Kleine Maräne
Esocidae:	*Esox lucius* L. - Hecht
Anguillidae:	*Anguilla anguilla* (L.) - Aal
Cyprinidae:	*Abramis brama* (L.) - Blei
	Aburnus alburnus (L.) - Uckelei
	Blicca björkna (L.) - Güster

Cyprinus carpio L. - Karpfen
Rutilus rutilus (L.) - Plötze
Tinca tinca (L.) - Schleie

Percidae: *Perca fluviatilis* L. - Barsch, Flussbarsch

2.1.   Methodik

2.1.1.   Entwicklung der Direktbeobachtung unter Wasser zur heutigen Methode

Als der amerikanische Journalist, *Guy Gilpatric* in den zwanziger Jahren im Mittelmeer seinem selbst erfundenen Vergnügen nachging und mit einem Speer bewaffnet, eine Taucherbrille vor den Augen den Fischen nachstellte (*Hass*, 1942, p. 8) ahnte er noch nicht, dass seine darüber verfassten Berichte (u.a. *Gilpatric*, 1939) Anlass dazu gaben, über abenteuerliche Freizeitgestaltung und auch Sensationshascherei hinaus, aus einem Sport, eine grundlegende wissenschaftliche Methode entstehen zu lassen. Interessant ist es, dass die erste umfassende Monographie, die nur mithilfe der Methode des Leichttauchens entstehen konnte (*Riedel*, 1954, 1966) ihre Studienobjekte in den Unterwasserhöhlen des mediterranen Gebietes fand, im gleichen Gebiet also, in dem *Gilpatric* dafür den Grundstein legte.

Um längere Zeit unter Wasser arbeiten zu können, ohne ständig zum Atmen an die Oberfläche zu müssen, entwickelten *Cousteau* und *Gagnan* in den vierziger Jahren den ersten funktionstüchtigen Lungenautomaten, der, in Stahlflaschen mitgeführte, hoch gespannte Pressluft auf einen atembaren Druck reduzierte. Damit war eine bis dahin nicht bekannte Beweglichkeit des Wissenschaftlers unter Wasser garantiert und man konnte auf die klobige schlauchgebundene Schwere des Helmtauchgerätes verzichten, mit dem die ersten Biologen *Milne Edwards* und *De Quatrefages* (schon 1844) ihren Forschungen unter Wasser nachgingen. (*De Quatrefages*, 1857; *Wasmund*, 1938, p. 115) und das später auch *Anton Dorn* (1881, p. 500, 502, 513) anwandte und empfahl, mit dem *Beebe* schon 1925 ethologische Studien betrieb (*Beebe*, 1928) und die *Wasmund* (1938, p. 93, 97) zur Direktbeobachtung zu verwenden von jedem Hydrobiologen forderte. Zwar sind den Leichttauchern solche Tiefen vorenthalten, wie sie die Bathysphäre schon 1934 (mit 923 m) zu erreichen vermochte (Beebe, 1935; Barton, 1954 a und b) und die gar der Bathyscaph „*Trieste*" mit 10.916 m 1960 erreichte, doch auch hier ergaben die neuesten Forschungen, dass bereits heute mit speziellen Atemgasgemischen Arbeiten bis in 300 m Tiefe möglich sind (*Keller*, 1961), mithin der Mensch nicht mehr gezwungen sein wird, nur aus einem abgeschlossenen Raum Beobachtungen ausführen zu können, sondern sich als Leichttaucher in allen Tiefen frei zu bewegen vermag. Allerdings stellen die niedrigen Wassertemperaturen dabei einen erheblich limitierenden Faktor dar. Doch es ist auch für die Fischereiforschung nicht von der Hand zu weisen, die Beobachtungen an Fangobjekten und -geräten aus geschlossenen Beobachtungskammern oder UW-Fahrzeugen durchzuführen, die zu benutzen jeder Wissenschaftler ohne besondere Ausbildung in der Lage ist (*Kiselev*, 1968; *Lagunov*, 1955; 1960; Anon., 1964; *Zafermann, Kiseljev*, 1968; *Aaronov*, 1968; *Yuen*, 1966; *High*, 1967; *Korotkov*, 1969; *Fuss, Ogren*, 1965; *Martyschevskij, Korotkov*, 1967; 1968; *Zusser, Cestnoj, Kiselev*, 1968; *Parrish and Blaxter*, 1964; *Manteyfel und Radakov*, 1966 u. a.) und vor allen Dingen einen längeren Beobachtungszeitraum gewährleisten, als es der direkte Unterwasseraufenthalt dem Menschen erlaubt (Unterkühlung). Obwohl die Methode der Direktbeobachtung unter Wasser durch die Entwicklung der Aqualungen auch für den Bereich der wissenschaftlichen Forschung anwendbar gemacht wurde und die Publikationen von *Hass* (1939, 1941, 1942, 1954, 1961 a), *Cousteau* (1953, 1963) u. a. diese der breiten Öffentlichkeit verfügbar machten, drang sie erst Anfang der 50er Jahre in die Arbeitsmethoden der Fischerei ein (*Margetts*, 1950; *v. Brandt*, 1951; *Süberkrüb*, 1952; Anon., 1952; *Marine Laboratory*, 1952; *Ulrich*, 1951 a, b, c, 1952 a, b) und war Ende der 50er Jahre dort noch vielfach ein Novum. So empfiehlt *Sand* (1959) die Weiterentwicklung der Methode aufgrund eigener Erfahrung bei Arbeiten am Trawl, indem er anführt, dass bei einem Forschungsvorhaben mehr als vier Jahre an den Experimenten mit konventionellen Forschungsmethoden erfolglos gearbeitet wurde und erst der Einsatz von Unterwasserfernsehen und anderer experimenteller Unterwassermethoden, die eine direkte Beobachtung des Fischereigerätes in Aktion erlaubten, Erfolg brachten. Er verweist darauf, dass kontinuierliche Weiterentwicklung dieser wertvollen Techniken die herkömmlichen Forschungsmethoden, die althergebrachten Fischereimethoden und -gerätschaften effektiv verändern könnte. Welche Bedeutung der neuen Methode mancherorts bereits 1951 beigemessen wird, zeigt ein Beitrag in der schottischen Fischereizeitschrift „The Fishing News", die ihren Lesern die Einrichtung eines „Unterwassernachrichtendienstes" ankündigt. Sie hat einen Stab von Berichterstattern (bestehend aus „Froschmenschen" und Tauchern) zusammengestellt, deren Aufgabe es sein soll, über die Funktion der Geräte unter Wasser und die Reaktion der Fische auf die Geräte zu berichten (*M-Y*, 1951).

Um unsere Fischereibetriebe in die Lage zu versetzen, Unterwasserarbeiten selbst auszuführen, wurden die Studenten der Fachrichtung Fischereiwesen an der Humboldt-Universität zu Berlin in den sechziger Jahren im Rahmen des Pflichtsports in Zusammenarbeit mit der GST im Tauchen ausgebildet (*Wäschke*, 1965). 1965 begannen Kurzlehrgänge zum Erwerb des Tauchbefähigungszeugnisses (B-Prüfung: Arbeit mit Pressluftgeräten) der GST für Fischereipraktiker aus allen Binnenfischereibetrieben der Republik in der Fachschule für Binnenfischerei in Storkow/Hubertushöhe. Durch das Institut für Binnenfischerei der DAL wurde 1965 die Bedeutung der Leichttauchmethode in der täglichen praktischen Arbeit der Fischereibetriebe und für die Weiterentwicklung der Fanggeräte hervorgehobenen (*Schliecker*, 1965). Doch im internationalen Maßstab hatte die Methode der Direktbeobachtung auch Ende der sechziger Jahre noch nicht allgemein Einzug in die Fischereiforschung gefunden. Als besonders wertvoll bei der Beobachtung von Verhaltensweisen der Fische an Fanggeräten empfahl sie die FAO-Konferenz 1967 in Bergen ihren Teilnehmern (*High*, 1967), obwohl schon während des internationalen meeresbiologischen Symposiums 1966 (*Schulz*, 1967) die Schwimmtauchmethode eine besondere Würdigung erfuhr und z. B. die Diskussion über Meeresökologie und ihre Untersuchungen mithilfe der Tauchmethode einen großen Zeitraum (eineinhalb Tage) einnahmen.

2.1.2. <u>Angewandte Methodik bei den Arbeiten an Fanggeräten der Binnenfischerei</u>
(*Rauschert*, 1966 b)

2.1.2.1.<u>Tauchausrüstung</u>

Die notwendigsten Ausrüstungsgegenstände, die für einfache Beobachtungen an Fanggeräten erforderlich sind, bestehen aus den ABC-Geräten: Flossen, Maske, Schnorchel. Sie genügten bei den hier beschriebenen Arbeiten jedoch nur für kurze Aufenthalte im Oberflächenwasser sommerwarmer Seen und bei Arbeiten an stillen Fanggeräten im aufgeheizten Strom des Kühlwasseraustritts vom Kernkraftwerk am Stechlinsee. Daneben muss aus Sicherheitsgründen (Verfangen im Netztuch) immer ein Messer mitgeführt werden. Um den Wasseraufenthalt zu verlängern oder in vielen Fällen überhaupt erst zu ermöglichen, wurden Kälteschutzanzüge verwendet (Nasstauchanzüge: Neopren-Schaumstoff oder Trockenanzüge: gummierter Stoff). In der kälteren Jahreszeit, besonders beim Arbeiten unter Eis, wurden zwei 5-7 mm starke Neoprene-Nassanzüge übereinander gezogen oder unter einem Trockenanzug dickes Wollzeug getragen. Auf diese Weise konnte ein oftmals den ganzen Tag, mit kurzen Unterbrechungen, andauernder Wasseraufenthalt überstanden werden. Um allzu starker Auskühlung zu begegnen, wurde von Fall zu Fall warmes, in Thermosflaschen mitgeführtes Wasser während der Arbeitspausen in den Neopren-Anzug gegossen. Kopfhaube, Füßlinge und Handschuhe aus Neoprenmaterial komplettierten den Kälteschutzanzug. Als Atemgeräte wurden handelsübliche Presslufttauchgeräte mit 2 bis 3 Stück 7-Liter Flaschen benutzt. Unterwasseruhr, Schreibtafel und je nach Arbeitsaufgabe entsprechende besondere Gerätschaften gehörten zur Taucherausrüstung.

Besonders wichtig ist es, die Beobachtungen sofort festzuhalten, weil sich die Vielzahl der Eindrücke meist nicht bis zum Ende des Taucheinstiegs im Gedächtnis speichern lassen. Die einfachste Methode bilden schriftliche Notizen. Auf Schreibtafeln (Aluminium, Decelith, Ekalith) lässt sich unter Wasser mit einem weichen, an der Tafel mit einer Schnur befestigten Bleistift ausgezeichnet schreiben. Um die Notiztafel immer griffbereit zu haben, ist sie zweckmäßig am Arm befestigt (*High* u. *Lusz*, 1966), zu erneuter Verwendung wird die Tafel abgewischt, abgewaschen oder abradiert. Günstig erwies sich die Verwendung eines Tonbandgerätes, um Notizen aufzusprechen. Leider lässt sich z.Z. kein geeignetes kleinformatiges Bandgerät finden, um es zum Aufsprechen mit ins Wasser zu nehmen; so musste die Aufzeichnung in den Arbeitspausen oder nach dem Taucheinstieg erfolgen. Es ergab sich, dass durch das sofort aufgesprochene Wort wesentlich mehr Einzelheiten festgehalten werden konnten, als es das nach dem Tauchen (oftmals erst nach allmählicher Erwärmung der verklemmten Finger oder abends im Quartier) angefertigte schriftliche Protokoll vermochte.

Großen Wert besitzen Foto-und Filmdokumente, zu denen natürlich ebenfalls eine schriftliche Aufzeichnung erfolgen muss, um das Bildmaterial später auswerten zu können. Als besonders zweckmäßig hat sich erwiesen, die Schreibtafel direkt am Foto- oder Filmapparat zu befestigen, um bequem darauf schreiben und beides als kompakte Einheit mit sich führen zu können.

2.1.2.2.1. <u>Filmaufnahmen</u>

Wie schon weiter oben erwähnt, begann man bei den ersten Direktbeobachtung an Fanggeräten 1950/52 durch englische und schottische Wissenschaftler sofort mit Unterwasserfilmaufnahmen, um die Arbeitsweise der Geräte und die Reaktionen der Fische anhand von Bildern nachträglich auswerten zu können (*Margetts*, 1950; *Dickson*, 1959 b; *v. Brandt*, 1951; *Anon.*, 1952; *Marine Laboratory*, 1952; *Barnes*, 1959). Neben der allgemeinen Filmarbeit unter Wasser (u. a. *Hass*, 1954, 1961 b; *Cousteau*, 1963; *U*, 1960), berichten später andere Autoren über die Verwendung des Films in der Fischereiforschung oder verweisen auf die Möglichkeit, ihn für entsprechende Problemstellung einzusetzen (z. B. *Chesterman*, 1954; *Schärfe*, 1953; *Kruse*, 1964). Bei meinen eigenen Arbeiten begann ich zunächst vorrangig die Filmkamera einzusetzen, da die Reaktionen der Fische am Fanggerät teilweise sehr rasch ablaufen, ohne dass man sie rein visuell zu erfassen vermag, während der Arbeit lernt man es, sich auf die wahrscheinliche Verhaltensweise so einzustellen, dass man das Wesentliche erkennt und durch Notizen oder Einzelfotos festhalten kann.

Für die Unterwasserfilmaufnahmen wurden 16 mm Schmalfilmkameras (hauptsächlich 30 m-Spulen Kameras *Admira-Elektrik*) in wasser- und druckdichten Gehäusen verwandt (*Richter*, 1960 p. 144 ff; *Reusch*, 1969 p. 428 ff). Die Aufnahmen erfolgten mit einer Bildfolge von 24 oder möglichst 32 Bildern pro Sekunde. Da die Hauptarbeiten in der lichtarmen Jahreszeit lagen, oftmals der Himmel bedeckt war, regnerisches Wetter herrschte und in trüben Seen gedreht wurde, mussten Belichtung und Entwicklung sehr genau aufeinander abgestimmt sein. Es fand unterschiedliches ORWO-Negativ-Material von 12 bis 27 DIN Anwendung (meist NP 5), das um 6 bis 12 DIN (und mehr) unterbelichtet wurde und in speziell angesetzten Entwicklern bis zu 25 min entwickelt werden musste (*Rauschert*, 1965, p. 44f).

Entwicklertyp 1, für besonders ungünstige Lichtverhältnisse unter Wasser (sehr kontrastarme Objekte), mit dem die Mehrzahl der Filme entwickelt wurde (nach *Rebikoff*, 1952, p. 73 f): Wasser 1000 ml, Metatyl 2 g, Hydrochinon 10 g, Soda (wasserfrei) 50 g, Natriumsulfit 70 g, Kaliumbromid 4 g. Entwicklung: 25 min bei 20 °C .

Entwicklertyp 2, für normale Unterwasserlichtverhältnisse in unseren Seen (kontrastarme Objekte): es wird der handelsübliche Entwickler A49 (ORWO-Rezepte, 1964, ff) benutzt und in der Hälfte der angegebenen erforderlichen Menge Wasser gelöst; darin der Film die oben angeführte Zeit in Dosen (für etwa 10 m 16 mm-Film) oder auf selbst gefertigten Rahmen (für etwa 30 m 16 mm-Film) in großen Fotoschalen bei 18 bis 20 °C 15 bis 25 min entwickelt und normal fixiert.

Die erhaltenen Streifen können notfalls als Negativ zum Auswerten Verwendung finden oder sind möglichst hart zu kopieren. Die Auswertung erfolgte zumeist nach dem Laufbild, teilweise durch vereinfachte Einzelbildanalyse (*Hunter*, 1966; *Cullen* et al., 1965).

2.1.2.2.2. <u>UW-Fotografie</u>

Entsprechend der Filmaufnahmen wurden die Verhaltensweisen der Fische am arbeitenden Fanggerät durch Einzelaufnahmen festgehalten. Hier fand neben dem ORWO-Film NP 15 fast ausschließlich NP 20 Verwendung, der ähnlich wie der 16 mm-Film entwickelt wurde (siehe 2. 1.2.2.1).

Für die Aufnahmen wurden Kameras der Praktica-Baureihe, Exa-Typen, die russische Fed, die Stereokamera Belplasca, eine Stereoeigenkonstruktion und die Praktina II a in Verbindung mit den Zeissobjektiven *Flektogon* 4/20 mm, 4/25 mm und 2,8/35 mm in wasserdichten sowie druckfesten Gehäusen benutzt. Die Belichtungszeiten variierten, je nach Lichtverhältnissen, zwischen 1/50 und 1/150 sec. bei unterschiedlichen Blendenwerten und wurden mit dem Belichtungsmesser ermittelt oder nach Erfahrungswerten festgelegt. Für den Film wurde eine Empfindlichkeit von 27 bis 30 DIN angenommen (auf die entsprechende Entwicklung bezogen).

Bei sehr ungünstigen Lichtverhältnissen, in denen das Umgebungslicht nicht ausreichte, wurde mit Elektronenblitzen unterschiedlicher Leistung gearbeitet und der Film normal nach Vorschrift des Herstellers entwickelt.

Abb. 30.1. Eine Lichtsperre wurde an der äußeren Kehle eingebaut, um damit bei der Fischpassage eine Kamera automatisch auszulösen und den Fisch zu registrieren.

Abb. 30.2. An der Reuse unter Wasser aufgebaute automatische Fotoanlage (Praktina II a mit 17 m-Kassette, E-Motor, Elektronenblitz und Lichtsperre an der Kehle).

Um das Verhalten der Fische beim Passieren der äußeren Kehle festzuhalten und es überhaupt feststellen zu können, wurde eine Ultrarot-Lichtschranke vor die Kehle gelegt und über eine elektronische Schaltung bei Lichtunterbrechung jeweils eine Aufnahme ausgelöst (Abb. 30.1, u. 30.2).

2.1.2.2.3. <u>Stereofotografie</u>

Mithilfe der Stereofotografie wurde versucht, die Abstände zwischen den Individuen oder der Fische vom Fanggeräte festzustellen (*Cullen* et al., 1965), *Zafermann* (1968) gibt eine ausführliche Beschreibung der theoretischen Grundlagen für die Auswertung von Stereoaufnahmen, die doch alle sehr kompliziert und aufwändig sind. Durch Stereoaufnahmen stellte er die Verteilung der Individuen, ihre Größe, den Individuenabstand und die Verteilung des Makrobenthos fest.

Die Stereofotografie vermag auch die Verteilung der Fische im Netz, ihre Größe ihren Abstand voneinander und vom Netztuch wiederzugeben. Es wurde nach einer Methode gesucht, die die Auswertung der Stereofotos auf der Grundlage ausreichender Genauigkeit schnell und sicher gestaltet, ohne auf den herkömmlichen Methoden aufbauen zu müssen. Um eine unbekannte

30

Strecke zu messen, wird sie am einfachsten mit einer bekannten Größe verglichen, die wir zum Beispiel in einem Zollstock finden. Wir könnten räumliche Ausdehnungen ebenfalls durch Vergleich mit einem Bekannten Raumgitter ausmessen, wenn es uns gelänge, die unbekannte Größe in die bekannte hineinzustellen und ihrer Maße abzulesen. Haben wir ein Stereofoto (die unbekannte Größe) vor uns, so erkennen wir es im Betrachtungsgerät plastisch. Fertigen wir ein Foto von einem Gitter an, dessen dreidimensionale Ausdehnung uns in ihren Maßen bekannt ist, so erkennen wir es im Stereofoto ebenfalls als scheinbar räumliches Objekt. Stecken wir jetzt unser Stereofoto unbekannter räumlicher Ausdehnung zusammen mit dem bekannten Vergleichsfoto in das Betrachtungsgerät und sind beide aus der gleichen Entfernung fotografiert, so sehen wir das zu messende Foto innerhalb des Raumgitters schweben und können sämtliche uns interessierenden Maße ohne großen Aufwand in schneller Folge ablesen. Da kein genügend großes Raumgitter als Vorlage zum Vergleich des Foto vorhanden war, wurde ein kleines Modell aus verschiedenen Entfernungen fotografiert, so dass man durch Wahl eines passenden Gitterfotos die unbekannten Größen unserer Objekte auf dem Stereounterwasserfoto ablesen konnte.

Die beschriebene Auswertung von Stereofotos konnte nicht in größerem Maßstab angewandt werden. Es wurden lediglich einige Versuche unternommen, um die Grundlagen für eine derartige, eventuell einsatzfähige Auswertungsmethode im Experiment zu erarbeiten.

2.1.2.3. <u>Arbeiten an aktiven Geräten</u>
2.1.2.3.1. <u>Zugnetz</u>

Die Fischbeobachtungen wurden in Seen mit Sichtweiten von 0,5 bis zu 15 m (Stechlinsee 1964) durchgeführt. In einem Ausnahmefall (Potzlower See) wurde in einem Krapfenintensivgewisser mit maximal nur etwa 30 cm Sicht gearbeitet. Dicht an der über den Grund gleitenden Unterleine betrug hier die Sichtweite nur wenige Zentimeter. Erfolgreiche Beobachtungen konnten dabei nur durch Abtasten des Zwischenraumes von Unterleine und Gewässergrund gemacht werden, wobei die hier fest auf dem Grund liegenden Krapfen mit der Hand ertastet werden mussten.

Durch den relativ großen Störfaktor, den ein bewegtes Gerät darstellt, lässt sich der Fisch am Zugnetz gut beobachten, ohne auf den Störfaktor Taucher übermäßig stark zu reagieren. Einen Zug die gesamte Zeit unter Wasser mitzuerleben, ist möglich, bereitet jedoch mit zunehmender Flügellänge erhöhte Schwierigkeiten und kann beim großen Karpfenzugnetz nur durch Ablösung und Pausen für die Taucher erfolgen. Meist wird man sich Teilbeobachtungen vornehmen müssen. Ein umfassendes Bild entsteht durch Zusammenfügen einer Vielzahl von oft bestätigten Beobachtungen.

Das Verhalten des Tauchers ist besonders bei beginnendem Zug von entscheidender Bedeutung für die Beobachtung. Um unnötige Schwimmbewegungen zu vermeiden, muss er sein Gewicht so austarieren, dass er unter Wasser schwerelos wird. Man kann sich in Sacknähe oder am Flügelende dicht über der Unterleine vom Netz mitziehen lassen. Bei genügender Sichtweite besteht die Möglichkeit, jetzt schon die vom Netz aufgejagten Tiere zu sehen. Nach dem Zusammennehmen der Flügel verringert sich die Fluchtdistanz der Fische zum Taucher zunehmend. Die Beobachtungen können an verschiedenen Stellen im Innern des Zuges oder in der Netznähe von innen oder außen erfolgen. Kurz vor Beendigung des Zuges ist der Innenraum möglichst zu verlassen, da eventuelle Fluchtwege der Fische dann besser von außen her beobachtet werden können, solange die Wasserklarheit dazu ausreicht. Oftmals kann die Beobachtung des Netzes während des ganzen Zuges nur von innen erfolgen, weil bei sehr weichem Bodengrund die von der über den Grund laufenden Unterleine aufgewirbelten Schlammwolken hinter dem Netz die Sicht sehr stark behindern oder völlig ausschließen. In diesen Fällen lassen sich die Beobachtungen nicht bis zum Ende des Zuges fortsetzen, da auch an der Auszugsstelle das Wasser in weitem Umkreis getrübt ist und fliehende Fische natürlich nicht mehr wahrgenommen werden können.

Zwischen den einzelnen, zum Fang verschiedener Fische eingesetzten Zugnetzen bestehen Unterschiede, die auch in der Methodik beachtet werden müssen. Das normale Zugnetz zum Fang der allgemeinen Nutzfische unserer Seen entspricht etwa dem Zugnetz in der Karpfenabfischung der Intensivgewässer. Die Fanggeräte können unterschiedlich lang sein (Flügellänge), ihre Stauhöhe richtet sich nach der Gewässertiefe, in der sie eingesetzt werden. Durch die erhebliche Länge des Netzes ist es unmöglich, einen größeren Abschnitt zu überblicken. Man muss also in zahlreichen Taucheinstiegen das Netz an verschiedenen Stellen beobachten, um einen Überblick über die Fischreaktionen an den diversen Teilen des Fanggerätes zu erhalten. Neben dem Mitschwimmen- oder Mitziehenlassen besteht eine andere Möglichkeit darin, das Netztuch (die Flügel) an sich vorübergleiten zu lassen, um so verschiedene Abschnitte nacheinander zu sehen. In zahlreichen Beobachtungen wurden beide Methoden abwechselnd benutzt. Außerdem wurde wiederholt der Innenraum der Netzeinkreisung während der verschiedenen Zugphasen auf die Fischreaktionen hin untersucht. Das im Stechlinsee verwendete Maränen-Zug-Netz unterscheidet sich im Wesentlichen von den vorher erwähnten durch eine erheblich geringere Größe (80-100 m lang). Da der See sehr steilscharig ist, wird der Zug meist in einer Tiefe von 20-25 m angesetzt. Dabei wird das etwa 10 m hohe Netz über lange Strecken hin mit untergetauchter Oberleine über den Grund gezogen (vgl. *Anwand* und *Lieder*, 1962). Die Schwierigkeit für den Beobachter ist darin zu sehen, dass das Austarieren für die normalerweise benutzten Neopren-Anzüge gleichzeitig für die Tiefe und das Flachwasser nicht möglich ist, da sich die Luftkammern des Schaumstoffs in der Tiefe stark zusammen drücken und der Taucher dadurch schwerer wird, außerdem infolge herabgesetzter Isolierungswirkung des zusammen gedrückten Materials schnell friert, während er im Flachwasser einer Luftblase gleich an der Wasseroberfläche hängt. Einen Ausweg bietet hier die Verwendung eines Konstant-Volumen-Tauchanzugs, den man einmal austariert, für jede Tiefe benutzen kann, der aber bei den Arbeiten nicht verwendet wurde, da er die Beweglichkeit des Tauchers sehr stark einschränkt und deshalb nicht vorteilhaft erschien.

Die Beobachtungsmethoden entsprechen im Wesentlichen den bisher genannten. Infolge der teilweise sehr guten Sichtweiten (bis zu 15 m) vermochte man das Fanggerät weit zu überblicken und konnte, auf dem Grund sitzend, lange Zeit die Fische in der Netzeinkreisung beobachten, währenddessen das Netz langsam näher rückte und in Sichtweite kam.

2.1.2.3.1.1. <u>Die Messungen der Netzgeschwindigkeiten</u>

Die Zuggeschwindigkeit der Netze ist größenbedingt und hängt von der Zugart (Motor- oder Handwinde) ab. Sie wurde nach zwei Methoden gemessen. Als sehr einfach erwies sich, auf der Unterleine an beliebiger Stelle 1 m mit Leine oder Band) zu markieren und mit Hilfe einer Unterwasseruhr die Zeit zu bestimmen die beim Passieren einer Bodenmarke durch den gekennzeichneten Leinenabschnitt vergeht. Eine elegantere Methode fand sich in einem elektronischen Strömungsmesser (*High*, 1967; *High* and *Lusz*, 1966), der speziell für den Unterwassereinsatz im

Abb. 32.1 Um die Zug- oder Schleppgeschwindigkeit der Netze ermitteln zu können, wurde u. a. ein speziell entwickelter elektromechanischer Geschwindigkeitsmesser verwendet.

Institut für physikalische Hydrographie der DAW entwickelt und gebaut wurde und den man nur

parallel zum bewegten Netz durch das Wasser zu führen brauchte, um die Geschwindigkeit ablesen zu können (Abb. 32.1).

Das Gerät wurde nur am Elektroschleppnetze eingesetzt.

2.1.2.3.1.2. Unter Eis

Beim Fischen unter Eis mussten zum Tauchen besondere Vorsichts-maßnahmen ergriffen werden. Der Taucher wurde von einem Signal-mann an der Leine geführt und durfte den Innenraum des Zuges nicht verlassen, um beim even-tuellen Bruch der Sicherheitsleine, sich nach den Flügeln orientierend, sicher zum Auszugsloch zurückzufinden. Bei Unter-Eis-Beo-bachtungen von Karpfen in Winter-teichen, wurde neben der Sicher-heitsleine eine weitere Sicherheits-maßnahme ergriffen, um dem Tau-

Abb. 33.1. Neben der Sicherheitsleine wurden beim Tauchen unter Eis zur Orientierung des Tauchers Bahnen mit Richtungspfeilen zum nächsten Eisloch angelegt.

cher ein Zurückfinden zum Einstiegsloch oder einem anderen Eisloch zu ermöglichen, indem ein bestimmtes Netz von Bahnen schneefrei gekehrt wurde und kurze Richtungsstriche zum nächsten Loch wiesen (Abb. 33.1.).

Bei schneefreiem Eis begleitete ein Mann den dicht unter dem Eis schwindenden Taucher auf der Eisdecke mit einer Eisaxt, um ihm im Notfall sofort Hilfe geben zu können.

2.1.2.3.2. Elektrofanggeräte (Schleppnetz)

Zu Beginn der Arbeiten war nicht bekannt, ob Beobachtungen der Elektrofanggeräte durch den ungeschützten Taucher (evtl. Faradayscher Käfig erforderlich?) in angemessenem Abstand zur Elektrode möglich sein wird, um die Reaktionen der Fische im elektrischen Feld festzustellen.

Beim Arbeiten am Elektroschleppnetze darf nicht vor dem Gerät geschwommen werden, um nicht durch eine Unachtsamkeit oder andere Einflüsse in die unmittelbare Nähe der Elektroden und damit durch Elektroschock bewusstlos in das Fanggeräte zu geraten. Das Gerät ist stets von hinten anzuschwimmen! Da die Geschwindigkeit höher liegt als beim Zugnetz, ist es nicht ein-fach, dem außer Sichtweite geratenen Netz ohne weiteres zu folgen. Besonders schwer fällt dann das Nachschwimmen, wenn man noch mit Geräten belastet ist (Kamera u. a.). Um das Schlepp-netz sicher zu finden, empfiehlt es sich, es durch eine an der Oberfläche treibende Boje zu kenn-zeichnen. Einem ungekennzeichneten Netz nähert man sich von hinten und folgt nach dem Ab-tauchen den Schleppspuren des Gerätes auf dem Boden. Schon in einer Entfernung von 2 m hin-ter den Elektroden kann sich der Taucher zum Beobachten am Netztuch festhalten, um mitgezo-gen zu werden, ohne einen Einfluss des Elektrofeldes zu verspüren (bei Spannungen und Strom-stärken, die bei der E-Fischerei in Binnengewässern üblich sind; siehe dazu *Hattop/Predel*, 1969, p. 219 ff).

Den Minimalabstand stellten wir bei unseren Arbeiten auf folgende Weise fest: Die Zunge wurde in den Metallteil des Mundstücks gesteckt, und wir näherten uns der Elektrode so lange, bis sich ein zunehmend saurer Geschmack einstellte, der dem Empfinden ähnelt, das auftritt, wenn man die beiden Pole einer noch brauchbaren Taschenlampen-Flachbatterie mit der Zunge berührt, um ihren Zustand zu prüfen. Nähert man sich doch einmal zu weit der Elektrode, tritt ein starkes „kribbelndes" Gefühl auf, dass in den Extremitäten beginnt und sich auf den ganzen Körper ausdehnen kann. Vergleichbar mit der Schrittspannung, die beim Blitzeinschlag auf dem

Erdboden entsteht, kann man auch der Unterwasser-Körperspannung mit einer Verringerung der Angriffsfläche begegnen, indem man sich zusammenrollt und Arme und Beine eng dem Körper anlegt. Das „Kribbeln" verschwindet sofort. Auch eine vorgestreckte Hand verrät die gefährliche Elektrodennähe („Kribbeln" in den Fingerspitzen). Bei den Arbeiten war es, je nach verwendeter Spannung, möglich, unter Beachtung der angeführten Vorsichtsmaßnahmen, noch in einer Entfernung von 1,5 bis minimal 0,5 m zur Elektrode Beobachtungen vornehmen zu können.

2.1.2.4. Arbeiten an stillen Geräten
2.1.2.4.1. Reusen
2.1.2.4.1.1. Direktbeobachtung an Reusen

Im Gegensatz zu den Arbeiten am Zug- oder Schleppnetz, bei denen nur mit dem Tauchgerät erfolgreich gearbeitet werden kann, lassen sich einfache Beobachtungen an Reusen auch durch Schnorcheln (Schwimmen mit Flosse, Maske, Schnorchel) von der Oberfläche her durchführen. Dagegen ist das normale Verhalten der Fische bei Verwendung des Presslufttauchgerätes nicht zu beobachten, da der Gerätetaucher einen sehr starken Störfaktor im Gegensatz zur bewegungslos im Wasser stehenden Reuse darstellt und Schreckreaktionen der Fische hervorruft, sie anlockt oder verscheucht. Bei den einfachen Beobachtungen hängt der Taucher bewegungslos an der Wasseroberfläche, der Tauchanzug sorgt für den nötigen Auftrieb und schützt gleichzeitig vor Unterkühlung. Neben der Schreibtafel gehörte meist der Fotoapparat zur mitgeführten Ausrüstung. Um die Fische möglichst wenig zu beeinflussen, erwies es sich als günstig, sich mit einer leichten Oberflächenströmung gegen die Reusenpfähle treiben zu lassen, an denen man sich in beobachtungsgünstiger Position festlegte. Sämtliche Körperbewegungen sind äußerst langsam auszuführen, da die Fische auf Bewegungen von oben her sehr stark negativ reagieren.

Im sonnenwarmen Oberflächenwasser unserer Seen kann man, durch den Anzug geschützt, viele Stunden im Wasser verbringen und somit einen guten allgemeinen Überblick über das Verhalten der Fische an diesem Fanggeräte gewinnen, indem man die vielen Einzelbeobachtungen aneinanderreiht.

Um die nächtliche Aktivität der Fische an und in der Umgebung der Reuse kennen zu lernen, kann das Tauchgerät eingesetzt werden. Die sonst verwendete Ausrüstung wird durch eine Unterwasserhandlampe oder einen Fotoapparat mit Pilotlicht und Blitz komplettiert. Die Nachtaktivität und auch teilweise das Richtungsverhalten der Fische am Reusenwehr konnte auf diese Weise festgestellt werden (siehe Abb. 30.1., 30.2).

Besonders wichtig ist es, nachts Geräusche zu vermeiden, obwohl z. B. *von Frisch* und *Dijkgraf* (1935), sowie *Moor* (1964 a) die Ansicht vertreten, dem Gehör käme eine untergeordnete Bedeutung zu, da es Fischen nicht möglich sei die Schallrichtung zu lokalisieren. Auch *Chapman* (1964) möchte Richtungshören auf nächste Nähe beschränken.

Möglicherweise reagieren Fische auf die erwähnten Geräusche durch Perzeption von Infraschall mit dem Seitenlinienorgan. Eingehend beschäftigt *Protasov* (1965, p. 62 ff) die Frage Gehör, Lokalisation von Geräuschen u. a. Das Ausatemgeräusch in Verbindung mit den aufperlenden Luftblasen stört die Fische weniger als der Schein des Pilotlichtes, das nicht zu lange und zu intensiv einwirken sollte. Vom Taucher versehentlich auf dem Boden nachgeschleppte Gerätschaften (z.B. Handlampe, Schreibtafel o.a.) Rufen oft starke Schreck- und Fluchtreaktionen hervor.

Während die direkte Beobachtung den Vorteil bietet, einen weiten Überblick zu gewähren und den Objekten folgen zu können, sind der zeitlich nur stark begrenzte Wasseraufenthalt und der auf das Fischverhalten einwirkende Störfaktor zwei nicht übersehbare Nachteile der Methode.

2.1.2.4.1.2. Fotografie an Reusen

Das ungestörte Verhalten der Fische an den Reusenkehlen und im Rückfang, wurde mit stationär aufgebauten Fotoapparaten und einer Fernsehkamera beobachtet.

Den Fotoapparat löste, eine dicht vor der Kehle angebrachte Ultrarot-Lichtschranke aus (Stromlaufplan siehe hier), wenn sie ein Fisch durchbrach und belichtete durch einen synchronisierten Elektronenblitz automatisch Tag und Nacht gleichmäßig die Fotos (Abb. 30.2, siehe auch 2.1.2.2.2.).

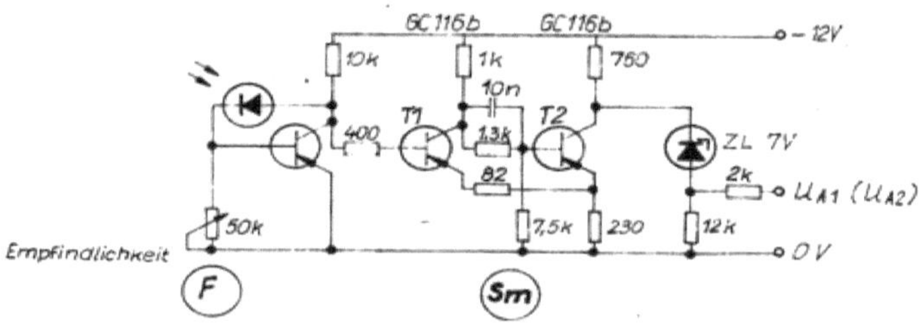

F — Fotodiode

Sm — Schmitt-Trigger

Am — Auslösemechanismus

MoMu — Monostabiler Multivibra.

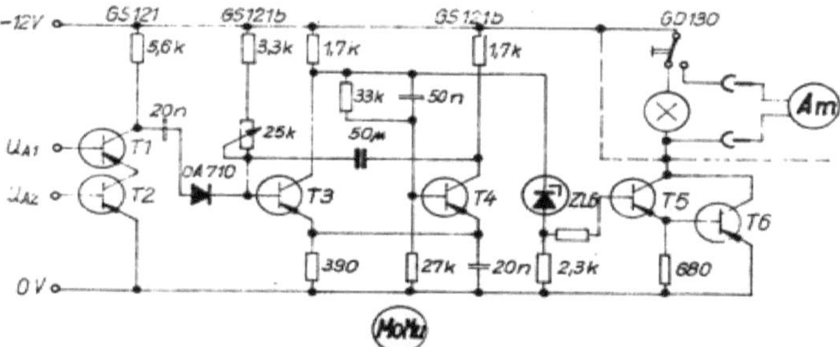

Abb. 35.1.
Im Zelt auf einer Floßstation untergebrachte Akkumulatoren, Versorgungsgeräte für die Unterwasser installierten Apparate und ein Fernsehmonitor.

Abb. 35.2.
Um die Uhrzeit der Fischpassagen in der Reusenkehlen zu registrieren, wurde zeitweilig eine wasserdichte Uhr mit aufgenommen (Helenensee. 14.5.1969. 11.05 Uhr.

Um zum Ablesen des Zählwerks der Fotokamera nicht ständig ins Wasser zu müssen, waren an Land ein elektromechanisches Zählwerk und ein Kymograph parallel zur Kamera an die „Lichtfalle" geschlossen. Bei einigen Aufnahmen wurde eine unter Wasser montierte Uhr mit aufgenommen (Abb. 35.2).

2.1.2.4.1.3. Arbeit mit der Fernsehanlage

Die vorteilhaften Einsatzmöglichkeiten von UW-Fernsehanlagen wurde durch das mithilfe des Fernsehens gefundene Wrack des im Kanal gesunkenen U-Bootes „Affray" 1951 bekannt.

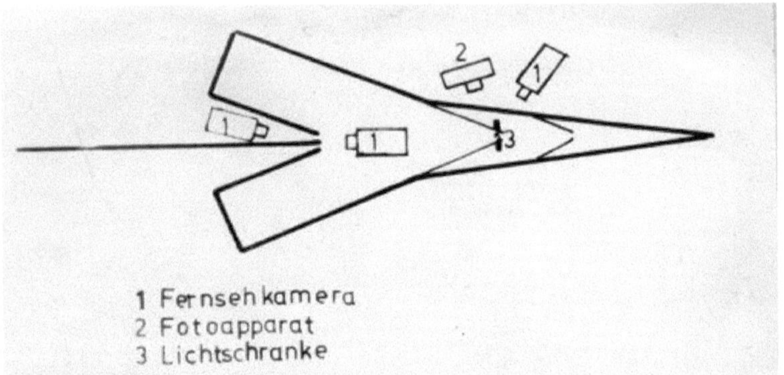

Abb. 36.1. Der Fotoapparat war so auf die Reuse gerichtet, dass die Fische beim Passieren der über die Kehle gelegten Lichtschranke fotografiert wurden. Die Fernsehkamera wurde an verschiedenen Stellen an der Reuse angebracht.

1952 weist „World Fishing" (*Anon.*, 1952) auf das UW-Fernsehen hin, *Barnes* (1954) beschreibt es als ein neues ökologisches Gerät und 1955 wird es durch *v. Brandt* (1955, 1956) erstmals als Methode in der Fischerei erprobt und seine Bedeutung für die Gerätebeobachtungen hervorgehoben: „… in der Gerätebeobachtung kann einer der Hauptpunkte der Verwendung des UW-Fernsehens im Dienste der Fischerei liegen." (*v. Brandt*, 1955). Später hebt er die Bedeutung von Beobachtungen der Wechselbeziehungen zwischen Fisch und Gerät hervor (*v. Brandt*, 1946). *Warschinski* (1955) versucht bei der Fischereiwirtschaft der SU das Interesse für die neue Technik des UW-Fernsehens zu wecken. *Barnes* veröffentlicht 1959 eine sehr detaillierte Arbeit über den Einsatz von UW-Fotografie und Fernsehen in der Fischerei. In den sechziger Jahren hat die neue Methode bereits vielerorts Einzug in die Fischereiforschung gefunden (*Parrish and Blaxter*, 1964; *Schwenke*, 1965; 1968 u. a.).

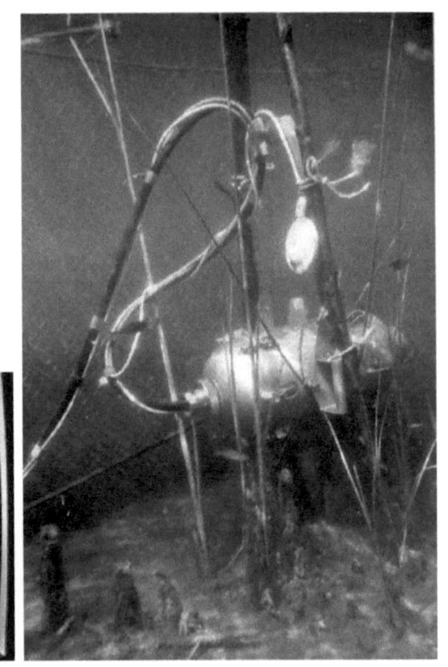

Bei den hier besprochenen Arbeiten wurde eine batteriegespeiste Fernsehanlagen (*Fortier* et al., 1967; *Scharf*, 1968) an verschiedenen Stellen der Reuse aufgebaut und konnte von der Überwasserstation bedient werden (Abb. 35.1.). Teilweise war sie gegen die Kehle gerichtet oder auch auf den Eingang zu den Rückfängen von innen aufs Leitwehr oder von außen am Leitwehr entlang (Abb. 36.2. u. 36.3.).

Abb. 36.2. Drei Plötzen am Eingang des Rückfangs auf dem Fernsehbildschirm

Abb. 36.3. Gegen den Reuseneingang (Rückfang) gerichtete UW-Fernsehkamera

Die Kamera war mit einem Ultra-rot-Endikon bestückt, da die Allgemeinempfindlichkeit eines im normalen Spektralbereich arbeitenden Endikons unter Wasser nicht so hoch liegt.

Um das am Bildschirm (Abb. 36.2.) beobachtete Geschehen zu protokollieren, wurden die schon weiter oben erwähnten Batterie-Tonbandgeräte verwendet,. Die Methode des Aufsprechens bot hier den Vorteil, den Blick bei schnell ablaufenden Ereignissen nicht vom Bildschirm abwenden zu müssen und so auch Einzelheiten sicher festhalten zu können.

Abb. 37.3. Omnibusschläuche wurden als Schwimmer für die Plattform des Flusses verwendet

Abb. 37.4. das 3,5 X 4,5 große Floß diente als Station und wurde in der Nähe der Reuse verankert. Das Zelt bot Arbeitsraum und Schlafgelegenheit für zwei Personen

2.1.2.4.1.4. **Das Floß als Arbeitsplattform**

Um die kabelgebundenen Geräte an der Reuse aus nächster Nähe durch 12-Volt-NK-Akkumulatoren versorgen zu können (Abb. 35.1.), wurde von einem zerlegbaren Floß (3,5 × 4,5 m) aus gearbeitet, dass am Einsatzgewässer aus vorgefertigten Bretterfeldern und zusammengesteckten Kanthölzern mit großen Bolzen zusammengeschraubt worden war. Als tragende Elemente dienten luftgefüllte, unter das Balkengerüst gebundene Omnibusschläuche (Abb. 37.3. und 37.4.). Das Floß besaß eine Tragkraft von mehr als zwei t, hatte durch die luftgefüllten Schläuche wenig Tiefgang und war durch 1 bis 2 Außenbordmotoren („HB 125" und „Forelle") zu eigener Ortsveränderung befähigt. Es diente nicht nur als Arbeitsplattform, sondern war (mit einem Zelt ausgestattet) gleichzeitig Feldquartier für maximal zwei Beobachtungspersonen. Eine Zeltstation an Land war weiterhin erforderlich, um Kompressor, Tauchzubehör, div. Kleinmaterialien, Ersatzteile usw. aufzunehmen.

2.1.2.4.2. **Stellennetze**

Die Arbeitsmethodik entsprach den einfachen Beobachtungen an Reusen ohne Gerät sowie den Untersuchungen mit Tauchgeräten an Zugnetzen. Da stehende Zugnetzflügel und Leitwehre der Reusen einen stellnetzähnlichen Charakter aufweisen, wurden die daran erzielten Beobachtungen mit zu den Beobachtungen am Stellnetz gerechnet.

2.1.2.4.3. **Beobachtungsparameter**

Während der Untersuchungen an Fanggeräten hat es sich im Laufe der Jahre als sehr günstig gezeigt, zur Fragestellung bei der Direktbeobachtung über bestimmte Beobachtungsparameter zu verfügen.

Neben den ethologischen Beobachtungen ließ sich so gleichzeitig ohne viel Aufwand die Arbeitsweise der Fischereigeräte vergleichbar festhalten und bestimmte Fehler oft durch die Praktiker in sofortiger Selbsthilfe schon während des Einsatzes beseitigen. Außerdem konnten die Tauchassistenten mit einem festen Programm ausgestattet zur Arbeit eingesetzt werden.

2.1.2.4.3.1. **Beobachtungen am Zugnetz**

1. Gewässer
2. Datum   Uhrzeit
3. Himmelsbedeckung/Windstärke/Windrichtung
4. Wassertemperatur
5. Sichtweite: 6. Bodenbeschaffenheit
7. Größe des Gerätes
8. Bodenschluss des Gerätes a) am Ansatzpunkt der Zugleine   b) im Bereich der Fangöffnung
10. Einfluss eventueller Strömungen auf die Arbeitsweise des Fanggerätes
11. Auftreten von Grundtrübungen vor dem Zugnetz nach Zugbeginn

12. Netzdistanz der Fischarten während der einzelnen Zugphasen

13. Fluchtdistanz der Fische vor dem Taucher während der einzelnen Zugphasen

14. Aufenthaltstendenz der Fische während der einzelnen Zugphasen

15. Auf die Auszugsphasen bezogener Beginn des ersten Einschwimmens der Fische in den Sack

16. Einlaufen der Fisch Hauptmasse in den Sack (Zugphase)

17. Ort und Zeit (Zugphase) größerer Fischansammlungen während des Zuges

18. Andere Beobachtungen

2.1.2.4.3.2. <u>Beobachtungen an Reusen</u>

1. Gewässer   2. Datum   Uhrzeit

3. Himmelsbedeckung/Windstärke/Windrichtung   4. Wassertemperatur

5. Sichtweite: 6. evtl. vorhandene Strömungen   7. Reusentyp

8. Standzeit der Reuse

9. Bodenschluss und Schluss an der Wasseroberfläche

10. Zustand des Gerätes (Aufwuchs, Kalkausbildungen)

11. Bodenbedeckung im Rückfang

12. Verhalten der Fischarten in der Umgebung der Reuse

   a) normales Verhalten (allgemeine Aktivität)   b) Fluchtdistanz zum Taucher

13. Verhalten der Fischarten beim Auftreffen auf das Leitwehr

14. Verhalten der Fische am Reuseneingang

15. Spontanes Verhalten in den Rückfang geratener Fische

16. Verhalten der Fischarten vom Einlaufen in den Rückfang bis zum Aufenthalt im Sack, bzw.
   dem Hinauslaufen entgegengesetzt der Fangrichtung

17. Feststellbare Zusammenhänge zwischen dem Füllungszustand der Reuse
   und der Fluktuation der Fische

18. Einbeziehung von Reusenelementen in die Schwimmwege der Fische

19. Fischarten und Stückzahlen in den einzelnen Teilen der Reuse
   (Rückfang, Fangkammer), (Uhrzeit)

20. Andere Beobachtungen

2.1.2.4.3.3. <u>Beobachtungen an Stellnetzen</u>

1. Gewässer   2. Datum   Uhrzeit

3. Himmelsbedeckung/Windstärke/Windrichtung   4. Wassertemperatur

5. Sichtweite   6. Material und Sichtbarkeit des Netztuches

7. Art des Netzes (Maschenweite)   8. Standort des Netzes

9. Verhalten der einzelnen Fischarten in der Umgebung des Gerätes (allgemeine Aktivität)

10. Verhalten der Fischarten beim Auftreffen auf das Netz

   a) nahe der Seitenränder b) im Mittelfeld c) nahe der Oberleine d) nahe der Unterleine

11. Verhalten von gemaschten und wieder frei gekommener Fische

12. Zusammenhänge zwischen eventueller Strömungsrichtung und Maschrichtung der Tiere

13. Andere Beobachtungen

2.1.2.4.3.4. <u>Beobachtungen am Elektro-Schleppnetz</u>

1. Gewässer   2. Datum   Uhrzeit

3. Himmelsbedeckung/Windstärke/Windrichtung   4. Wassertemperatur

5. Sichtweite   6. Tiefe   7. Bodenbeschaffenheit

8. Bodenschluss des arbeitenden Gerätes   9. Häufigkeit der angetroffenen Aale

10. Verhalten der Fischarten beim ersten Zusammentreffen mit dem elektrischen Feld

11. Intensität des Elektrofeld-Einflusses auf die Fische und Dauer der Elektronarkose

12. Anpassung der Schleppgeschwindigkeit (m/sec.) an den
       Fang der „geschockten" Aale (maximal, zu schnell, zu langsam)

13. Reaktionen der Aale nach Erwachen aus der Narkose

14. Abhängigkeit erfolgreicher Fluchtversuche im Mittelbereich der Fangöffnung
       vom vorhandenen Elektrodenabstand

15. Andere Beobachtungen

2.2.   **Bei der Direktbeobachtung von Fischen an Fanggeräten auftretende besondere Probleme (Eutrophierungsgrad, Reize, Fluchtdistanz u. a.)**

Zu Beginn der Arbeiten, Reaktionen von Fischen an Fanggeräten durch direkte Beobachtung zu untersuchen, die ich 1964 auf Empfehlung von Herrn Prof. *Scheer* zunächst einmal probeweise aufnahm, standen einige grundsätzlich zu klärende Probleme, die gelöst werden mussten, um die Arbeit überhaupt durchführen zu können.

Ausreichendes Training und Verwendung entsprechender Arbeitsschutzkleidung (Taucheranzüge) ermöglichen, auch in der kälteren Jahreszeit, der Hochsaison unserer Binnenfischerei, unter Wasser zu arbeiten.

Mit der wechselnden Unterwassersicht in den einzelnen Fischereigewässern fertig zu werden, war nicht so einfach. Viele Seen wurden von den Praktikern als sehr klar bezeichnet, aber oftmals musste nach mühevoller Vorbereitung und einigen vergeblichen Tauchabstiegen am Netz auf Arbeit in einem anderen See gewartet werden.

Ein sehr „ernstes" Problem bestand im häufig starken Faulschlamm unserer Binnenseen, der, von der Unterleine aufgewühlt, zu erheblicher Sichtbehinderung führen kann, den man auch anfangs selbst an den für spätere Beobachtung oftmals günstigen Stellen aufwirbelt, sich somit die Sicht verderbend.

Das größte Problem war jedoch in der Reaktion der Fische auf dem Taucher zu sehen (*Rauschert*, 1966 a). Ziel der ersten Untersuchung sollte sein, festzustellen, ob die geplanten Beobachtungen durch einen autonomen Taucher überhaupt möglich seien, sich trotz des Eindringens des Menschen in fremdes Milieu noch unverfälschte Reaktionen der Fische erkennen ließen oder der durch den Taucher gebildete Störfaktor so groß sei, dass andere Reaktionen vollkommen überdeckt würden. Die Ergebnisse waren, nicht zuletzt durch die hervorragende Unterstützung in den Fischereibetrieben, ermutigend, da sie auswiesen, dass die geplanten Beobachtungen an aktiven Geräten möglich sind. Die anfangs gehegten Zweifel, an stillen Geräten arbeiten zu können (*Rauschert*, 1966 a), erwiesen sich inzwischen als nicht berechtigt.

Seit die Methode der Direktbeobachtung durch Taucher von Wissenschaftlern angewandt wird, versuchen immer wieder einige Autoren, auf den Störfaktor des Tauchers hinzuweisen (*Ulrich*, 1951 a; *Aslanova*, 1958; *High* and *Lusz*, 1966; *High*, 1967). Leider geht nicht immer klar aus den Arbeiten hervor, ob der Fisch sich bei Konfrontation mit dem Taucher nicht im Reizfeld einer noch stärkeren Störquelle (z.B. aktives Fanggerät zu unterschiedlichen Phasen des Fangprozesses) befand und deshalb seine Fluchtreaktion auf den Taucher nur eine relativ geringe Rolle spielte. Wenn *High* (1967) erwähnt, der Lachs (*Oncorhynchus* sp.) Sei der einzige marine Fisch des Nord-Pazifik, der vor dem Taucher erschrickt, so ist das wohl eine etwas gewagte Verabsolutierung, die vielleicht ihre Berechtigung besitzt, wenn der Taucher als Störfaktor neben der übergeordneten Störquelle Fanggeräte auftritt.

Die Fluchtdistanz ist nach Aquarienbeobachtungen (*Parrish* and *Blaxter*, 1964) bei Schwarmfischen größer als bei einzelnen lebenden Arten, was Feldbeobachtungen bestätigten (*Rauschert*, 1966 a, p. 329) und artspezifisch nicht konstant. Neben psychologischen und physiologischen Bedingungen (Umwelteinflüsse, Tages- und Jahreszeit) ist sie am Tage vom Eutrophierungsgrad, also der Wasserklarheit des Gewässers abhängig und durch die Stärke anderer Störfaktoren bedingt. Sie liegt normalerweise zwischen 1 und 5 m und kann zum Beispiel bei Schwarmfischen, wie der Kleinen Maräne (*Coregonus albula* L.), mit der Grenze der Sichtweite (Stechlinsee 1969: 15 m) übereinstimmen. Die Fluchtdistanz nimmt nicht gleichmäßig mit der Wasserklarheit ab, d.h., sie bleibt bei Schwarmfischen nicht konstant an der Sichtgrenze. In Seen mit zunehmendem Eutrophierungsgrad kann man in abnehmender Häufigkeit Fischschwärme außerhalb der Laichzeit sehen, da den Fischen neben dem Gesichtssinn z. B. noch andere Sinnesorgane, wie Gehör, Seitenlinie u.a. zum Wahrnehmen oder Orten zur Verfügung stehen (*Chapman*, 1964). Bei einzelnen oder in lockeren Verbänden lebenden Fischen nimmt mit zunehmender Eutrophierung die Fluchtdistanz ab. Häufig kommt es zu einem „Überraschungseffekt": der Fisch bemerkt den Taucher erst in unmittelbarer Nähe und reagiert mit sofortiger Flucht, d.h., Einzelfische können Reize leichter „übersehen" als im Schwarm lebende.

Bei aktiven Geräten kann der Taucher als Störfaktor eine völlig untergeordnete Rolle spielen. So reagiert der Aal auf den Taucher am Elektro-Schleppnetz nicht mehr, sobald er ins E-Feld gerät. Nachdem der Elektroschock überwunden wurde, setzt allmählich wieder Reaktionsvermögen ein, das sich beim gefangenen Aal meist dadurch äußert, indem er in zunehmendem Maße auf die dem Beobachter abgewandte Netzseite zu schwimmen beginnt.

Ganz allgemein kann gesagt werden, dass sich am Zugnetz die Reaktion der Tiere vom Aussetzen des Netzes bis zum Einholen erheblich verändert.

Wir finden zu Beginn des Zuges ein dem freien Tier ähnliches normales Verhalten. Schreckverhalten und Fluchtdistanz dem Taucher gegenüber sind noch nicht oder kaum spürbar anders. Bei allen Fischarten, die ich daraufhin beobachtete (Karpfen, Aal, Kleine Maräne, Hecht, Plötze, Barsch, Schlei), habe ich mit Ausschluss des Aals feststellen können, dass die Fluchtdistanz zum Taucher mit fortschreitendem Zuge abnimmt. Liegt sie bei verschiedenen Arten frei lebender Fische, wie schon erwähnt, normalerweise zwischen 1 bis 5 m, so kann zum Ende des Zuges (Ende der dritten Auszugsphase, vgl. Absatz 2.3.1.3.) die Distanz bis auf 0 m, also Tuchfühlung, herabgesetzt werden (z. B. Bei Plötze, Güster, Karpfen). Das Zugnetz stellt zu diesem Zeitpunkt wahrscheinlich einen so erheblichen Störfaktor dar, dass andere Motivationen, wie auf den Taucher als Störfaktor zu reagieren, stark gehemmt sind.

Inwieweit sich das Fischverhalten durch Überdecken verschiedener Reize ändern kann, zeigten auch Beobachtungen aus dem Tauchboot „Atlant". Hier wurden Reaktionen der Fische auf das Boot nur im Bereich der Scherbretter und des vorderen Netzbereiches festgestellt. Innerhalb des Netzes reagierte der Fisch nicht (*Martyschevskij* und *Korotkov*, 1968).

Bei der Fischerei mit aktiven Geräten wirken zahlreiche Reize auf dem Fisch ein, die sich gegenseitig in der verschiedensten Weise beeinflussen. In gleicher Richtung wirkende Reize können sich summieren, in anderen Fällen kann ein stärkerer Reiz einen schwachen mehr oder weniger überlagern (*Mohr*, 1960, p. 317), was nicht nur die unterschiedliche Reaktion auf den Störfaktor „Taucher" beweist, sondern auch das Verhalten zu einem wohl noch größeren Störfaktor, wie ihn ein Tauchboot darstellt.

Sehr stark wirkt sich die Erfahrung des Fisches mit dem Taucher aus. So sind in einem Gewässer, in dem mit Fischspeer oder Harpune unter Wasser gewildert wurde, nur Fische mit vergrößerter Fluchtdistanz zu finden. Das kann so weit führen, dass die Tiere am Tage sofort vor dem Taucher fliehen wenn sie ihn bemerken. Da es unmöglich ist, dass sämtliche Fische des Sees schon einmal Gefahr liefen, von einem Taucher angegriffen zu werden, kann es sich nur um eine

Instinkt-Dressur-Verschränkung (*Herter*, 1953, p. 23) mit nachfolgender Erfahrungsübertragung, also um ein echtes Lernen handeln. Dass dieses Einstellungsvermögen auf einen neuen Feind nicht nur für den sehr begrenzten Bereich, wie ihn ein See darstellt, zutreffen muss, sondern sogar weite Meeresbereiche umfassen kann, beschreibt *Cousteau* (1953, p. 24): „... von Mentone bis nach Marseille war die größere Fischfauna schon von der Küste verschwunden. Noch etwas sehr bemerkenswertes wurde festgestellt. Der große Meeresfisch hatte schon gelernt, sich außer Reichweite der neuen Waffen zu halten ..." Auch heute noch ist das Mittelmeer und die Adria das Jagdrevier zahlreicher Taucher. *Cousteaus* Feststellung hat immer noch Gültigkeit, denn die wenigen größeren Fische, denen man begegnet, besitzen eine sehr große Fluchtdistanz, während sie im Indischen Ozean oder im Roten Meer dem Taucher fast bis auf Körpernähe begegnen, ohne ihn durch eine spürbar erweiterte Fluchtdistanz zu respektieren.

Auch Angler können es mit vergrämten Fischen zu tun haben. So gibt es „verblinkerte" Hechtgewässer, in denen diese Fischart nicht mehr mit dem Blinker zu fangen ist, „weil sie offenbar schon sämtlich schlechte Erfahrungen mit diesem Gerät gemacht haben." (*Mohr*, 1960, p. 321). 1954 fand ich etwa 500-700 m vom Ufer entfernt auf dem hellen Sandgrund in der Ostsee vor der Hohen Düne in Prerow einen großen Steinhaufen, der fast bis an die Oberfläche reichte und einen Durchmesser von ungefähr 10-20 m besaß. Hier muss möglicherweise eine Schute mit ihrer Ladung Steine für den Buhnenbau auf Grund gelaufen sein. Die aufgehäufte, bis fast an die Oberfläche reichende Steinschüttung bot ideale Versteckmöglichkeit auf dem gleichförmigen Sandboden und wurde von unwahrscheinlich vielen Aalen bevölkert, die zwischen und auf den großen Steinen sowie in der Umgebung umher schwammen, ohne eine besondere Scheu vor dem Taucher zu zeigen. Mit dem Fischspeer erlegte ich ein Tier und am nächsten Tag schwamm ich mit Freunden hinaus, um ihnen die „Aalburg" zu zeigen. Sie waren begeistert, ich etwas enttäuscht, hatte ich doch mehr Aale erwartet. Es wurde wieder ein Aal gefangen und nach einer knappen Woche, in der täglich ein Tier erlegt wurde, flüchteten die Tiere, sobald ein Taucher in die Nähe der Steinhäufung kam. Sie versteckten sich in den Spalten, zwischen und unter den Steinen und lugten nur etwas mit den Köpfen hervor, die sie aber bei der Annäherung des Tauchers ebenfalls zurückzogen. Ein Jahr später (1955) konnte die ursprünglich gefundene Aalansammlung an gleicher Stelle in ähnlicher Form gefunden werden. Es wurde nicht mit dem Fischspeer gejagt und die Aale zeigten kein gesteigertes Fluchtverhalten.

Ein ähnliches Einstellen auf den neuen Feind „Taucher" konnte man auch Ende der Fünfzigerjahre an der Küste vor Boltenhagen beobachten, als dort sehr viel mit dem Fischspeer gejagt wurde. War es in den Anfangsjahren der Sporttaucherei noch möglich, im genannten Gebiet Aale am Tage aus geringer Entfernung zu fotografieren, so bekam man sie später nur noch nachts frei schwimmend zu Gesicht, sonst lagen sie unter Steinen versteckt und wagten sich kaum hervor, sobald ein Taucher in der Nähe war.

In allen angeführten Fällen ist nicht anzunehmen, dass jedes Tier der Population eigene Erfahrungen mit dem Taucher (oder Angler) gemacht hat. Es kann sich also nur um erlernte Verhaltensformen im Sinne einer bedingten Assoziation handeln.

Dass Fische auf den Menschen nicht nur negativ reagieren, weiß jeder Taucher aus Erfahrung, denn z. B. kommt es häufig vor, dass man von Barschen umstanden wird, die sich bei tagelangen stationären Unterwasserarbeiten zu regelrechten Ansammlungen erweitern können (z. B. bei archäologischen Arbeiten im Ober-Uckersee 1963 bis 1965).

Taucht man in Forellenzuchtteichen, so wird man ebenfalls keine besondere Scheu der Tiere vor dem Taucher bemerken können. Sie fressen sogar aus der Hand, wenn man sie füttert, umschwimmen den Menschen und beknabbern ihn. In Einzelfällen können die Fische bei entsprechender Größe sogar lästig werden, wie *Cousteau* (1963, p. 114-119) über den Zackenbarsch „*Ulysses*" berichtet, der durch seine Anhänglichkeit die Taucher nicht zum Arbeiten kommen ließ und deshalb bei seinem Erscheinen während der Taucheinstiege oftmals vorübergehend in einen Käfig gelockt werden musste. *Lanitzki* (1963) berichtet über einen anscheinend ähnlich gelagerten Fall, von einer Karausche, die jegliche Scheu vor den Tauchern verloren hatte.

Alle die genannten positiven oder negativen Einwirkungen auf die Fluchtdistanz können sich auch auf die Fischbeobachtung am Netz auswirken. Besonders in der ersten Phase, kurz nach dem Aussetzen des Zuges, wenn der Störfaktor des Fanggerätes noch nicht überhand genommen hat, ist der Taucher noch eine starke Störquelle für den Fisch. Je nach Erfahrungsschatz des Tieres wird eine Beobachtung leichter möglich sein oder auf Schwierigkeiten stoßen.

Die Fischarten werden in ihrer Reaktion auf bestimmte Fanggeräte gesondert behandelt, da sich das Verhalten vieler Arten in Bezug auf eine Gruppe von Fanggeräten ähnelt, es bezüglich unterschiedlicher Geräte aber stark differieren kann.

2.3.   Beobachtungen von Fischen am Zugnetz
2.3.1.   Allgemeine Betrachtungen über die Reaktionen von Fischen am Zugnetz
2.3.1.1.   Verhalten von Fischen beim Fang mit Schleppnetz und Zugnetz

Während die Fangwirkung eines modernen Schleppnetzes in der Hochseefischerei vor allem auf gezielter Auslösung von Fluchtverhaltensweisen in bestimmten Bereichen und Fluchtreizarmut anderer Bereiche beruht (*Hering*, 1969), resultiert aus der Arbeitsweise des Zugnetzes eine ungerichtete Flucht. Beim Fischen mit einem Schleppnetz schwimmt der Fisch zunächst vor dem Reizfeld her und wird in der Vorgeschirr-Zone (Scherbretter bis Flügelenden) zusammengetrieben, während beim Zugnetz das Reizfeld den Fisch von allen Seiten umgibt und er erst verhältnismäßig spät in die reizärmste Zone, die Sacköffnung hinein schwimmt, oftmals erst dann, wenn das Netz in der Schlussphase des Fischens aus dem Wasser gezogen wird. Dass Fischverhalten im letzten Bereich vor dem Sack (Flügel-Belly-Zone) weist viele Gemeinsamkeiten mit dem Verhalten der Tiere zwischen den Flügeln auf, wenn auch Schlepp- und Zuggeschwindigkeiten wiederum völlig unterschiedlich sind.

Dieser Vergleich wurde hier an den Anfang gestellt, da, wie es aus der Literatur hervorgeht, in bestimmten Verhaltensformen Parallelen zwischen dem Verhalten der Meeresfische am Schleppnetz und dem der Süßwasserfische am Zugnetz existieren, auf die von Fall zu Fall Bezug genommen wird.

2.3.1.2.   Einfluss der Wassertemperatur auf das Fangergebnis

Da die Verhaltensweisen vieler Fische mit der Tages- und Jahreszeit stark differieren, reagieren sie auf Fanggeräte ebenfalls unterschiedlich. Schon *Schiemenz* wies (1921) auf die Bedeutung der Temperatur für die Fischerei hin: „Während im Sommer die Fische, je nach Art, an verschiedenen Stellen des Sees verteilt sind und auch häufig ihre Aufenthaltsorte wechseln, … so versammeln sie sich im Winter alle zusammen in der Tiefe und können von dort bequem herausgenommen werden …".

Die Aktivität der meisten Nutzfischen ist schon bei Temperaturen um 6 °C stark herabgesetzt und man fängt sie leichter als im Sommer, da mit weniger Verlusten durch Flucht aus dem Netz zu rechnen ist. Beim Karpfen kann es zum Beispiel vorkommen, dass ganze Trupps nacheinander über die Oberleine gehen, wenn bei zu hoher Wassertemperatur gefischt wird.

2.3.1.3.   Unterschiedliche Verhaltensformen der Fische während der einzelnen Zugnetzphasen vom Aussetzen des Garns bis zum Hieven des Sackes

Nach Aussetzen des Netzes liegt es zu Beginn des Zuges in weitem, offenen Halbkreis im Wasser und bewegt sich mit sehr geringer Geschwindigkeit (5-7/m/min., oft unter 1 m/min.) auf die Fische zu. Die Fische reagieren auf das Netz durch ein mehr oder weniger stark ausgeprägtes Netzmeideverhalten (vgl. *Poddubny*, 1967, der schon Netzmeideverhalten bei Blei am stehenden Netztuch feststellte), das sich zum Beispiel beim Aal in deutlicher Schreckreaktion äußert. Der Aal wird aus dem Boden durch die über den Grund schleifende Unterleine aufgescheucht und entfernt sich, über längere Strecken flüchtend, vom Netz bis außerhalb der Sichtweite. Andere Fische (Plötze, Barsch) schwimmen langsam in weitem Abstand (etwa Sichtweite) vor dem Netz her, können sich dabei aus der Sichtweite des Netzes entfernen und wieder vom Netz eingeholt werden. Häufig ziehen sie in großem Abstand vom Netztuch in Zugrichtung, seltener entgegengesetzt der Zugrichtung, langsam entlang. Der Hecht kann in dieser Phase schon dicht am Netz stehen und mit dem Zug schwimmen, wahrscheinlich das Netztuch als „Deckung" benutzend. Das Netzmeideverhalten der Karpfen ist am ausgeprägtesten. Sie reagieren wahrscheinlich schon auf den Staudruck des näherrückenden Netzes (siehe u.a. *Mohr*, 1960, p. 309 ff; *Chapman*, 1964; *Mohr*, 1964 a; *Korotkov*, 1969) und fliehen, bis auf wenige Ausnahmen bereits bevor das Netz in Sichtweite rückt. Die Anwesenheit der Karpfen erkennt man leicht an den aufgewirbelten Grundschlammwolken, die je nach ihrer Konsistenz (scharf umrissen, noch wirbelnd oder diffus ausgebreitet, sich langsam lichten), Rückschlüsse auf die verstrichene Zeit zulassen, seit sie vom Karpfen verursacht wurden. *Vyskrebencev* (1968) unterscheidet (für marine Gebiete) bezüglich der Reaktionen auf Fanggeräte drei Typen von Fischen: 1. Grundfische, die auf das Fanggeräte erst in dessen unmittelbarer Nähe reagieren; 2. pelagische Fische, die in kleinen Schwärmen vorkommen und das Netz schon vor dessen optischer Wahrnehmung orten, jedoch erst bei optischer Wahrnehmung darauf reagieren; 3. typische Schwarmfische, die das Netz lange vor dessen optischer Wahrnehmung ordnen und sich dem Fanggerät oft infolge optomotorischer Reaktion anschließen. In Binnengewässern erfolgen die Reaktionen der Fische nicht in der strengen Ordnung nach drei Typen.

Während einer langen Zeit, vom Aussetzen des Zuges bis zum Ende der dritten Phase des Einholens, vermeiden die meisten Fischarten Netzberührung und beginnen dann erst Versuche zu unternehmen, das Netztuch gewaltsam zu durchbrechen (vgl. *Korotkov*, 1969; *Ziljstra*, 1967; *Mohr*, 1960; *Margetts*, 1952,1964; *High and Lusz*, 1966; *Martyschevskij* u. *Korotkov*, 1968; *Aslanova*, 1958; *Blaxter* and *Parrish*, 1966; *Boerema*, 1956).

Blaxter, *Parrish* and *Dickson* (1964) kamen durch Aquarienexperimente, die von Freiwasserbeobachtungen bestätigt wurden, zu dem Ergebnis, dass durch Schleppnetze im Meer große Fischmengen zusammengetrieben werden könnten, wenn man die Flügel größer wählte und sie aus auffälligem Material mit weiten Maschen fertigte.

Zum bewegten und auch vorübergehend (kurzzeitig) still liegenden Netz weisen die Fische in dieser Zugphase, die sich vom Aussetzen des Zuges, je nach Größe des Gerätes über einen langen Zeitraum hin ausdehnt, keine Berührung auf und sind bemüht, das Netz zu meiden. Die kürzeste Distanz zum Netztuch beträgt in dieser ersten Phase minimal 1 bis 1/2 m und ist oft noch erheblich größer.

Die zweite Zugnetzphase setzt ein, wenn die Flügel eingeholt werden. Die immer enger werdende Netzeinfriedung treibt die Fische zusammen. In dieser Phase, deren Dauer sich nach der Menge der eingeschlossenen Tiere richtet und die desto eher endet, je früher sich die Fische im Netz befinden, schwächt sich das Netzmeideverhalten immer mehr ab, ohne jedoch völlig abzuklingen. Bei einem längere Zeit still liegenden oder nur schwach bewegten Zug kommt es vor, dass Plötzen auf das Netztuch zu schwimmen, um die Maschen zu passieren.

In der dritten Phase, die etwa dann beginnt, wenn ein bis zwei Drittel der Flügellänge eingeholt sind, weicht das Netzmeideverhalten einer Thigmotaxis. Die Fische suchen Netzberührung, schwimmen dicht am Netz entlang, stecken oftmals das Maul leicht in die Maschen, um einen Fluchtweg zu finden. Später, im letzten Stadium dieser Phase, kommt es zu Durchbruchsversuchen, in denen der Fisch ein Entkommen durch die Maschen erzwingen will. Die dritte Phase endet mit dem Beginn der Auszugsphase, in der das letzte Flügelstück von Hand eingeholt und der Sack gehievt wird. Das Verhalten der Tiere geht in Panik über, die sich so äußert, dass alle durcheinander schwimmen und an jeder Stelle Netzdurchbruchsversuche unternommen werden. Die Panikstimmung steigt mit der Fangmenge, setzt bei einem guten Fang eher ein, kann bei einem schlechten Fang bis zum Hieven des Sackes unterbleiben. Interessant ist, dass oftmals Schwärme winziger Jungfische oder Fische von Untermaschengröße infolge einer optomotorischen Reaktion (*Protasov*, 1968) bis zur letzten Phase im Zug mit schwimmen, obwohl sie die Maschen an jeder Stelle zu passieren in der Lage gewesen wären (vgl. *Aslanova*, 1958; *Martyschevskij* und *Korotkov*, 1968; *High*, 1967; *Margetts*, 1964, 1952; *Korotkov*, 1969; *Vyskrebencev*, 1968; *Anwand* und *Lieder*, 1962, *Ziljstra*, 1967; *High* and *Lusz*, 1966). Wiederholt konnte festgestellt werden, wie

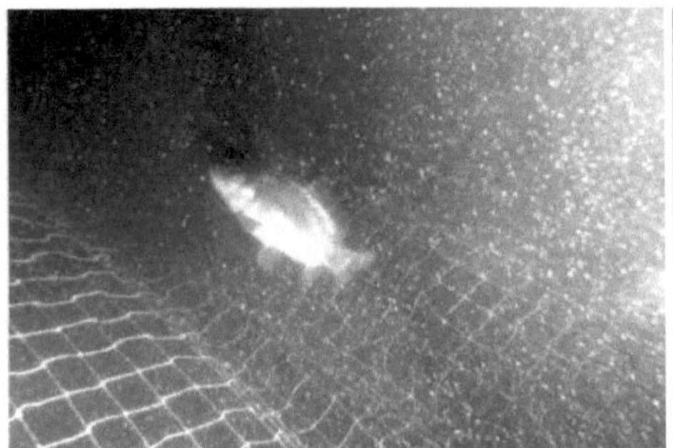

Abb. 44.1. Ein Karpfen versucht von außen durch das Netztuch in den Zug hinein zu schwimmen (Dagowsee, 20.12.1967)

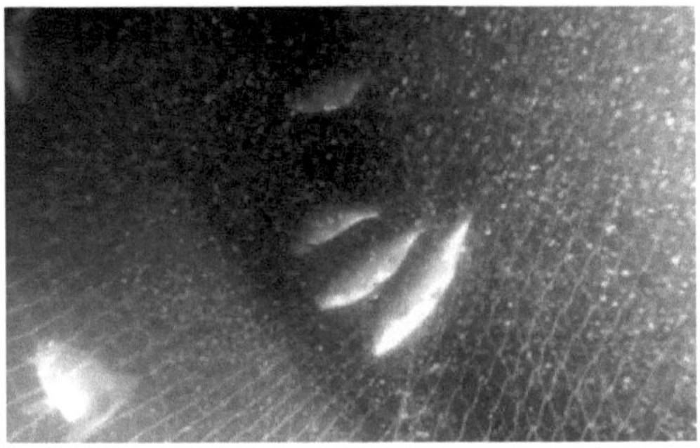

Abb. 44.2. Eine Gruppe Plötzen versucht durch das Netztuch in den Zug zu gelangen. Links oben und unten sind zwei gemaschte Tiere zu erkennen, die, mit dem Kopf in den Zug hinein gerichtet, in den Maschen stecken (Dagowsee 20.12.1967).

Jungfischschwärme, speziell Barsche, den Zug über lange Strecken hin außen begleiteten, ja selbst Anschluss zu innen schwimmenden Fischen aufnahmen und dazu durch die Maschen wechselten (vgl. *High* and *Lusz*, 1966; *High*, 1967). Auffälligerweise trat diese Reaktion in den beiden Schlussphasen des Zuges oft vor allem dann besonders deutlich in Erscheinung, wenn der Fang gut war und viele Tiere im Netz zusammengedrängt steckten. Mehrmals konnte beobachtet werden, dass Fische, die schon zu groß waren, um die Maschen passieren zu können, von außen versuchten durch das Netztuch nach innen zu schwimmen (Beobachtungen an Plötzen am 25.11.1964 in der 2. und 3. Zugphase im Haussee Suckow bei der Karpfenabfischung, am 9.11.1965 und 12.12.1967 im Stechlinsee am Großen Zugnetz, am 30.11.1967 im Sternhagener See, am 20.12.1967 im Dagowsee während der Karpfenabfischung, am 16.7.1968 im Ober-Ucker-see am Großen Zugnetz. Beobachtungen an Karpfen während der Abfischungen der Intensivge-wässer am 29. und 30.11.1967 im Sternhagener See und am 20.12.1967 im Dagowsee). Alle Beo-bachtungen, außer der ersten für Plötzen erwähnten, erfolgten während des mittleren Verlaufs bis zum Ende der 3. Zugphase (Abb. 44.1., 44.2. und 68.1.).

Wenn es die Sicht an dieser Stelle zuließ, konnte als typisch festgestellt werden, dass außen schwimmende Barsche das Netz so lange begleiteten, bis der Sack aus dem Wasser gezogen wurde (Abb. 44.3.).

In der 2. und 3. Phase des Zuges trifft man Fische, die einzeln (Hechte, Barsch) oder in Gruppen (Barsche) dicht an der Unterleine des Netzes schwimmen und an Stellen mit ungenügendem Bodenschluss zielgerichtet auf eine Lücke zu schwimmen und sie zur Flucht ausnutzen. Dabei kommt es vor, dass sie das Netz außen noch eine Weile begleiten, um zwischen den aufgewirbelten Bodenteilchen nach Fressbarem zu schnappen (Barsche). Ganz

Abb. 44.3. Barsche begleiten den Sack außerhalb des Zuges, bis er gehievt wird.

offensichtlich erfolgt diese „Flucht", wenn es sich dabei überhaupt um ein Flüchten im engeren Sinne handelt, aufgrund völlig anderer Stimuli als die Maschen-Durchbruchsversuche während der Paniksituation.

Mehrmals wurde in Seen mit guten Sichtweiten beobachtet, wie Barsche den Weg durch eine Bodenlücke nahmen und dicht daneben (30-50 cm) eine Plötze erfolglos die Maschen zu durchbrechen suchte, ohne den erfolgreich flüchtenden Barschen zu folgen (Beobachtungen am Maränen-Zugnetz am 18.12.1964, 29.11.1965 und 14.12.1967 im Stechlinsee und am Großen Zugnetz am 16.7.1968 im Ober-Uckersee). Niemals folgten Plötzen der langsamen Flucht von Barschen, obwohl beide häufig in gemischten Gruppierungen, sowohl im Freiwasser als auch in der Netzeinkreisung angetroffen werden können (Abb. 68.1. und 45.2.).

Abb. 45.2. Eine Plötze bemerkt die Bodenschlusslücke nicht, durch die zwei Barsche zielgerichtet flüchten (Stechlinsee 14.12.1967).

Die Fluchtdistanz auf unbekannte oder ungewohnte Reizquellen, wie Taucher oder bewegtes Netz, liegt bei unseren wirtschaftlich genutzten und im Rahmen dieser Arbeit näher beobachteten Süßwasserfische, mit Ausnahme des Schwarmfisches Kleine Maräne, zwischen 1 und 5 m oder weiter. Durch Summierung verschiedener Reizkomponenten kann sich die motivierende Bedeutung einzelner Störfaktoren im Laufe des Zuggeschehens sehr stark verschieben. In gleichem Maße wie die Fluchtdistanz zum Taucher und das Meideverhalten der Fische in Bezug auf das Netztuch abnimmt, erhöhen sich richtungslose, panikerzeugende Stimuli, die den Taucher als Störfaktor nicht mehr erscheinen lassen (da sich die allgemeine Reizschwelle stark erhöht hat) und das Netztuch seiner Scheuchwirkung berauben.

Kurz vor Anheben des Sackes erreicht die Panikstimmung meist ihren Höhepunkt (alle Fische versuchen durch das Netztuch zu laufen), um danach abzuebben, weil die Fische dicht gedrängt, zunehmend lethargisch in dem im Wasser liegenden Sack stecken.

Beim Herausnehmen der Fische kommt es dann noch mehrmals zu spontanen Bewegungswellen, die von einzelnen, beim Herauskeschern zurückgefallenen oder vorher geflüchteten Tieren stimuliert, meist nur einen Teil der im Sack befindlichen Fische erfassen.

2.3.2. Wirtschaftlich wichtige Fische am Zugnetz
2.3.2.1. Aal - Anguilla anguilla (L.)

In unseren Binnenfischereibetrieben versucht man zunehmend den Aal als Hauptfisch zu produzieren. Mit dem Zugnetz wird Aal kaum nennenswert gefangen. Die hauptsächlichsten Fanggeräte sind Reusen, seit einiger Zeit auch wieder Aalkörbe, Scherbretthamen (in der Flussfischerei), Angeln und zunehmend Elektroschleppnetze. Aufgrund der Konstruktion der z.Z. verwendeten Zugnetze, kann der Aal infolge seiner Reaktionseigenarten, auch in aalreichen Fanggründen bei der Zugnetzfischerei immer nur Nebenfisch sein. Oftmals kommt er über lange Zugnetzphasen hin reichlich im Zug vor, ohne dass ihn der Fischer jemals an diesen Stellen vermutet, weil das Gerät dort erfahrungsgemäß kaum Aal fängt und nur zufällig einmal ein Tier nicht rechtzeitig zu flüchten vermag.

Der Aal wurde am Zugnetz unter anderem in verschiedenen Gewässern bei Prenzlau und Feldberg (Ober- und Unteruckersee, Carwitzer See, Dreetzsee, Breiter und Schmaler Luzinsee), im Stechlinsee sowie in den polnischen Gewässern Nigotschin- und Mamry-See in den Monaten Juli bis September beobachtet.

Von ganz besonderer Bedeutung beim Fang von Aal mit dem Zugnetz ist ein gleichmäßig gut erhaltenes Netztuch von entsprechender Maschenweite, durch das die Aale in der gewünschten Größe nicht entweichen können. Das Netz muss über den ganzen Zug, vom Einsetzen bis zum Auszug einen guten Bodenschluss besitzen, möglichst mit Gleitsenkern (*Schlieker*, 1965) oder Ketten beschwert und nicht mit Einzelgewichten und Wischen oder Tangern ausgestattet sein und dadurch dem Grund nur lückenhaft aufsitzen (Abb. 46.1 und 46.2.).

Abb. 46.1. Die mit kurzen Leinen an der Unterleine angebrachten Senker verursachen auch auf Schlammgrund häufig mangelnden Bodenschluss (Unteruckersee, 14.9.1965).

Abb 46.2. Durch Tanger zusätzlich verschlechterter Bodenschluss der Unterleine (Unteruckersee, 14.9.1965).

Da der Aal selten in größerem Abstand vom Boden flieht, brauchte die Flügelhöhe nur einen Bruchteil der eines normalen Zugnetzes (etwa 10 m) zu betragen. Bei größeren Wassertiefen (über 10 m) reicht die Flügelhöhe oft nicht aus, um vom Boden zur Wasseroberfläche zu spannen. Die untergetauchten Schwimmer halten das Netztuch senkrecht nach oben und es kommt zu mangelhaftem Bodenschluss der Unterleine, der noch begünstigt wird, wenn die Leine mit Senkern beschwert und dazwischen mit Tangern bestückt ist. In den beobachteten Fällen wurde dadurch die Unterleine stellenweise bis zu 50 cm vom Boden abgehoben.

Das Netz trifft - günstigen Grunde vorausgesetzt - besonders wenn es über Schlammgrund gezogen wird, schon bald nach dem Aussetzen auf Aale, die durch die in Schlamm oder über das Kraut schleifende Unterleine aus dem Boden getrieben werden. Liegen nur einzelne Teile dem Grund auf, z. B. Nur Senker und Tanger, so ist die Scheuchwirkung des Netzes sehr stark verringert, denn nur an diesen, den Boden berührenden Stellen wird der Aal aufgetrieben, dazwischen bleibt er im Grund versteckt liegen, ohne zu flüchten (Abb. 47.1. bis 47.3.).

Aufgestörte Tiere schwimmen zunächst landwärts vor dem Netz davon. Mit zunehmend enger werdender Netzumkreisung nimmt die Individuendichte zu. Die Tiere stimulieren sich gegenseitig und schwimmen mit steigender Hektik dicht über den Grund, bleiben manchmal auf dem Boden liegen, um kurz darauf von Artgenossen oder dem sich nähernden Netz aufgejagt zu werden. Geht an einer Stelle das Netz über den am Grund liegenden Aal hinweg, ohne Bodenschluss zu halten, so geschieht es oft, dass der Aal nicht aufschwimmt, während ihn das Netz passiert.

Schwimmt der flüchtende Aal über Schlammgrund auf das Netztuch, so kehrt sich seine Schwimmrichtung sofort um und er flüchtet in den Zug zurück, trifft er auf eine Lücke zwischen

Unterleine und Grund, schwimmt er hindurch. Aktive Durchbruchsattacken, Versuche, das Netz zu umgehen oder zu unterschwimmen, wurden nicht festgestellt (Beobachtungen am Großen Zugnetz in der Zeit vom 18.8. bis 22.8.1964 im Ober-Uckersee und am 14.9.1965 im Unteruckersee).

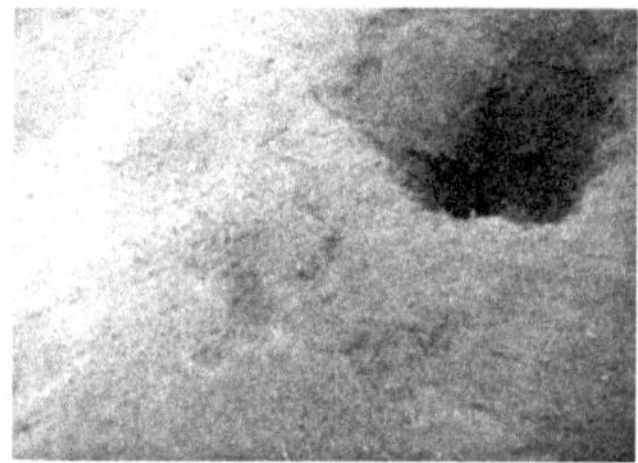

Abb. 47.1. Aal noch im Schlammgrund in 10-12 m Tiefe (Unteruckersee, 14.9.1965).

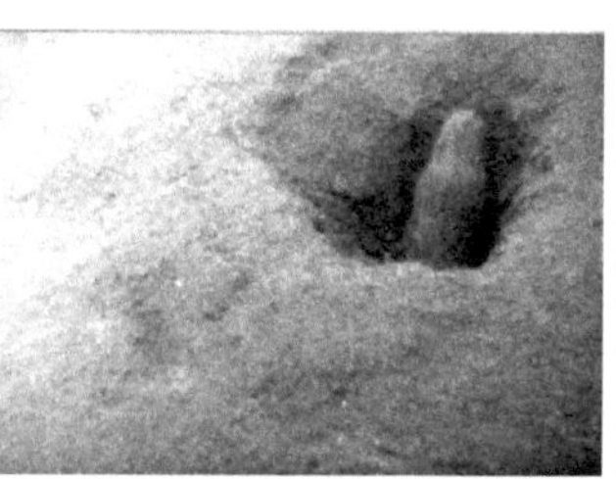

Abb. 47.2. beim Nähern des auf dem Boden schleifen Zugnetzes ein aus seinem Loch flüchtender Aal (Unteruckersee. 14.9.1965).

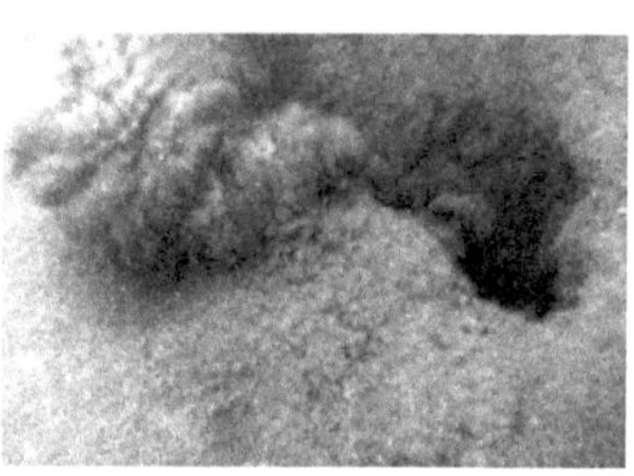

Abb. 47.3. der Bodengrund besteht in den oberen Dezimetern aus lockerem Schlamm, der von den über den Boden schwimmenden Aalen in großen Wolken aufgewirbelt wird (Unteruckersee, 14.9.1965).

Bei bewachsenem Grund (*Vaucheria, Eurynchium, Chara*) kann ein anderes Verhalten beobachtet werden (die Beobachtungen wurden während neun Taucheinsätzen am Großen Zugnetz in der Zeit vom 27.6. bis 2.7. 1966 im Mamry-See und Nigotschin in der VR Polen durchgeführt, im Stechlinsee am 23.7. und 24.7.1964, im Carwitzer See vom 19.7. bis 22.7. und 28./29.7. 1966 und im Dreetzsee am 25.7.1966). Die Tiere liegen fester in ihren Verstecken und lassen sich nicht so leicht wie über Schlammgrund durch das Netz aus ihren Löchern auftreiben. Häufig wird ihre Fluchtreaktion so lange verzögert, bis das Netz ihren Aufenthaltsort schon passiert hat und danach verlassen sie erst ihr Versteck, dabei längere Strecken dicht über den Boden laufend, flüchten sie vor dem fischenden Gerät.

Die Flucht kann in ähnlicher Form auch später erfolgen; hält sich der primär aufgescheuchte Aal sekundär in dichten Pflanzenbeständen versteckt, vermag er beim erneuten Auftreffen des Fanggerätes bereits wieder so fest zu liegen, dass das Netz über ihn weggeht, sich seine Flucht verzögert und er erst dann sein Versteck verlässt, wenn für ihn die Gefahr vorbei ist und er sich außerhalb des Zuges befindet. In beiden zuletzt genannten Fällen handelte es sich um ein Verlassen des Zuges in einer verhältnismäßig frühen Zugphase. Mit fortschreitendem Zug und zunehmender Einengung nimmt die Nervosität der eingekreisten Aale erheblich zu und es setzt aktive Flucht ein. Als Übergang zur direkten aktiven Flucht lässt sich eine Mittelstufe zwischen beiden Verhaltensformen erkennen, in der die Tiere im fortgeschrittenen Zug nicht mehr Versteckplätze in größerer Entfernung vom Zug wählen und zu sehr viel späterer Zeit das Netz über sie hinweg geht, sondern sie zwischen die von der Unterleine zusammengedrehten Pflanzenpolster kriechen, sich vom Netz überrollen lassen und danach sofort vom Gerät weglaufen. Zu diesem Zeitpunkt schwimmen andere aufgestörte Aale ans Netztuch und suchen sehr aktiv nach einem Ausweg, den sie oft an der Unterleine oder in schadhaften Stellen des Netzes finden. Wiederholt konnte beobachtet werden, wie sie auf dem schräg liegenden Netz nahe der Unterleine langsam entlang schwammen und zielgerichtet beschädigte Maschen als Fluchtweg annahmen (Nigotschin, Carwitzer See, Dreetzsee).

Möglicherweise lässt sich eine Erklärung des differierenden Verhaltens aus der Gewöhnung an die unterschiedliche Umwelt in beiden Wohngebieten finden. *Mohr* (1960, p. 307) machte im Aquarium ähnliche Beobachtungen an einigen Grundfischarten des Meeres und an Aalen, die draußen häufig mit dem Bewuchs des Bodens in Berührung kommen und stellte fest, dass sie keine Furcht vor Netzen zeigten und sich stets durch das Netztuch zu zwängen versuchten. Fische des freien Wasserraums dagegen vermieden nach visuellem Erkennen die Netze ängstlich und die Berührung mit einem Netzfaden rief eine starke Schreckreaktion hervor.

Um ein Zugnetz für den Aalfang effektiv um zu konstruieren oder neu zu schaffen, läge neben einer geringeren Stauhöhe der Flügel die Schlussfolgerung nahe, parallel zur Unterleine Elektroden anzuordnen, die die Scheuchwirkung erhöhen und passive und aktive Flucht der Aale vereiteln.

2.3.2.2.   Karpfen - Cyprinus carpio L.
2. 3.2.2.1.   Der Karpfen in der Intensivhaltung

Im letzten Jahrzehnt haben viele Binnenfischereibetriebe durch Karpfenintensivhaltung ihre Karpfenproduktion erhöht. Der Karpfen steht in der Speisefischproduktion unseres Binnenlandes an der Spitze.

Alljährlich werden im Herbst die Praktiker mit der Frage konfrontiert, die vorher eingesetzten und gefütterten Karpfen möglichst verlustlos zu fangen. Manchmal fängt man eine größere Zahl in einem Zug, oft wird Zug um Zug mit nur kleinem Ergebnis eingebracht und die Fischerei erstreckt sich über einen sehr langen Zeitraum bis in den Winter hinein.

Nicht immer ist es infolge des großen Arbeitsanfalls möglich, sämtliche Intensivgewässer erst dann abzufischen, wenn die Temperatur niedrig genug liegt und man muss vorher damit beginnen. Es bestand die Frage zu klären, wie die Tiere bei höheren und niedrigeren Temperaturen auf das Zugnetz reagieren und wie sie sich überhaupt während des Fanges verhalten, da die widersprüchlichsten Meinungen darüber existierten.

Karpfen wurden am Zugnetz in verschiedenen Intensivgewässern (Altglobsower See, Bietikower See, Dagowsee, Haussee Suckow, Kölpinsee, Plessower See, Potzlower See, Sternhagener See, Weißer See) sowie im 1964 noch normal bewirtschafteten Galenbecker See beobachtet. Es handelt sich um unterschiedlich große Gewässer von unter 100 ha bis zu Seen mit einer Oberfläche von etwa 800 ha.

Während des Zuges machten sich im Verhalten des Karpfens zwei Tendenzen bemerkbar, die offensichtlich temperaturbedingt sind (vgl. *Schiemenz*, 1921). Im Laborexperiment erzielten *Hunter* and *Wisby* (1964) den Feldbeobachtungen teilweise entsprechende Ergebnisse (Wahl der Fluchtwege bei unterschiedlichen Wassertemperaturen).

2. 3.2.2.2.   „Aktives" und „inaktives" Stadium in Abhängigkeit von der Wassertemperatur

1. In einem „aktiven" Stadium befindet sich der Karpfen bei Temperaturen über 6 °C. Beim Fang schwimmt er im Freiwasser oft nahe der Oberfläche und meidet den Boden.

2.   Ein „inaktives" Stadium durchlebt der Karpfen bei Temperaturen unter 6 °C. Dabei hält sich die Hauptmasse der Tiere während des Fangs am Boden auf, ist relativ träge und bewegungsunlustig. Einzeltiere, auch kleine Gruppen, steigen ins freie Wasser auf, am Netz manchmal bis nahe an die Oberfläche schwimmend. Durch starke vorangehende Beunruhigung (z.B. wiederholtes Fischen) kann auch bei niedrigen Temperaturen ein dem „aktiven" Stadium ähnliches Verhalten angenommen werden. Die Beunruhigung kann sich auf die Karpfen des gesamten Sees übertragen, die Fischer sprechen dann davon, dass der Karpfen „aufgerührt" ist und unterbrechen in solchen Fällen zweckmäßigerweise das Fischen für einige Zeit.

2.3. 2.2.2.1. Verhalten des Karpfens während des Fangs im „aktiven" Stadium

Durch die Weiträumigkeit des Beobachtungsbezirks an einem frisch ausgesetzten Zugnetz (Flügellänge 500 bis 1000 m), lassen sich die Reaktionen der Fische zu Beginn des Zuges nicht regelmäßig feststellen. Es gelingt nur zufällig, auf die Tiere zu treffen. Ihr Verhalten dem Taucher gegenüber ist als normal anzusehen. Die Fluchtdistanz zum Taucher ist relativ groß und liegt manchmal außerhalb der möglichen Sichtweite des Gewässers. Auf das Netz reagiert der Karpfen mit einer ähnlich großen Fluchtdistanz. Oft kann man die Fische nur an den durch ihre

Schwimmbewegungen über Grund hervorgerufenen Schlammwolken erkennen (vgl. Abschn. 2.3.1.3., p. 42). Sie halten sich zu diesem Zeitpunkt in losen Gruppen nahe dem Boden auf.

Im späteren Verlauf des Zuges (Phase 2) findet man die Tiere in ständiger Bewegung. Sie durchschwimmen einzeln, häufiger in kleinen Gruppen den ganzen Zug, nähern sich dem bewegungslosen Taucher bis auf wenige Zentimeter. Dabei schwimmen sie fast regelmäßig 1/3 bis 2/3 der Zuglänge nach vorn, drücken sich nicht auf den Grund oder verbergen sich im Kraut. Es konnte auch nicht beobachtet werden, dass kleine Gruppen oder Einzelgänger die untergetauchte Oberleine überschreiten (bei Massenfängen wurde das jedoch durch Überlandbeobachtungen wiederholt festgestellt).

Auffällig ist die noch große Distanz zum Netz, die allenfalls auf 100 bis 50 cm absinken kann. Trotz vorhandener Möglichkeit war nicht zu bemerken, dass die Fische unter der angehobenen Unterleine entwichen. Dazu konnte ich einige sehr eindrucksvolle Beobachtungen im September 1964 im Galenbecker See erleben. Der damals noch verhältnismäßig klare See (4-6 m Sichtweite) war zum großen Teil mit üppigen Wasserpflanzenbeständen, die teilweise bis an die Wasseroberfläche reichten (Seetiefe maximal 2 m), fast zugewachsen. Da es kaum einmal gelang, das Zugnetz über freien Grund laufend auszubringen, wurde die Unterleine über dem Kraut häufig so stark eingedreht, dass das Netz über lange Strecken wulstartig zusammengewunden dicht unter der Wasseroberfläche entlang gezogen wurde. Es hatte also in den wenigsten Fällen guten Bodenschluss, sondern wies meist Bodenlücken von 30-100 cm und darüber auf. Mehrmals gelang es in drei verschiedenen Zügen 20-30-pfündige Karpfen zu sehen, die sich in kleinen Gruppen von 3-5 Stück im Netz befanden. Sie durchschwammen das Netz von einem Flügel bis zum andern und liefen nicht mehr als maximal 50-100 cm auf das Netztuch zu, meist wendeten sie sofort wieder um. Trotz ihrer Körpergröße wäre es ihnen ohne weiteres möglich gewesen, die oftmals um ein Vielfaches höheren Bodenschlusslücken zu passieren, doch bis zum Auszug waren die Tiere im Netz zu sehen. Da beim Einholen des Netzes ebenfalls kein Bodenschluss gewährleistet werden konnte und der Raum unter den Booten nicht abgesperrt war, flüchteten sie regelmäßig bis auf wenige Ausnahmen, in letzter Minute. Wahrscheinlich wurde das Netz regelrecht über ihren Köpfen aus dem Wasser genommen, doch infolge der sehr starken Sichttrübung durch beim Auszug aufgewirbelte Schlammteilchen, konnte ihre erfolgreiche Flucht nicht weiter verfolgt werden.

Weil sich im geschilderten Fall nur wenige Fische im Zugnetz aufhielten, dauerte das Netzmeideverhalten auch bei stärkerer Einkreisung bis zur Phase 4. Meist scheut sich die Mehrzahl der Fische bis zum Ende der 2. Phase auch noch, in den Sack zu schwimmen und erst mit zunehmender Fischkonzentration und fortschreitender Einengung im Zug (Phase 3) beginnen die Karpfen Netznähe zu suchen (Abb. 50.1.). Dabei

Abb. 50.1. In der Phase 3 des Zuges vom Grund aufgestiegener, Netznähe suchender Karpfen (Sternhagener See, 27.10.1966)

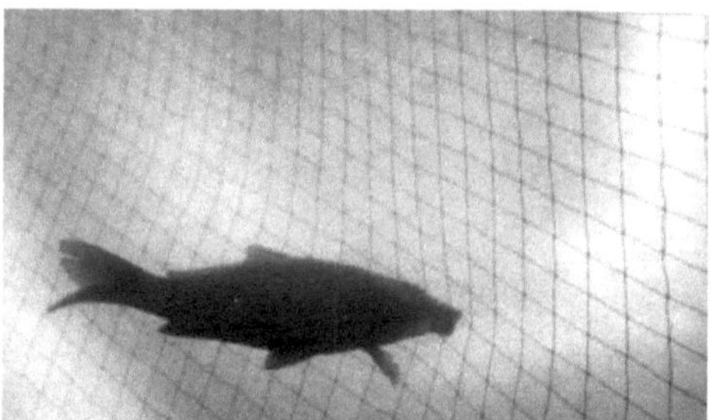

Abb. 50.2. Mit fortschreitendem Zug nimmt die Beruhigungsbereitschaft zum Netztuch zu, der Karpfen tastet mit dem Maul die Maschen ab, um Fluchtmöglichkeiten zu finden (Sternhagener See, 27.10.1966)

Kommt es zunächst zu einem - mit Abweichungen - horizontalen Entlangschwimmen am Flügel. Später tasten sie, wiederum vorherrschend horizontal, mit den Mäulern die Maschen ab, um Ausweichmöglichkeiten zu finden (Abb. 50.2.). Wenige Tiere gehen gleich nach dem Zusammennehmen des Zuges in den Sack. Sie schwimmen im Zugtempo mit oder suchen seitwärts oder nach unten auszuweichen. Eine Tendenz, nach oben auszubrechen, finden wir bei Massenansammlungen im Sack nicht. Erst Ende der 2. oder in der 3. Phase, kann es durch die abwärts gerichtete Schwimmrichtung zu einem regelrechten „Einmoddern" des Sackes kommen. Neben diesen normalen Verhaltensformen kann sich eine „Massenpsychose" herausbilden. Die Tiere nehmen schwarmähnliches Verhalten an und schwimmen gemeinsam mit steigender Geschwindigkeit aus dem Sack hinaus. Das kann, nach Angaben der Fischer soweit führen, dass sie an der Auszugsstelle aus dem noch nicht zusammengenommenen Netz entfliehen. Dieser Fall wurde aber bei den Untersuchungen niemals beobachtet. Vielmehr machte sich bei den Karpfen eine Neigung bemerkbar, die Auszugsstelle zu meiden und selten bis in deren Nähe zu schwimmen - Letzteres frühestens am Ende der 3. Phase.

In zwei Zügen konnten am 20.12.1967 bei 0 bis 4 °C Wassertemperatur im Dagowsee schon während der 2. Phase Gruppen von Karpfen bis zu einer Entfernung von etwa 10-20 m von der Auszugsstelle entfernt beobachtet werden, während sich zum gleichen Zeitpunkt in weiter Entfernung (etwa 50 m) vor dem Sack keine Tiere aufhielten. Der See war schon am Vortag an anderer Stelle befischt worden und in der Woche vom 11. bis 16. Dezember waren wiederholt Züge durchgeführt worden. Dazu mussten die Kähne die allmorgendlich auf der Leeseite überall angetroffene dünne Eisdecke aufbrechen, um das Netz ausbringen zu können. Kein Zug ergab befriedigende Ergebnisse, die Fangmassen lagen zwischen 3 und 7 Zentnern.

Die Anomalie des Vorwanderns zum Auszug bei Wassertemperaturen, in denen sich der Karpfen bei anderer Beobachtung im „inaktiven" Stadium befand, resultierte augenscheinlich aus der vorhergegangenen Beunruhigung (siehe auch 2.3.2.2.2.2.). In der Regel schwimmen die Tiere nur bis auf zwei Drittel, höchstens ein Drittel der Zuglänge an die Auszugsstelle heran, um wieder umzuwenden und in Sacknähe zurückzulaufen. Sicherlich ist das von der Auszugsstelle ausgehende Reizangebot (Windenlärm, Arbeitsgeräusche mit dem einzuholenden Netz, Poltern in den Kähnen) stärker als das des über den Grund gezogenen Netzes und besitzt somit eine größere Scheuchwirkung, wenn keine andere Erfahrung vorliegt.

2.3.2.2.2.2. Allgemeines Verhalten des Karpfens im „inaktiven" Stadium

Die Fischer setzen ihre Karpfenzüge möglichst erst dann an, wenn sich das Wasser auf mindestens 6 °C abgekühlt hat. *Schiemenz* (1921) behauptet, bei einer Wassertemperatur von 4 °C zögen sich alle Fische auf die tiefsten Stellen des Sees zurück, während *Lelek* (1964) angibt, die Fische lägen im Winter locker verteilt in kleinen Gruppen oder einzeln überall auf dem Gewässergrund in Tiefen von 2-4 m und wanderten nicht zu den tiefsten Stellen.

Bei den Zugnetzbeobachtungen konnte wiederholt festgestellt werden, dass sich Karpfen bei Wassertemperaturen weit unter 6 °C noch im Gelege aufhielten. Teilweise schienen es sogar fangwürdige Mengen zu sein, die nach Ansicht der Fischer durch das Fischen „aufgerührt" ins Gelege geflüchtet waren.

Am 20.12.1967 begann der Dagowsee auf der Leeseite zuzufrieren. Unter dem frischen Eis in Ufernähe wurden große Mengen Karpfen gesichtet. Sie waren anscheinend durch Beunruhigung ins Gelege geschwommen, da vorher mit der Abfischungen begonnen wurde und gleichzeitig der teilweise zugefrorenen See aufgebrochen werden musste. An den eisfreien ufernahen Stellen konnten mithilfe des Elektro-Aggregats 8 t Karpfen heraus gekeschert werden (vgl. auch *Schmidt*, 1956). Die Wassertemperatur betrug hier 0 bis etwa 3 °C. Zwischen Weihnachten und Neujahr befanden sich noch fangwürdigen Mengen im Gelege. Die Lufttemperatur lag bei -5 °C, die Wassertemperatur war unter dem inzwischen zugefrorenen See stabil geblieben. Das Eis war schneefrei. Am 7. Januar 1968 waren noch Gruppen von Karpfen im Gelege anzutreffen, die nicht ruhig auf dem Grund lagen, sondern umher schwammen und auf den Taucher mit einer Fluchtdistanz von 1 bis 1,5 m reagierten. Erst am 10.1.1968, nachdem sich bei Temperaturen von unter -10 °C in drei Nächten eine 12-15 cm starke Eisdecke gebildet hatte, auf die Schnee gefallen war, konnte trotz längerer Suche an den unterschiedlichsten Stellen im Gelege unter dem Eis kein Karpfen mehr gefunden werden. Sie waren in tiefere Gründe abgewandert, konnten aber nicht gesichtet werden, da infolge der Schneedecke die Lichtmenge in einer Tiefe von 5 bis 8 m nicht ausreichte, um erfolgreich suchen zu können.

Ähnliche Verhältnisse waren zur gleichen Zeit im nahe gelegenen Globsower See entstanden. Nach Abfischungsversuchen auf dem schon teilweise zugefrorenen See waren die Karpfen ins Gelege gelaufen und erst in ihre Winteraufenthaltsreviere zurückgekehrt, als das Eis mit Schnee bedeckt war. Die angeführten Beispiele lassen erkennen, welche starke und nachhaltige Reizquelle ein den See abfischendes Zugnetz für den Karpfen auch noch in dessen „inaktivem" Stadium darstellt.

Besonders nachhaltig scheint die Scheuchwirkung des Zugnetzes dann zu sein, wenn das Eis aufgebrochen werden muss. Bei verschiedenen Zügen im Sternhagener See (16., 17. und 18.12.1965) hatten die Fischer versucht, die mit dünnem Eis bedeckte Wasseroberfläche durch Befahren mit Stahlblech-Motorbooten einige Tage lang eisfrei zu halten. Der Erfolg bestand darin, dass der Fang ergebnislos war. Wie die Direktbeobachtungen ergaben, lief das Gerät unter dem Eis einwandfrei, es konnte jedoch nur ein überalterter Karpfen gesichtet werden (je ein Taucheinstieg am 16., 17. und 18.12.1965), der neben wenigen kleineren gefangen wurde. Infolge starker Geräuschbelästigung hatte sich die Masse der Karpfen ins Gelege und in ruhigere, fest zugefrorene Buchten zurückgezogen, in denen sie später auch gefangen wurden.

Vom 29. November bis zum 1.12.1967 wurde das Karpfenzugnetz im Sternhagener See beobachtet. Bei einer Wassertemperatur von 3-4 °C war das Verhalten der Tiere am 29. und 30. November kaum unterschiedlich und nach den bisherigen Beobachtungen als normal zu bezeichnen. Einige Tiere gingen zu einem verhältnismäßig frühen Zeitpunkt (schon in der 2. Phase) in den Sack, hielten sich nahe dem Grund auf und wanderten nicht in die Nähe der Auszugsstelle. Das Fangergebnis betrug nur 0,5 t, da sich die Zugleine so mit dem Flügel verdrillt hatte, dass in der 3. Phase der rechte Flügel bis fast zum Sack hin mannshoch vom Boden abgehoben wurde, ein großer Teil der im Zug zusammengedrängten Karpfen wurde vom Netz nicht weiter getrieben und das Netz lief über sie hinweg. Am 30. Dezember betrug das Fangergebnis etwa 8 t.

Am 1. Dezember lief das Zugnetz normal mit wechselndem Bodenschluss. Es wurden viele Karpfen in Grundnähe beim Umherschwimmen beobachtet, die sich unter den ruhig am Boden liegenden Taucher zu schieben suchten und auch die Köpfe unter die knapp angehobene Unterleine steckten. Die Unterleine am Sack wurde über zunehmend mehr am Grund liegende Karpfen gezogen. Der Sack glitt über die sich ruhig verhaltenden Fische hinweg und sie gingen dem Fangprozess verloren. Die bei anderen Beobachtungen sich zumeist im Bereich vor dem Sack aufhaltenden Karpfen hatten sich bis weit nach vorn verteilt und waren schon auf 200 m an die Auszugssteller heran gewandert, als die Kähne noch nicht zusammengenommen waren. Die Tiere schienen über Grund aktiver umherzulaufen, als es bei den Beobachtungen an den Vortagen zu erkennen war. Das Ergebnis des Fischzuges betrug nur eine knappe Tonne.

Das weite Zuwandern auf die Auszugsstelle und die spürbar erhöhte Aktivität der am Grund befindlichen Tiere schien auch hier auf die vorangegangenen Arbeiten mit dem Zugnetz zurückzuführen zu sein.

Wiederholt wurden im Winter Intensivgewässer betaucht, aus denen Fische des plötzlichen Frosteinbruchs wegen nicht rechtzeitig herausgefischt werden konnten, um an tiefen Stellen nach dem Winteraufenthalt der Karpfen zu suchen. Da die doch recht weiträumigen Bezirke nicht mit genügender Systematik abgesucht werden konnten, blieb die Arbeit erfolglos. Um Anhaltspunkte für eine eventuell spätere Suche im Freiwasser zu besitzen und damit Richtwerte für das Winterverhalten der Karpfen zu gewinnen, wurde in verschiedenen Winterteichen des VEB Binnenfischerei, Peitz im Dezember 1968 und Februar 1969 getaucht. Vor allem sollte der Frage nachgegangen werden, ob sich der Karpfen, ähnlich dem Schlei (dieser in der Winter- und Tagesruhezeit), zur Winterruhe in den Gewässergrund einwühlt. Das ist eine von Praktikern häufig geäußerte Meinung, da ihre Karpfenfänge in der kalten Jahreszeit mitunter sehr mäßig ausfallen, obwohl sich während des Sommers keine großen Verluste nachweisen ließen.

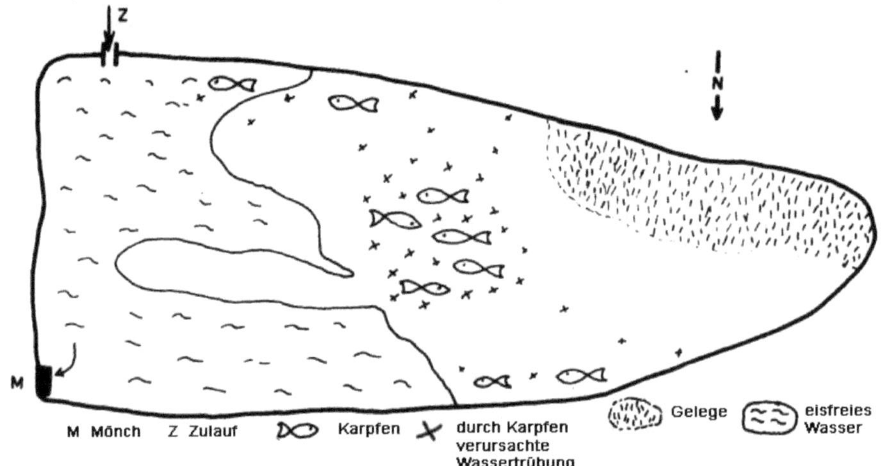

Abb. 52.1. Karpfen im Hüttenteich der Teichwirtschaft Peitz zu Beginn der Eisdecke im Dezember 1968

Die Beobachtungen wurden in verschiedenen Teichen am 27.12.1968 und vom 10. bis 18.2.1969 durchgeführt. Am 27. Dezember wurde der 3,7 ha große, mit 160.334 Karpfen besetzte Hüttenteich betaucht. Der teilweise zugefrorene Teich wies eine Wassertemperatur von 0-3 °C auf. Etwa 75 % der Oberfläche bedeckte festes Eis und war an der vom Hammerstrom durchflossenen Schmalseite frei davon (Abb. 52.1).

Im gesamten Strombereich konnten keine Fische gefunden werden. Während an der Südseite vereinzelt Karpfen schon im Flachwasser vor der Eiskante gesichtet wurden, konnten auf der Nordseite nur weit unter dem Eis einzelne Tiere ausgemacht werden. Auf beiden Seiten traten die Karpfen erst in einer Tiefe von 1 m auf. Sie lagen auf dem Grund, steckten nicht im Schlamm und reagierten auf den Taucher mit normaler Fluchtdistanz nahe der Sichtgrenze. Der Teich wies, bis auf einen schmalen Randbezirk, fast überall eine Tiefe von etwa 2 m auf. Unter den von Eis bedeckten Teilen war in dieser Tiefe die Sicht durch Grundtrübungen verschlechtert und man konnte Karpfen einzeln und in kleinen Gruppen antreffen, die vor dem Taucher an der Grenze des Sichtbereiches (0,5-1 m) oder schon vorher flüchteten, Letzteres war an den frischen Schlammwolken über Grund zu erkennen. Die Tiere lagen nur locker auf dem Boden und hatten sich nicht eingegraben. Nach der Flucht blieben nicht die geringsten Vertiefungen zurück, die auf Karpfen-Ruheplätze im Grund hingedeutet hätten.

Mitte Februar 1969 waren die Karpfen auf der Nordseite nicht mehr zu finden. Sie standen alle in etwas tieferem Wasser nahe dem südlichen Ufer unter einer inzwischen auf 30 cm Stärke angewachsenen Eisdecke. Hier waren sie schon im Dezember häufiger als an anderen Stellen angetroffen worden.

Am 10.2.1969 wurden Einstiegslöcher in das Eis des mit 252.139 Karpfen besetzten, 9,4 ha großen und 1 bis 1,5 m tiefen Hockunteiches geschlagen und die dünne Schneedecke mit einem

Gitternetz versehen (Abb. 33.2.), um den Teich systematisch untersuchen zu können. Das Wasser

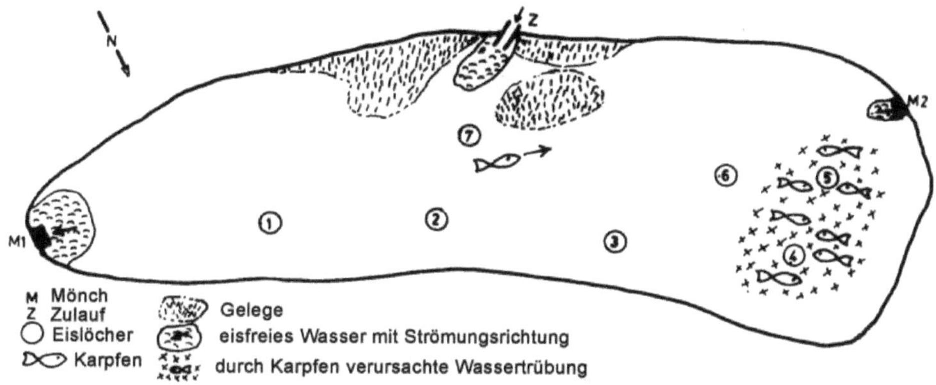

Abb. 53.1. Verteilung der Karpfen im Hockunteich der Teichwirtschaft Peitz nach längerer Eisbedeckung im Februar 1969.

wies mit PH 6,8 (Czenzny) den gleichen PH-Wert auf, wie der Hüttenteich und hatte einen Sauerstoffgehalt von 0,80 bis 1,00 mg/l (nach Geyer). Nach dem Sägen der Einstiegslöcher wurden diese mit Rohrmatten abgedeckt, um ein erneutes Zufrieren zu verhindern und drei Tage unberührt gelassen, damit eine eventuelle Beunruhigung der Karpfen abklingen konnte. Vom an der Ostspitze des Teiches gelegenen Mönch bis zum Einstiegsloch 2 konnte kein Karpfen gesichtet werden. Es wurde auch keine Trübung über Grund festgestellt, von der auf eine Anwesenheit der Tiere geschlossen werden konnte Die Wassertiefe unterschied sich mit 1,20-1,50 m nicht vom übrigen Teichgebiet. Dieser durchströmte Teil des Teiches wies eine gleichmäßige Temperatur von 0,5 °C auf, während im nicht durchströmten Wasser Temperaturen von 1 bis 2 °C herrschten.

Westlich vom Einstiegsloch 2 wurde einmal ein einzelner Karpfen gesichtet, der dicht über Grund in unmittelbarer Nähe des Tauchers vorüberschwamm.

Während die Sicht etwa bis zum Einstiegsloch 6 überall gleichmäßig zwischen 60 und 80 cm lag, war sie im westlichen Teil des Teiches, in der Umgebung der Löcher 4 und 5, bis in eine Entfernung von 15-20 m zum Mönch 2 (geringer Durchfluss) und entlang des Westufers durch Grundtrübung teilweise stark herabgemindert. Hier hielten sich überall Karpfen auf, die langsam umher schwammen und auf den Taucher durch Flucht reagierten (Abb. 53.1.).

Am 17. Februar konnten die letzten Beobachtungen durchgeführt werden; danach mussten sie einer 40-50 cm starken Schneedecke wegen und damit infolge völliger Dunkelheit unter Wasser unterbrochen werden. Das Wasser bei Einstiegsloch 4 hatte sich geklärt und war nur noch am Einstieg 5 trübe. Karpfen fanden sich hauptsächlich bei Loch 4 und zum Westufer hin. Die Sicht war dort ebenfalls wieder durch starke Grundtrübung sehr beeinträchtigt.

Wie die Beobachtungen ergaben, liegen die Karpfen nicht passiv in einem festen Winterlager, sondern halten sich in großen Gruppen, die sich in ständig leichter Bewegung befinden, an den tieferen Stellen der Teiche auf. Durchströmte Gewässerteile mit niedriger Wassertemperatur werden bei ausreichendem Sauerstoffgehalt ruhigerer Teile gemieden. Es scheint sich hier um eine rheotaktische Reaktion, verbunden mit einer thermotaktischen zu handeln. Auf den Taucher reagieren die Fische aktiv mit Flucht. Durch die ständige Bewegung der Karpfen wird Bodenschlamm aufgewirbelt, der eine spürbare Sichttrübung im Wasser verursacht. Es sollte versucht werden, die Experimente dahingehend weiterzuführen, dass man die Ergebnisse der Beobachtungen aus Karpfenteichen in geeigneten intensiv bewirtschafteten Seen vergleichsweise überprüft. Sollten sie sich bestätigen, so könnte die Karpfenansammlung vor Beginn der Zugnetzfischerei in den vermuteten Gewässerteilen eventuell durch Extensionsmessungen geortet werden, um die Tiere dann sicher fangen zu können.

2.3. 2.2.2.3. <u>Reaktionen der Karpfen auf das Zugnetz im „inaktiven" Stadium</u>

Die Karpfen werden durch das sich nähernde Zugnetz von ihren Standorten vertrieben. Meist kann man sie zuerst durch eine allgemeine Sichtverschlechterung vermuten, auf die das Netz zu läuft. Die Tiere stehen locker verteilt (dazwischen auch einzeln auf dem Grund) oder schwimmen langsam umher, sie haben sich nicht im Schlamm vergraben. Die Fluchtdistanz zum Netz scheint unterschiedlich zu sein. Mitunter ist sie größer als die Sichtweite reicht (2 bis 5 m). Dann erkennt man die Anwesenheit der Tiere an plötzlich auftretenden Schlammwolken, auf die das Netz zu läuft. Diese spontan erscheinenden starken Bodentrübungen laufen oft lange Zeit mit der Zugrichtung des Sackes gleich und sind niemals parallel zum Flügel gerichtet. Dabei kann es sich um schon vorher aufgestörte Tiere handeln, die sekundär mit dem Netz in Berührung kommen. Oft zieht das Netz bis auf wenige Meter (teilweise unter 1 m) an auf dem Grund verharrende Karpfen heran (Einzeltiere oder Gruppen), ehe der Fluchtreflex ausgelöst wird. Die Karpfen befinden sich nicht in einem passiven Verhalten, sondern sind auf das herannahende Netz vorbereitet, wie leicht gesteigerte Flossenbewegungen vermuten lassen. Das erste flüchtende Tier stimuliert die anderen und mit zunehmender Schnelligkeit schwimmen sie davon.

Im geschlossenen Zug vermeiden die Karpfen zunächst (1. und 2. Phase) Netzberührung. Die Masse der Tiere bevorzugt Grundnähe (Abb. 54.1.). Bei Gewässern mit sehr schlammigem Grund, den Karpfenintensivgewässer in der Regel besitzen, ist es oftmals schwierig, die Tiere auf dem Boden optisch wahrzunehmen (Potzlower See, Plessower See, Haussee Suckow, Kölpinsee, Dagowsee u.a.). Ihre Anwesenheit äußert sich in ständig zunehmenden Schlammwolken, mit denen dann und wann Karpfen auftauchen. Lässt man sich auf den Boden sinken, so spürt man überall unter sich entweichende Karpfen. Tastet man den Grund ab, schwimmen sie nach allen Seiten unter den suchenden Händen davon.

Abb. 54.1. Sich am Grund aufhaltende, durch
das Zugnetz zusammengetriebene Karpfen
(Weißer See, 16.11.1965)

Abb. 54.2. zunächst meidet der Karpfen die
direkte Netzberührung

Viele suchen sich, im Gegensatz zum „aktiven" Stadium, zwischen den Wasserpflanzen zu verbergen. Einzelne Tiere oder Gruppen schwimmen im Freiwasser umher. Dabei nähern sie sich zunächst dem Netz bis auf höchstens 100 oder 50 cm, später bis auf wenige Zentimeter und wenden sich dann in Umkehrung ihrer Bewegungsrichtung vom Netz ab. Zu einem Entlangschwimmen am Netz kommt es zunächst noch nicht (Abb. 54.2., 55.1., 55.2.). Zum bewegten Taucher ist die Fluchtdistanz während dieses Zeitabschnittes mit 1 bis 2 m noch verhältnismäßig groß. Die Ausatemluft stört die Tiere kaum. Dem sich still verhaltenden Taucher nähern sich die Fische bis auf wenige Zentimeter.

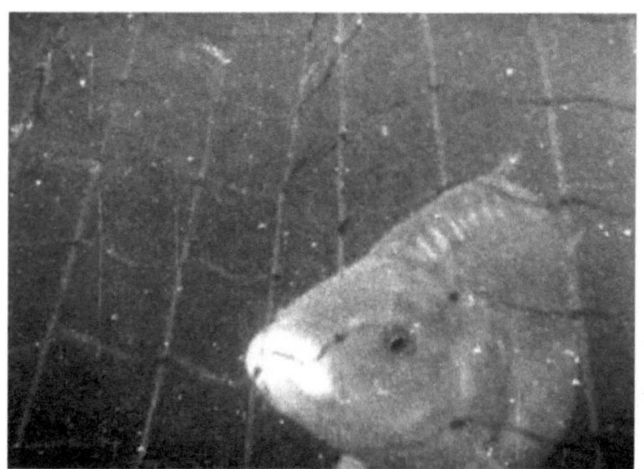

Abb. 55.1. der Karpfen schwimmt manchmal bis auf wenige Zentimeter auf das Netztuch zu und wendet sich wieder davon ab 16.11.1965)

Abb. 55.2. ohne einen Durchbruchsversuch an den Maschen unternommen zu haben, wendet sich der Karpfen wieder vom Netz ab (Sternhagener See, 16.11.1965)

Mit zunehmender Einengung durch das Netz verringert sich die Fluchtdistanz zum Taucher erheblich. Schließt die Oberleine nicht mit der Wasseroberfläche ab (vielfach wurde freies Wasser von 0,5-1 m festgestellt), konnte in dieser mittleren (2.) Phase des Zuges, in deren Verlauf die Kähne schon zusammengenommen sind und man beginnt die Flügel einzuziehen, kein aktives, zielgerichtetes Überqueren der Oberleine beobachtet werden. Es kommt jedoch vor, dass aufgestiegene Gruppen von Tieren die Oberleine zufällig passieren, wenn ihre Schwimmrichtung im Zug so liegt, dass sie nicht auf das Netz, sondern auf die Lücke zwischen Netz und Wasseroberfläche gerichtet ist. Aktives Suchen der Karpfen, indem sie vertikal am Netz entlang schwimmen, wurde in keinem Fall beobachtet.

Abb. 55.3. Die normale Schwimmrichtung liegt horizontal am Netz entlang. Durch Netzfalten kann sie abgelenkt schräg nach oben oder unten verlaufen (Weißer See, 16.11.1965)

Einzelne Karpfen und kleinere Gruppen berühren das Netz und tasten mit dem Maul die Maschen auf Durchbruchsmöglichkeiten ab, dabei mit kleinen Abweichungen einzelne Netzteile nur horizontal untersuchend. Sie schwimmen nur schräg nach oben oder unten, wenn sie den oft vorhandenen Netzfalten folgen, um einen Fluchtweg zu finden (Abb. 55.3.).

Wie der Karpfen das Netz auf Durchbruchsmöglichkeiten hin probiert, gibt eine durch Filmaufzeichnungen belegte Beobachtung aus dem Weißensee bei Wesenberg vom 16.11.1965 sehr schön wieder. Beim Maschenabsuchen findet ein Karpfen eine ausbruchsgünstige Stelle, an der einige Knoten gelöst sind.

1. Versuch: das Tier probiert das Loch aus, indem es seinen Kopf hindurch steckt und langsam dagegen schwimmt.

2. Versuch: er versucht mit Gewalt hindurch zu schwimmen, zieht dazu den Kopf aus der Öffnung heraus, schwimmt ein Stück zurück und heftig wieder vorwärts ins Netz hinein. (Abb. 56.1.). Mit zunehmender Einengung steigen gegen Ende der 3. Phase mehr Fische vom Grund auf, um gegen das Netz zu schwimmen. Es kommt dazu, dass der Karpfen wahllos gegen die Netzwand rennt und die Maschen mit Gewalt zu durchbrechen sucht.

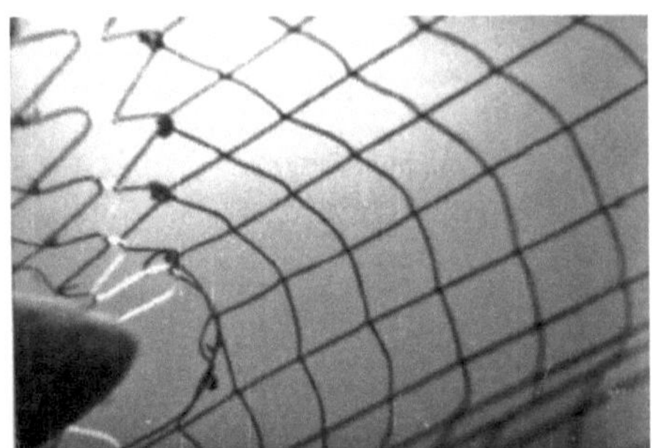

Abb.56.1. Ein Karpfen rennt in eine schadhafte Netzstelle, die er später nochmals vergeblich zu durchbrechen sucht (Weißer See, 16.11.1965)

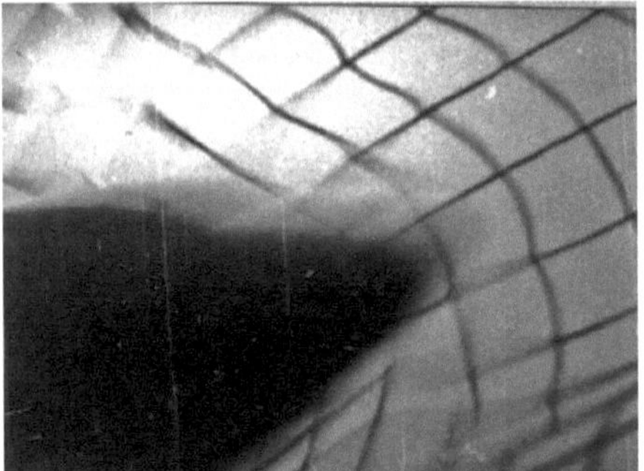

Abb. 56.2. Nach erfolglosem Durchbruchsversuch durch die schadhafte Stelle wird der nächste Fluchtversuch am unbeschädigten Netztuch dicht daneben unternommen (links über dem Karpfen ist undeutlich der weiße Garnfaden der schon einmal geflickten Stelle zu sehen, an der der Durchbruch vorher versucht wurde). (Weißer See, 16.11.1965)

3. Versuch: wird nicht an der defekten Stelle unternommen, sondern dicht daneben am normalen unbeschädigten Netztuch. Wiederholte Durchbruchsversuche an verschiedenen Maschen (Abb. 56.2.)

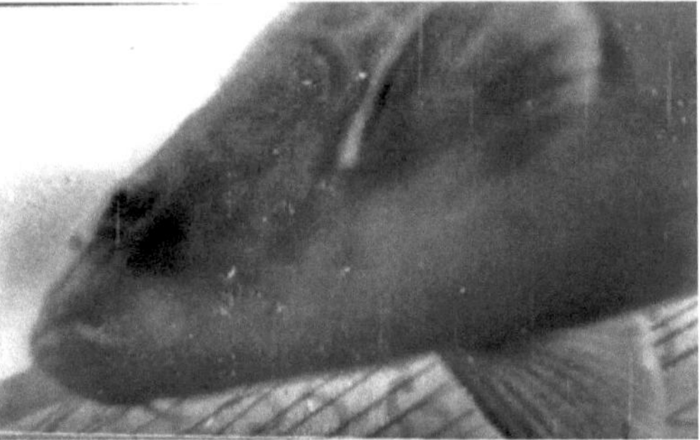

Abb. 56.3. Entlangschwimmen am Netz neben der untergetauchten Oberleine, die nicht übersprungen wird (Weißer See, 16.11.1965)

4. Versuch: beim Zurückschwimmen kommt das Tier am gleichen Loch vorbei. Die schadhafte Stelle wird genauso angenommen wie vorher. Innerhalb weniger Sekunden hatte der Karpfen sein vorher vergebliches Bemühen vergessen, bzw. er erkannte das Loch nicht wieder.

Es kommt vor, dass die Karpfen dicht unter der Oberleine suchen, wenn nur wenige Zentimeter höher genügten, die untergetauchte Oberleine zu passieren (Abb. 56.3.).

Wie auch schon vorher, hält sich die Masse der Tiere weiterhin in Grundnähe auf. Dabei bemühen sie sich ständig, unter Hindernisse zu schlüpfen und kriechen ebenso unter den am Grund liegenden Taucher wie unter Pflanzen und die durch Tanger etwas angehobene Unterleine. Erstaunlich ist die Scheu des Karpfens, aktiv in den oft sehr lockeren Faulschlamm des Gewässergrundes einzudringen, um unter der Unterleine zu entweichen. In ähnlicher Weise meidet er auch die vom Netz aufgewirbelten Schlammwolken, in die er ungern hinein schwimmt und vor denen er mitunter spürbar zurückweicht (vgl. *Hering*, 1969, p. 752). Siehe auch Abbildung 57.1.

Es konnte wiederholt beobachtet werden, wie sich z.B. einzelne Karpfen längere Zeit vom schräg liegenden Netztuch dicht an der Unterleine mitziehen ließen (ein ähnliches Verhalten, „Spazierfahrten" von Grundeln auf dem Netz, beschreibt *Vyskrebencev*, 1968 als optomotorische Reaktion) und das weit vom Grund abgehobene Netz so lange nicht passierten, um ins Freie zu gelangen, wenn immer wieder Schlammwolken von unten aufzogen. Erst als die Sicht für längere Zeit besser wurde und die Lücke zwischen Oberleine und Boden deutlich erkannt werden konnte, schwammen sie langsam unter dem Netz schräg zur Zugrichtung hindurch oder ließen sich, auf dem Boden angelangt, vom Netz überrollen.

Sind die Tiere einmal von trübem Wasser umgeben, so flüchten sie nicht daraus, sondern bleiben in den Schlammwolken und verstecken sich am Grund (siehe weiter oben).

Es kommt vor, dass in der letzten Phase die Karpfen dicht gedrängt über dem Grund stehen

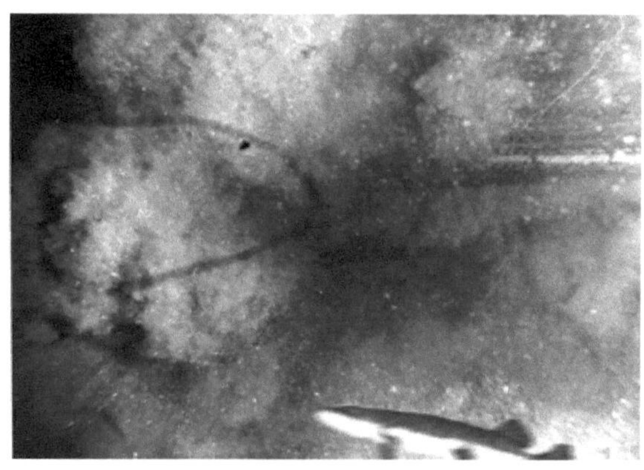

Abb. 57.1. In die vom Zugnetz verursachten Schlammwolken schwimmen die Fische ungern hinein. In der Abbildung weicht ein Hecht (angeschnitten durch den unteren Bildrand) einer solchen Wolke seitlich aus (Stechlinsee, 14.12.1967)

und einer unter den anderen zu kriechen sucht. Hebt die Netzunterleine auch nur etwas vom Boden ab, so stecken sie ihre Köpfe darunter, sitzen dicht nebeneinander völlig passiv auf dem Grund und das Netz wird über die Fischkörper hinweg gezogen. (Beobachtet im Weißen See, 16.11.1965; Dagowsee, 20.12.1967; Kölpinsee, 25.11.1967; Potzlower See, 23.11.1967; Sternhagener See, 29. und 30.11. und 1.12.1967). Ist der Zug des Netzes etwas stärker, so kommt es häufig vor, dass sie zur Seite gedrückt werden und flach auf dem Boden liegen. Bei sehr unsichtigem Wasser kann man die unter dem Netz sitzenden Karpfen regelmäßig durch Entlangtasten mit der Hand an der Unterleine spüren, häufig ohne die Tiere dadurch zur Flucht zu veranlassen. Um sich ein Bild von den Karpfenmengen zu machen, über die ein Zugnetz mit schlechtem Bodenschluss in der letzten Phase hinweg gezogen wird, genügt es, in den Sack hinein zu schwimmen und den Netzboden auf Grund zu drücken. An vielen Stellen fühlt man die fast reglos darunter liegenden Karpfen, die ohne große Bewegungsaktivität zu entwickeln, aus dem Zugnetz entkommen. Es kann sich hierbei kaum um eine gezielte Flucht handeln, sondern scheint eine typische, bei Beunruhigung ohne Fluchtmöglichkeit auftretende Versteckreaktion zu sein. Vielleicht ist es auch mit dem „Versteck-Verhalten" der Güstern und Plötzen zu vergleichen, die sich nachts, werden sie vom Taucher beunruhigt, dann geborgen fühlen und nicht weiter flüchten, wenn sie mit dem Kopf unter einer Wasserpflanze stecken oder auch nur einfach ein abgesunkenes altes Blatt auf der Nase spüren.

Ein ähnliches Verhalten zeigt auch manchmal die nachtaktive Schleie, die unruhig vor dem störenden Taucher davon schwimmt und ihre Flucht unterbricht, sowie sie den Kopf zwischen dichte Wasserpflanzen geschoben hat, obwohl der Körper völlig ungeschützt liegt. Auch aufgestörte Barsche flüchten am Tage über Freiflächen und verharren häufig, in einzeln stehenden Pflanzengruppen Sichtschutz suchend.

Die von vielen Fischereipraktikern vermutete sprichwörtliche „Schläue" der Karpfen konnte in keiner Beobachtung bestätigt werden. Ein „bewusstes" erfolgreiches Suchen nach einem Fluchtweg wurde nicht beobachtet.

Es zeigte sich, dass während der ersten beiden Phasen des Zuges vor dem Zusammennehmen kein exakter Bodenschluss der Unterleine erforderlich ist. Auch die Maschenweite könnte wesentlich weiter gewählt werden. Erst wenn die Tiere so stark zusammengedrängt sind, dass sie wie gepflastert am Grund liegen, wird die Distanz zur Unterleine aufgegeben. Hier müsste man ansetzen, um die Karpfen (zum Beispiel durch Elektrizitätseinwirkung) aus dem eine Flucht begünstigenden Bereich zu vertreiben.

2.3.2.3.   Hecht - *Esox lucius* L.

Hechte reagieren im Netz wie auch außerhalb der Netzumkreisung kaum merklich auf den Taucher.

Die anfängliche Fluchtdistanz (1. Phase, zu Beginn des Zuges) ist u.a. Vom Gewässer abhängig, liegt in der Regel zwischen ein und 2 m und beträgt manchmal nur wenige Zentimeter. Eine Ausnahme bilden von wildernden Sporttauchern häufig besuchte Gewässer, in denen die Fluchtdistanz drei und mehr Meter betragen kann.

Im Gegensatz zu anderen Fischen zeigt der Hecht kein ausgesprochenes Netzausweichverhalten. In der ersten Phase des Zuges schwimmt er oft vom Netz weg nach innen, häufig jedoch auch langsam an den Flügeln entlang (Abb. 58.1.).

Abb. 58.1. Der Hecht zeigt in den ersten Phasen des Zuges kein typisches Netzmeideverhalten . Häufig schwimmt er an den Flügeln entlang (Stechlinsee, 14.12.1967)

Abb. 58.2. In den Netzfalten untersucht der Hecht einzelne Maschen auf Fluchtmöglichkeit (Galenbecker See, Sept. 1964)

Abb. 58.3. Mit zunehmender Einengung im Zug neigt der Hecht zu Gruppenbildung. Im Bild sind 4 Tiere zu sehen, die gemeinsam umherschwimmen (Vergrößerung vom 16 mm-Film-Bild). Durch die charakteristische Schwanzflossenzeichnung des Hechts lassen sich die 4 Tiere erkennen, Unteruckersee, August 1964)

In der 3. Phase sucht er intensive Netzberührung, läuft am Flügel entlang und beginnt, horizontal schwimmend, einzelne Maschen auf Fluchtmöglichkeiten zu untersuchen (Abb. 58.2.).

Zum Ende der 3. Phase wird er mit fortschreitendem Zug kontaktfreudiger gegenüber Artgenossen, zieht in Gruppen von 4 und mehr Tieren am Netz entlang (Abb. 58.3.) und selbst dann noch zwischen Netz und Taucher hindurch, wenn der Abstand zwischen beiden weniger als 1 m beträgt.

Bei unregelmäßigem Grund und daraus resultierendem mangelhaften Bodenschluss der Unterleine entweicht der Hecht oft unter dem Netz. Im Gegensatz zu anderen Fischen lässt er ein auffällig gezieltes Durchschwimmen selbst kleiner Lücken erkennen, die mitunter erst im letzten Moment, kurz vor deren Zuziehen angenommen werden, nachdem sie vorher lange anvisiert wurden. Wiederholt konnte beobachtet werden, dass der Taucher den Hecht zur Flucht stimuliert, wenn er, den Innenraum des Zuges verlassend, die Unterleine vom Boden abhebt um darunter hindurch auf die andere Seite zu wechseln. In diesen Fällen kommt es vor, dass ein in der Nähe schwimmender Hecht den Fluchtweg sofort annimmt und dem Taucher durch die Bodenlücke folgt.

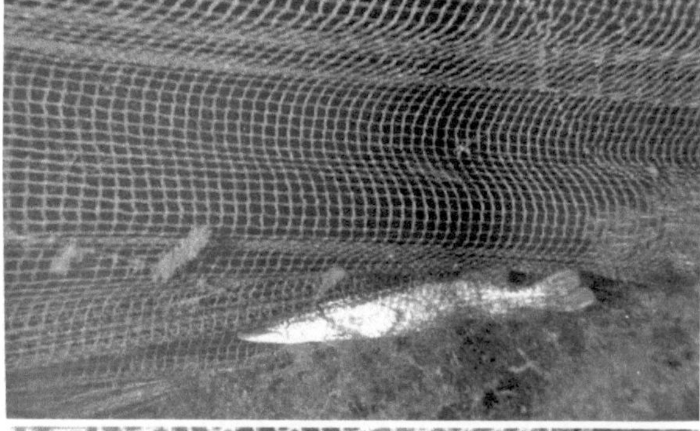

Abb. 59.1. Ein Hecht drückt sich an der Unterleine ins Kraut, das Netz zieht über ihn hinweg (Stechlinsee, 29.11.1965)

Abb. 59.2. Wird der Hecht z. B. Von einer Falte überdeckt und so durch das Netztuch belästigt, kann es zu Ausbruchsversuchen durch die Maschen kommen, in denen er bei entsprechender Größe stecken bleibt. (beim hier abgebildeten Maränennetz sind die Maschen zu klein! Stechlinsee, 29.11.1965)

Abb. 59.3. Der Hecht versucht durch die engen Maschen des Maränennetzes zu entkommen (Stechlinsee, 29.11.1965)

Neben aktiver Flucht finden wir ein passives Fluchtverhalten, das jedoch nicht sicher als echte Fluchtreaktion anzusehen ist. Durch die meist erhebliche Stauhöhe laufen die Flügel bei flacherem Wasser in Falten über den Grund. Hier kommt es vor, dass der Hecht vom Netztuch überdeckt wird, sich zusätzlich ins Kraut drückt oder, sich vom Netz gescheucht im Kraut versteckt und das Netz über sich hinweg ziehen lässt (Abb. 59.1.). Wird er vom Netz belästigt (Abb. 59.2.), versucht er häufig die Maschen zu durchbrechen dabei bleiben kleinere Tiere oft

Abb. 60.1. Mit großer Gewalt schwimmt ein Hecht in das Netztuch hinein und beult es weit aus (Stechlinsee, 29.11.1965)

Abb. 60.2. im Gegensatz zum Karpfen oder zur Schleie tendiert der Hecht im Sack nach oben oder zu den Seiten hin auszubrechen (Sternhagener See, 29.11.1967)

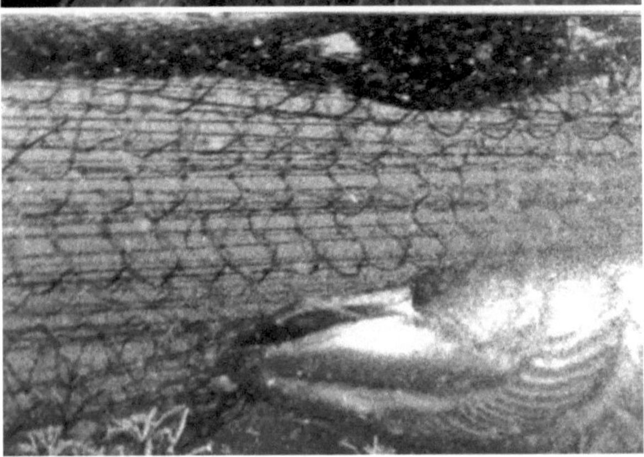

Abb. 60.3. Im fast beendeten Zug schlägt der Hecht dicht am Netz in einer Wassertiefe von weniger als 50 cm noch einen Fisch. Bodenbewuchs und an der Oberfläche hängender Netzschwimmer sind erkennbar und dokumentieren die Tiefe (Galenbecker See, Sept. 1964)

darin hängen, größere verheddern sich, kommen jedoch meist bald wieder frei.

Die gesteigerte „Nervosität" zeigt sich mit fortschreitendem Zug in einer zunehmenden Schwimmgeschwindigkeit. In dieser Situation unternimmt der Hecht gegen das straffe Netztuch gerichtete Ausbruchsversuche (Abb. 59.3. u. 60.1.). Jedoch erliegt auch bei sehr starker Einengung durch das Netz sein Beutetrieb noch nicht völlig. Es konnte die auch den Fischern bekannte Tatsache beobachtet werden, dass er in dieser Phase noch Fische schlägt (Abb. 60.3.), in der die anderen Fische nicht mehr auf Fressfeinde in ihrer Umgebung durch Flucht reagieren und sich in zunehmender Panikstimmung befinden.

Im Sack tendiert der Hecht dazu, nach oben hin oder zu den Seiten auszubrechen (Abb. 60.2.).

Der Hecht gehört zu den Fischen, die auch mit dem konventionellen Zugnetz ohne weiteres leicht zu fangen sind, wenn das Gerät möglichst während des gesamten Zuges über ausreichenden Bodenschluss verfügt (im Gegensatz zu Fischen mit ausgeprägtem Netzmeideverhalten, z. B. Karpfen, bei dem Bodenschluss in den ersten Zugphasen nicht unbedingt erforderlich ist).

2.3.2.4. Kleine Maräne - *Coregonus albula* L.

Systematische Beobachtungen der Maränenabfischung mit dem Zugnetz wurden in den Jahren 1964-1968 vor allem im 426 ha großen Stechlinsee in den Monaten November/Dezember vor, während und nach der Laichzeit dieser Fische durchgeführt (siehe *Böttcher*, 1956). Der oligotrophe See wurde wegen der für Schwarmfischbeobachtungen günstigen Sichtweiten gewählt. Sie betrugen vor Inbetriebnahme des Kernkraftwerkes 15 m und mehr, ließen jedoch 1965 spürbar nach und gingen im Laufe der Jahre auf etwa 5 m zurück. In der gleichen Jahreszeit fielen Zufallsbeobachtungen der Kleinen Maräne während der Karpfenabfischung im Kölpinsee nahe Prenzlau an.

Außerdem konnten im Juli 1968 zahlreichen Beobachtungen am normalen Zugnetz im Ober-Uckersee außerhalb der Laichzeit der Maräne durchgeführt werden, die keine spürbar anderen Verhaltensweisen bei der Reaktion auf das Fanggeräte erkennen ließen.

Die Kleine Maräne lebt in Schwärmen, nach Größe (also altersmäßig) sortiert (vgl. *Herter*, 1953, p. 21; *Schiemenz*, 1946; *Kiselev*, 1968). Kommen mehrere Schwärme unterschiedlicher Größe während eines Zuges ins Netz, so vermischen sie sich bis zum Auszug nicht. Als typischer Schwarmfisch antwortet die Kleine Maräne auf Störfaktoren mit geschlossenen Reaktionen des gesamten Schwarmes. Selbst bei Bewegungen im Sack ist das Bestreben deutlich, eine Schwarmformation aufrecht zu erhalten, die nur durch Panik in Form eines Verhaltenszusammenbruchs (*Tembrock*, 1956, p. 93 ff.) zeitweilig aufgegeben wird. Nach einer Hypothese von *Chapman* (1964) werden die Fische durch zunehmende Einengung im Netz so stark zusammengedrängt, dass die ein Schwarmverhalten aufrecht erhaltenden Stimuli verschwinden; d.h., in einem sehr späten Stadium (Ende der 4. Phase) wird kein Schwarmverhalten mehr eingenommen. Auch beim Umherschwimmen im Zug kann es durch starke einzelne oder summiert auftretende Reize zu solchen Panikreaktionen kommen, bei denen vorübergehend die Formation aufgegeben wird. Die Fluchtdistanz zum bewegten Taucher ist bei der Kleinen Maräne größer als bei Fischen, die nicht im Schwarm leben. Am bewegungslosen Taucher zieht der Schwarm vorüber, ohne jedoch Tuchfühlung aufzunehmen. Bis zur stärkeren Einengung in der 3. Phase reagiert der Schwarm auf anschwimmende Einzelfische anderer Arten (Hecht, Barsch, Blei, Plötze, u.a.) durch Ausweichen oder Vakuolenbildung. Mit zunehmender Einengung wächst ihre Bereitschaft, andere Arten in den Schwarm aufzunehmen. Wiederholte

Abb. 61.1. Der auf das Netz treffende Schwarm wendet und schwimmt am Netztuch entlang (rechts schwenken die letzten Tiere in die neue Richtung). (Stechlinsee, 29.11.1965)

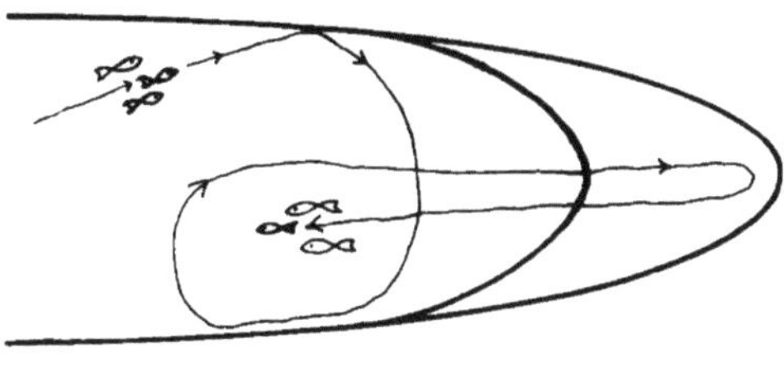

Abb. 61.2. Ein auf den Flügel treffender Schwarm schwimmt am Netztuch entlang.

Beobachtungen zeigten, wie sich halbwüchsige Bleie dem Maränenschwarm angliederten und regelrecht Führungsfunktion übernahmen, indem einem vorausschwimmenden Blei der mit Bleien untermischte Maränenschwarm durch den Zug folgte und auch dann noch hinterher schwamm, als der Blei in den Sack hineinlief (letzteres Einzelbeobachtung).

Im Stechlinsee wird der Zug in einer Tiefe von etwa 20-25 m angesetzt. Dabei liegt die Oberleine in den ersten Phasen des Zuges weit untergetaucht. Als pelagischer Fisch schwimmt die Maräne in recht unterschiedlichen Tiefen durch das freie Wasser, und es geschieht häufig, dass ein Schwarm über die Oberleine geht, ohne vom Netz überhaupt Notiz zu nehmen, weil es nicht in seiner Schwimmrichtung liegt. Trifft ein Schwarm auf den Flügel, weicht er meist zur Seite aus, auch wenn er aus untermaschigen Tieren besteht und schwimmt eine kürzere oder längere Strecke am Netztuch entlang, um sich schließlich davon abzuwenden (Abb. 61.1. und 61.2.). Vergleichbare ähnliche Beobachtungen beschreibt *Aslanova* (1958) bei Zugnetzfängen von Heringen an der aserbaidschanischen Küste, wobei allerdings schlechter Bodenschluss der Unterleine die Fische zur Flucht verleitete, was bei den Maränenbeobachtungen nicht fest gestellt werden konnte.

Bei dem ihnen eigenen Entlangschwimmen am Flügel. versuchen Maränenschwärme selten die Maschen zu durchbrechen, während bei einem direkten Zuschwimmen auf das Netz, die ersten Tiere an der Peripherie häufig zögernd die Maschen passieren, darin teilweise hängen bleiben und der nachfolgende Schwarmteil „panikartig" aufgelöst, so stark nachdrückt, dass sich das Netztuch nach außen beult (Abb. 62.2 u. 62.3.) (Vergleiche *Mohr* 1960, p. 318).

Bei einer schräg zum Flügel angesetzten Schwimmrichtung kann es dabei geschehen, dass der Schwarm in turbulenter „Panik" eine Strecke am Netztuch „entlang knäuelt", ohne völlig durchzubrechen (Abb. 62.1. und 62.3.).

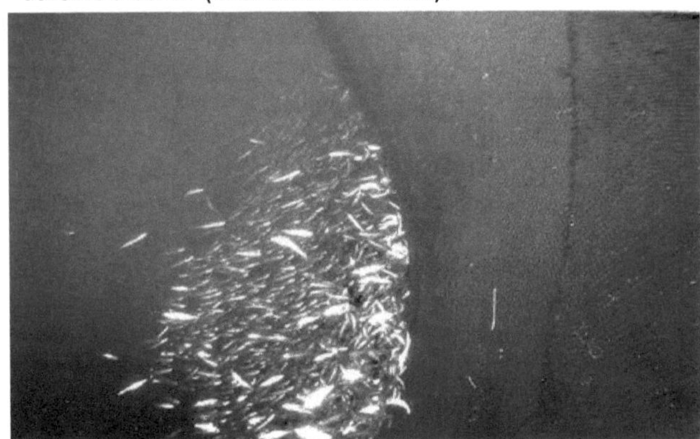

Abb. 62.1.
Der noch geordnete Schwarmteil drückt nach, während sich die Schwarmformation am Netztuch in turbulenter "Panik" auflöst und die Maränen durch die Maschen zu entkommen suchen. (Stechlinsee, 17.12.1964).

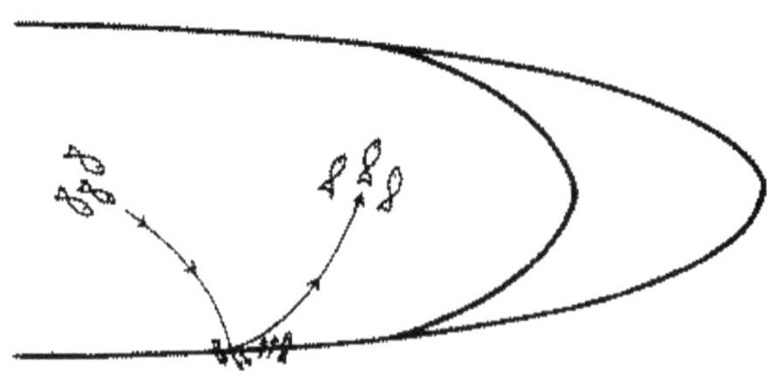

Abb. 62.2. Beim Auftreffen auf den Flügel kommt es zu "panikartigem" Auflösen des Schwarmverbandes, einige Tiere schlagen durch die Maschen, der Hauptteil wendet sich vom Flügel ab, die schon außerhalb des Zuges schwimmenden Fische suchen durch die Maschen erneut Anschluss zur Schwarmhauptmasse.

Abb. 63.1. Unter Aufgabe der Schwarmformation "knäueln" die Tiere am Netz entlang (Stechlinsee, 12.1965).

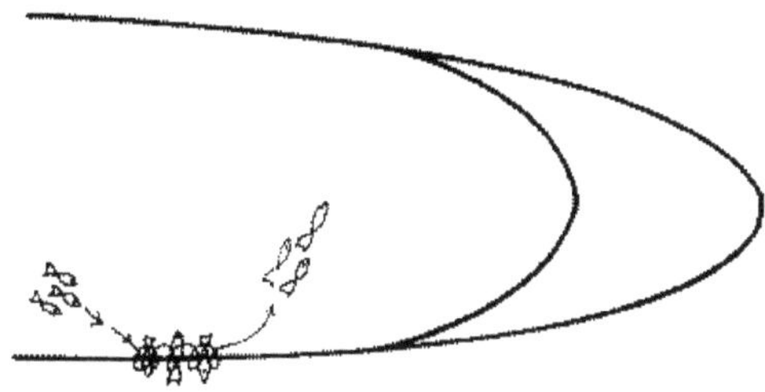

Abb. 63.2. Beim Auftreffen auf den Flügel löst sich die Schwarmformation auf und die Tiere „knäueln" sich am Netztuch entlang.

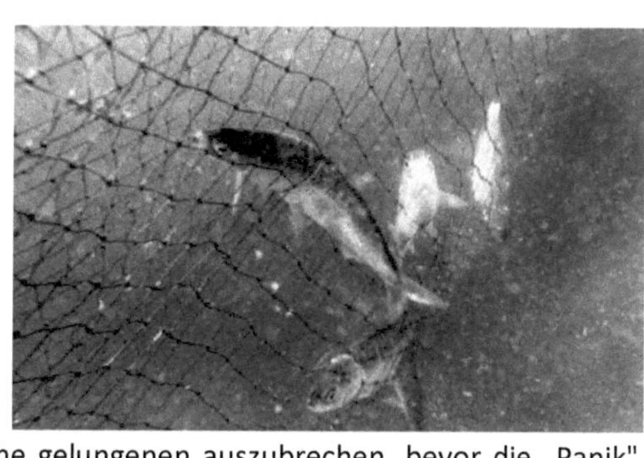

Abb. 63.3. Die meisten Tiere werden beim Ausbruchsversuch gemascht. Die Kleine Maräne im Vordergrund blieb in den Maschen stecken, als sie wieder Anschluss zum Hauptschwarm im Inneren des Zuges aufnehmen wollte. (Oberuckersee, Juli 1968)

Meist ist es erst einen geringen Teil der Fische gelungenen auszubrechen, bevor die „Panik" erneut der geordneten Formation weicht und die Masse der Tiere wendet sich im Zug vom Flügel weg der Schwarmtrieb ist bei der Maräne derart stark ausgeprägt, dass nun der außerhalb des Zuges befindliche abgesprengte Teil wiederum durch die Maschen schwimmt, um sich mit dem noch im Zug befindlichen Hauptteil zu vereinigen (*High & Lusz,* 1966; *High,* 1967 *Vyskrebencev* 1968). Beim passieren der Maschen bleiben regelmäßig einige Fische in den Maschen stecken; für Maräne ist es geradezu typisch, sie „kopf einwärts" und „kopf auswärts" zum Zug dicht beieinander im Netztuch zu finden (Abb. 63.2. u. 63.3.).

Es kann geschehen, dass ein größerer Schwarmteil durch die Maschen nach außen entkommen konnte und es den Tieren nicht wieder gelingt, sich durch die Maschen nach innen zu quälen. Dann gleichen sie, trotz des Netztuches zwischen ihnen ihre Bewegungen einander an und schwimmen durch das Netz getrennt als ein Schwarm zusammen weiter. Den gleichen Effekt kann man erleben, wenn der anrückende Flügel frontal auf einen Schwarm trifft und ihn dadurch teilt. Die Tiere reagieren darauf kurzzeitig mit Vakuolen-Bildung, um sich danach durch das Netztuch hindurch wieder aufeinander zu orientieren. In einem Fall wurde festgestellt, dass der Schwarmteil im Zug bis in den Sack zog, sich nach kurzer Panikauflösung neu formierte und innerhalb des Sackes bis zu dessen endgültigem Herausheben in Zuggeschwindigkeit mitschwamm und vom abgesprengten, aus neben dem Netz verbliebenen Schwarmteil begleitet wurde, der sich erst dann abwandte, als sich der Zug dem Ende näherte und der Sack im Flachwasser zum Stehen kam (vgl. *Martyschevskij* & *Korotkov*, 1968; *High*, 1967 u.a.).

Es kommt auch häufig durch Störungen, z. B. den bewegten Taucher, zu panikartigem Durchschlagen der Maschen. In jedem Fall tendieren die Tiere wieder zur Schwarmvereinigung. Gelingt es nach derartigen Störungen nicht wieder, durch Passieren des Netzes eine geschlossene Schwarmformation zu bilden, so ist es möglich, dass schließlich ein Schwarmteil, wie oben erwähnt, im Sack schwimmt und der abgesprengte Teil außerhalb des Zuges unter dem Sack mitzieht, dabei ständig versuchend, Anschluss nach innen zu gewinnen. Durch die dauernde Bewegung der Fische treffen die Schwärme verhältnismäßig oft auf die Flügel, deren Verlauf sie häufig in unterschiedlichster Schwimmrichtung folgen und dadurch manchmal schon früh in den Sack gelangen, den sie aber meist bald wieder verlassen.

Während des Zuges durch ruhiges Wasser ist das Netztuch der Flügel nach außen gebaucht. An diesen Netzteilen konnte wiederholt eine interessante Verhaltensweise des ziehenden Schwarmes festgestellt werden: Hin und wieder steigt der Schwarm am Netz auf. Liegt dabei die Oberleine noch untergetaucht, beobachtet man, dass die Fische geschlossen der durch das Netztuch vorgegebenen Kurve folgen, sie auch dann noch beibehalten, wenn sie nicht mehr am Netz entlang schwimmen und so im Bogen wieder in den Zug zurücklaufen (Abb. 64.1.).

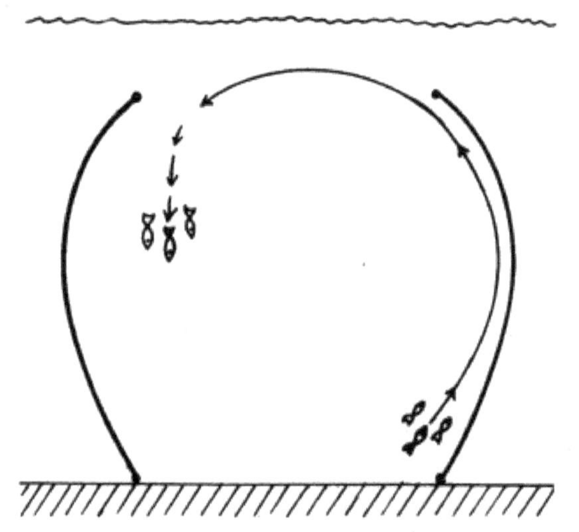

Obwohl die Maränennetze oft mannshohe Lücken zwischen Boden und Unterleine aufweisen, wurde ein Verlassen des Zuges durch diese Lücken in keinem Fall bemerkt. Auch ein Überschwimmen des Zuges konnte nicht auf aktives Suchen zurückgeführt werden, sondern ergab sich durch die zufällige Zugrichtung des Schwarmes (vgl. *Anwand und Lieder*, 1962).

Normalerweise ziehen die Tiere in Zugrichtung am Netz entlang und verlassen dadurch das Fanggeräte schon häufig zu einem sehr frühen Zeitpunkt. Werden die Flügel bereits angehoben, so schwimmen die

Abb. 64.1. Schematische Darstellung eines Maränenschwarmes im Zugnetz

Fische bis ins flache Wasser, wenden sich vom Netztuch ab, schwimmen durch den Zug, treffen auf den gegenüberliegenden Flügel und ziehen entgegen der Zugrichtung bis in den Sack. Nach Panikauflösung formiert sich der Schwarm dort erneut, verlässt häufig den Sack wieder, dabei den Flügel als Leitwehr benutzend und schwimmt nach vorn.

Beim ziehenden Schwarm beobachtet man oft ein Tier, das, schnell an der Spitze schwimmend, die Zugrichtung kurzzeitig bestimmt, bald in den Schwarm zurückfällt und von einem anderen Fisch in seiner Führungsfunktion abgelöst wird.

Das Netz beeinflusst nicht einzelne Fische, sondern stets die Schwarmformation als Ganzes.

Um die Maränenfischerei effektiver zu betreiben, müsste das Zugnetz längere Flügel besitzen (im Stechlinsee nur Flügellänge 80-100 m) und eine den Maräne angepasste Maschenweite aufweisen, denn bei den beobachteten Zuggeschwindigkeiten von >1-4 m/min werden bei geringer Flügellänge mehr zufällig ins Netz geratene Schwärme den Zug verlassen, als bei sehr langen Flügeln. Es wäre denkbar, entsprechend der Schleppnetzfischerei in den Meeren, auch auf Binnenseen Trawls einzusetzen und solche Erfahrungen, wie z. B. den Effekt des Zusammentreibens (herding) vor dem Fanggeräte (*Margetts*, 1952, 1963; *Blaxter, Parrish & Dickson*, 1964; *Blaxter & Parrish*, 1966; *Hering*, 1969), der Schwimmgeschwindigkeit in Verbindung mit der Schleppgeschwindigkeit (*Aslanova*, 1958; *Poddubny*, 1967; *Blaxter & Dickson*, 1959; *Yuen*, 1966; *Blaxter, Parrish & Dickson*, 1964; *Saburenkov & Pawlow*, 1968; *Hergenrader und Hasler*, 1967; *Lagunen*ov, 1960; *Mohr*, 1960, p. 311; *v. Brandt* et al., 1959; *High*, 1967; *Johnes*, 1963; *Mohr*, 1967) und andere Reaktionen, die größtenteils nur von marinen Fischen bekannt sind, dabei vergleichsweise zunächst einmal auf ihre Effektivität beim Fang von Süßwasserfischen hin zu überprüfen.

2.3.3.   Nebenfische am Zugnetz
2.3.3.1. Schleie - *Tinca tinca* (L.)
Entsprechend seines Winterruheverhaltens, sich im Bodenschlamm der Gewässer einzugraben, kann die Schleie nur bei entsprechend hohen Wassertemperaturen vor der Herbstvollzirkulation gefangen werden. Da Schleiseen in der Regel stark eutrophe Gewässer sind, weisen sie nur eine mäßige bis sehr schlechte Sicht auf.

Neben Zufallsbeobachtungen bei der Abfischungen mit normalem Zugnetz konnte die Reaktion von Schleien auf dieses Fanggerät nur in einigen in der Nähe von Prenzlau gelegenen Seen (Sternhagener See, großer Ratzeburger See, kleiner Burgsee) beobachtet werden, in denen die Sichtweite maximal 1,5 m betrug.

Ähnlich dem Aal, lässt sich die am Tage zeitweilig im Grund versteckte Schleie (eigene Beobachtung; vgl. auch *Siegmund*, 1969, p. 301-305) durch das Netz aufscheuchen, um zunächst vor dem Fanggeräte herzulaufen. Im fortgeschrittenen Zug, etwa in der 3, Phase beginnend, versuchen die jetzt stark beunruhigten Tiere, den Zug zu verlassen. Die Schleien schwimmen

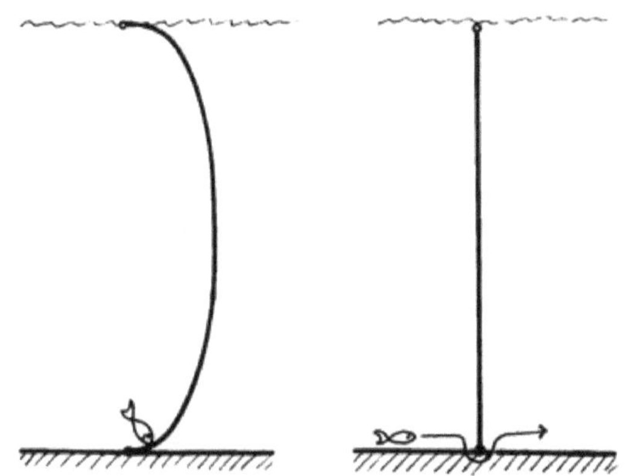

Abb 65.1. und 65.2. Am ausgebauchten Flügel stoßen die Schleien bei ihren Fluchtversuchen nach unten auf das Netztuch. Ist der Flügel straff zur Wasseroberfläche gespannt, graben sie sich an der Unterleine in den Schlamm und der Zug geht über sie hinweg.

bei ihren Netzdurchbruchsversuchen meist in Bodennähe an Netzfalten oder nahe der Unterleine nach unten. Ist der Netzflügel stark nach außen gebaucht, stoßen sie bei ihren Ausbruchsversuchen nach unten auf das Netztuch und können nicht ausweichen (Abb. 65.1. und 65.2.; vgl. auch 2.3.3.2., Abb. 67.2).

Ist das Netztuch infolge geringer Stauhöhe oder größerer Wassertiefe noch straff von der Oberfläche zum Grund gespannt, so wird ihre Flucht erfolgreich. Sie gehen am Netztuch nach unten, graben sich regelrecht in den Schlamm ein und unterschwimmen so entweder aktiv die

Unterleine oder sie halten sich passiv im Bodenschlamm verborgen und lassen das Netz über sich hinweg ziehen (Abb. 65.2.). Ihr Verhalten ist in keinem Fall mit dem „Fluchtverhalten" der Karpfen zu vergleichen, die sich nicht aktiv in den Grund graben und dadurch dem Netz entweichen wie die Schleien. Schwimmt man außerhalb des Zuges in Grundnähe am Netz entlang, so kann man bei genügender Sicht manchmal einzelne Schleien unter der Unterleine aus dem Schlamm auftauchen sehen und beobachten, wie sie sich vom Netz entfernen. Bei ungenügender Sicht schwimmen die Tiere oft so dicht am Taucher vorüber, dass sie regelrecht an dessen Körper entlang gleiten. Hält sich der Taucher auf der Innenseite des Zuges auf, so genügt es manchmal, nur mit der Hand in den Schlamm zu greifen und an der Unterleine entlangzufahren, um die sich in den Grund wühlenden Fischkörper zu fühlen.

Die Schleie schwimmt nicht sehr aktiv im Zugnetz umher und läuft manchmal schon in einer frühen Zugphase in den Sack, ohne wieder herauszukommen. Hier zeigt sich ein ähnliches Verhalten wie am Flügel. Ständig nach unten drückend, versucht sie sich durch die Maschen hindurch in den Schlamm zu arbeiten. Dabei wird das bei Schlammgrund häufige „Einmoddern" des Sackes noch gefördert und es fällt immer schwerer, das Netz einzuholen. Besonders wenn während der Schlussphase, nicht mehr mit der Motorwinde gezogen werden kann, ist das eine sehr kräftezehrende Arbeit. Doch schon vorher kann das Netz so fest im Schlick liegen, dass die Ankerpfähle der Kähne brechen, weil sich das Netz nicht mehr bewegen lässt.

Theoretisch könnte eine Abhilfe darin gesehen werden, Elektroden in Unterleine und Sackboden einzuziehen, die separat und eventuell mit unterschiedlicher Spannung beschickt werden könnten. Zunächst würde dadurch verhütet, dass sich die Schleie an der Unterleine in den Grund gräbt, so dem Fang verloren geht und außerdem würden die Tiere daran gehindert, den Sackboden zusätzlich in den Schlamm zu drücken und so der gesamte Zug nicht mehr verstärkt Gefahr laufen, im Grund hängen zu bleiben.

2.3.3.2. Plötze - *Rutilus rutilus* (L.)

Wie bei einigen anderen Fischarten, so kann man auch bei Jungtiergruppen der Plötze feststellen, dass sie selbst bei Untermaschengröße das Netztuch erst dann passieren, wenn andere Störquellen sich so stark summieren, dass die Scheuchwirkung des Garnes an Stärke verliert und seine Reizwirksamkeit einbüßen. Mitunter kommt es erst zu einer Flucht aus dem Netz, wenn der Sack angehoben wird und häufig kann man beobachten, wie ganze Schwärme wenige Zentimeter langer Fische aus dem Sack heraus gejagt werden, zum Teil sogar mit im Hol bleiben, obwohl sie nicht einmal die Länge des Maschendurchmessers besitzen.

Ältere Tiere, auch halbwüchsige Plötzen, suchen häufig einzeln, manchmal auch in Gruppen, schon im offenen Zug Netzberührung und bemühen sich durch die Maschen zu brechen. Dabei kommt es zu den typisch aufgemaschten Fischen (Abb. 66.1.). Man kann beobachten, dass ganze Gruppen von Plötzen auf einen Bezirk konzentriert Durchbruchsversuch unternehmen. Diese ständig wiederholten, meist erfolglosen Versuche können aus dem Zug hinaus aber auch in ihn hinein gerichtet sein, (siehe Abb. 44.1., 44.2.). *Blaxter & Parrish* (1966) geben ähnliche Beobachtungen für verschiedene Meeresfische im Aquariumsexperiment bei Schleppnetzversuchen an und meinen, dass der Fisch in Grundnähe auf Geräusche des Fanggerätes mit gerichteter Fluchtbewegung vom Netz weg oder auf

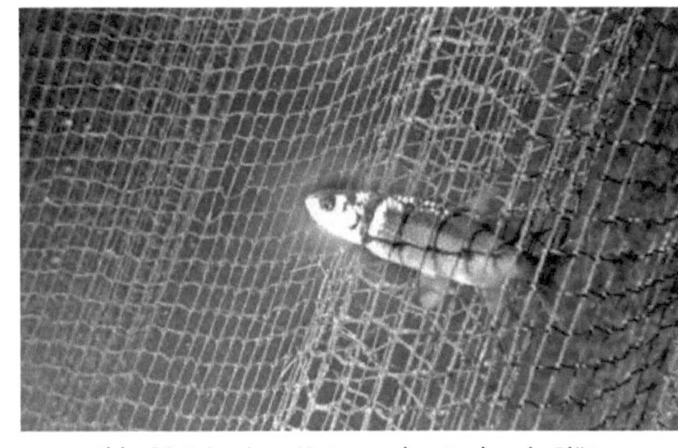

Abb. 66.1. in einer Netzmasche steckende Plötze
(Stechlinsee, 29.11.1965).

das Netz zu reagiert.

Im Gegensatz dazu haben sämtliche Freiwasserbeobachtungen am Zugnetz ergeben, dass es sich sehr wohl um eine Bewegungsrichtung der Fische in Bezug auf das Fanggeräte handelt, die meist vom Netz weg und in späteren Phasen sich häufend auch auf das Netztuch zu gerichtet ist (Ausbruch aus dem Zug). Die positive Reaktion auf das Netztuch zeigt die Plötze schon zu einem Zeitpunkt, in dem das Netz sehr langsam bewegt wird oder sogar still liegt und noch keine anderen Störfaktoren auf sie einwirken, also noch keinerlei für uns spürbarer Anlass zu einer „Paniksituation" besteht. Hier ist die Reaktion auf das Netz auch mit den Verhältnissen am Stellnetz vergleichbar (siehe 2.4.2.). Wenn in einem engeren Bezirk mehrere Plötzen Netzdurchbruchsversuche unternehmen, so ist das nicht durch das Auftreffen eines Schwarmes auf das Netztuch zu erklären (Plötzen bilden keine typischen Schwärme wie etwa die kleine Maräne), sondern kann möglicherweise in einem spontan auftretenden *Carpenter-Effekt* begründet sein. Befreit man einzelne im Netz steckende Plötzen aus den Maschen, so flüchten sie fast regelmäßig immer wieder auf das Netz zu, um wiederholt darin stecken zu bleiben, solange das Netz von ihnen noch wahrgenommen wird. Dabei ist das Durchbrechen nicht richtungsgebunden. Sie schwimmen auch von der anderen Seite in das Garn, wenn man vorher mit Ihnen unter der Unterleine hindurchtauchend die Flügel passierte oder bemühen sich, selbst nach gelungenem Ausbruchsversuch in entgegengesetzter Richtung erneut zurück durch die Maschen zu schwimmen (Abb. 67.1.).

Sicherlich ergibt sich, eventuell zusammen mit anderen, durch den Fangprozess auftretender Stimuli, bei der Plötze eine optomotorische Reaktion auf das Netztuch, die sich durch das vorübergehende Hängenbleiben im Netz noch verstärkt. Es wird eine motorische Endstrecke aufgebaut die nur auf das Bezwingen des Netzes gerichtet ist. Dadurch mag es zu peripheren Hemmungen und wahrscheinlich auch stark gehemmter Motivation kommen, die immer wieder die gleiche Motorik ablaufen lassen.

Für erfolglose Ausbruchsversuche wählt die Plötze oft Maschen, die wenige Zentimeter über Bodenschlusslücken dicht an der Unterleine liegen können (Abb. 67.2.). Häufig schwimmt sie dabei dicht neben Barschen (vgl. 2.3.1.3., Abb. 45.2.), die zielgerichtet eine Lücke durchqueren und berennt, ohne die Barsche bei deren erfolgreicher Flucht zu beachten, weiter das Netztuch.

Vergebliche Durchbruchsversuche werden auch immer wieder am meist

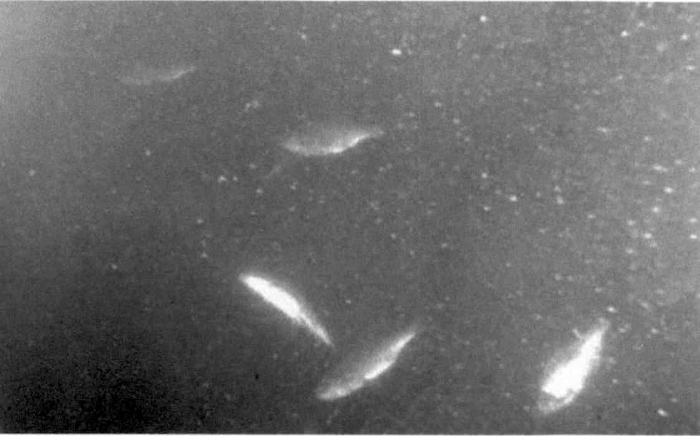

Abb. 67.1. Gruppe von Plötzen, die das Netz von außen zu durchbrechen sucht. Ein Tier steckt nach erfolgreichem Durchschwimmen der Maschen bei erneutem Passageversuch sekundär von innen nach außen im Netz (Dagowsee, 21.12.1967).

Abb. 67.2. Plötzen suchen einen Fluchtweg dicht über der Unterleine durch das leicht nach außen gewölbte Netztuch (vgl. auch Reaktion der Schleie an dieser Stelle, 2.3. 3.1., Abb. 65.1.) (Stechlinsee, 29.11.1965).

etwas nach außen gebauchten Netzflügel, dicht an der untergetauchten Oberleine angesetzt, ohne dass die oft nur wenige Zentimeter entfernte Leine überschwommen wird, selbst wenn sie weit unter der Wasseroberfläche liegt.

Ein ähnliches Verhalten wurde auch schon beim Karpfen beschrieben. *Herter* (1953, p. 93) rechnet, nach Untersuchungen von *Wunder, Perca fluviatilis* L. und *Rutilus rutilus* (L.) Zu den Arten mit gut entwickelten Augen, während *Cyprinus carpio* L. schlecht entwickelte Augen besitzt. Danach wäre ein stark unterschiedliches Verhalten der beiden ersten Arten nicht deutbar. Biometrische Untersuchungen am Nucleus nervi oculomotorii von *Kirsche* (1966) wies bei *Cyprinus carpio* L. und *Rutilus rutilus* (L.) ein schlechtes Sehvermögen nach, während *Perca fluviatilis* L. Sehr gut sehen kann. (Okulomotoriuskern-Hirnlängen-Quotient für *Cyprinus carpio* L.: 1,6, für *Rutilus rutilus* (L.): 1,8-1,9, für *Perca fluviatilis* L.: 3,3 bis 4). Das wäre eine Erklärung für die unterschiedlichen Verhaltensmuster von Plötze und Barsch, gleichzeitig wären die Gemeinsamkeiten von Plötze und Karpfen erklärt.

Da die Plötze im Beifang normaler Zugnetzzüge meist in ausreichenden Mengen gefangen wird, ist die Kenntnis ihrer Reaktionen auf Fanggeräte für die Binnenfischerei nur im Vergleich zu anderen, wirtschaftlich wichtigen Fischen von Bedeutung. Es zeigten sich Verhaltensmerkmale, die mit denen des Karpfens übereinstimmen oder ihnen nahe kommen. Bezüglich des Netzmeideverhalten in den ersten Phasen des Zuges ergeben sich jedoch starke Unterschiede zum Karpfen.

Abb. 68.1. Plötzen suchen einen Fluchtweg dicht über der keinen Bodenschluss haltenden Unterleine durch das Netztuch. Das vordere Tier ignoriert die Bodenschlusslücke, während sie ein im Hintergrund schwimmender Barsch bereits erfolgreich passiert hat (Stechlinsee, 29.11.1965).

2.3.3.3. <u>Barsch - Perca fluviatilis L.</u>

Ähnlich der Plötze, wurden auch die Reaktionen des Barsches am Zugnetz nicht so eingehend untersucht, da sich die Fischerei nicht auf seinen Fang besonders spezialisiert. Die Ergebnisse sind lediglich im Vergleich zu anderen Fischen interessant und unterscheiden sich von den meisten erheblich, da sich der Barsch als tagaktiver Räuber hauptsächlich optomotorisch orientiert und in dieser Hinsicht stark dem Hecht ähnelt.

Der Barsch zeichnet sich vor allem durch aktives Suchen nach einem Fluchtweg aus.

In großen Gruppen lebende Jungtiere passen ihre Bewegung häufig wahrscheinlich infolge einer optomotorischen Reaktion (*Protasov*, 1968) der des Flügels an (vgl. Abb. 92.2). Dabei ziehen sie außerhalb oder innerhalb des Zuges mit, manchmal durch die Maschen wechselnd, wenn sie starke Untermaschengröße besitzen. Es kommt vor, dass sie gruppenweise neben dem Sack so lange herziehen, bis er angehoben wird. Dieses Verhalten kann mit der Nahrungsaufnahme zusammenhängen, scheint jedoch eher ebenfalls eine optomotorische Nachfolgereaktion auf das bewegte Netztuch zu sein (siehe 2.3.1.3., Abbildung 44.3.).

Es ist auffällig, dass der Barsch meist bis zum Auszug, wenn die Einengung sehr stark wird und der Zug seinem Ende zu geht, „Panikreaktionen" vermeidet. Bis zu diesem Zeitpunkt werden keine Durchbruchsversuche am normalen Netztuch unternommen. Er scheut sich offensichtlich in den ersten 3 Phasen davor, durch die Maschen zu schwimmen, auch wenn sie groß genug wären (vgl. *Aslanova*, 1958). Ähnlich dem Hecht, unternimmt er häufig dann Durchbruchsversuche, wenn er von einer Netzfalte überdeckt wird und gegen das Tuch anrennt, um sich mit Gewalt daraus zu befreien. Dadurch kommt es zum „Maschen" der Fische. Ähnliche Befreiungsversuche ergeben sich, wenn der Barsch während des Passierens eines seiner typischen Fluchtwege, die er durch Bodenschlusslücken unter der Unterleine einschlägt, vom Netztuch überdeckt wird und sich zu befreien sucht. Die „Panikreaktion" fällt häufig aus und er sucht einen Ausweg, indem er langsam in den zusammengeschlagenen Netzfalten oder zwischen Seegrund und aufliegendem Flügel entlang schwimmt (Abb. 69.1.).

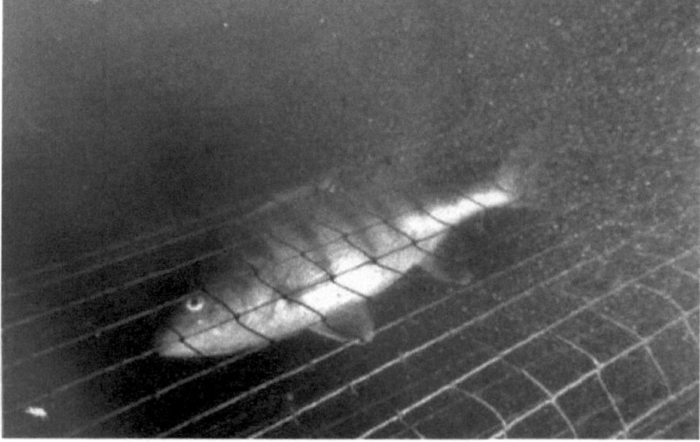

Abb. 69.1. Der Barsch sucht oft zwischen zusammengeschlagenen Netzfalten nach einem Ausweg. (Sternhagener See, 6.12.1967).

Im Gegensatz zur Plötze und auch zum Hecht sucht er niemals mit dem Maul tastend die Maschen ab, um hindurch zu schwimmen, sondern schwimmt stets auf sichtbare Lücken zu, die er meist zielsicher einzeln oder in kleinen Gruppen durchschwimmt. Dabei kann es sich um schadhafte Stellen im Netztuch handeln, die besonders im unteren Teil des Netzes liegen oder Bodenschlusslücken der Unterleine, wie sie bei unregelmäßig bewachsenem Boden häufig auftreten. Bei seinen Versuchen, aus dem Netz zu fliehen, verlässt er einzeln kaum die Grundnähe, steigt aber in Gruppen weiter in flachere Wasserschichten auf und tendiert im Sack nicht dazu, nach unten zu drücken. Passive „Ausweichmanöver", bei denen er sich vom Netz überrollen lässt, wurden nicht beobachtet.

Zusammenfassend kann festgestellt werden, dass der Flussbarsch ein anderes Verhalten am Zugnetz zeigt als die beobachteten Friedfische. Es ähnelt dem des Hechtes, der sich ebenfalls zielgerichtet optomotorisch orientiert, um unter dem Netz zu entweichen. Dabei drückt er sich jedoch nicht wie der Hecht zwischen die Wasserpflanzen am Grund, der sich nachfolgend passiv vom Zugnetz überrollen lässt. Erst bei stärkster Einengung oder z.B. Belästigung durch das Garn, neigt er zu panikartigen Netzdurchbrüchen.

2.4.   Stille Fanggeräte

Im Gegensatz zum aktiven Fanggerät, das durch eine Vielzahl von Reizen auf den Fisch scheuchend wirkt, ist die Reuse durch eine mehr oder weniger lange Standzeit der Umgebung so angepasst, dass sie kaum noch milieufremde optomotorische Reizwirkungen auf den Fisch ausübt (siehe auch Abs. 2.0.2., p. 23).

Die Reuse soll die durch ein Netzwehr aus ihrer natürlichen Schwimmrichtung abgelenkten und vom Ufer auf sie zu geleiteten Fische durch eine oder mehrere Kehlen aufnehmen und in einer Fangkammer festhalten.

Das Stellnetz muss aus einem Material hergestellt werden, dass der Fisch unter Wasser möglichst nicht sieht, außerdem so fest sein, um den darin gemaschten Fisch nicht wieder frei zu geben.

In beiden Fällen wird das Gerät den aktiv schwimmenden Fischen in den Weg gestellt, einmal, um sie aus ihrer Schwimmrichtung abzulenken, im anderen Fall, um sie möglichst nicht davon abzulenken, sondern sie damit sofort und sicher zu fangen. Die ähnlich im Wasser stehenden Netze haben also eine unterschiedliche Aufgabe zu erfüllen, sie sollen fangen oder leiten. Die Fängigkeit eines Kiemennetzes hängt sehr stark von der Gangstärke ab, die sich nach der Formel G = d/a errechnen lässt (G = Gangstärke, d = Durchmesser des Garns, a = Maschenweite). Für Stellennetze soll G < oder = 0,01 sein, für Leitwehre soll G > 0,02 betragen (*Baranov*, 1960, p. 293).

2.4.1. <u>Reusen</u>

Reusen wurden im Brodowinsee, Carwitzer See, Helenensee bei Frankfurt Oder, Liepnitzsee, Breiten und Schmalen Luzinsee, Parsteiner See, Großen Plessower See, Stechlinsee, Ober- und Unteruckersee in den Monaten April bis Juni, teilweise bis in den August hinein beobachtet.

Im Allgemeinen werden die Reusen dann ins Wasser gestellt, wenn die Fische im Frühjahr ihre Wohngebiete im Flachwasser der Seen neu besiedeln und ihre Winterquartiere in tieferen Stellen der Gewässer aufgegeben haben. Sie fangen dann besonders gut, wenn sich die Fische zunächst noch mit ihrem Wohnraum vertraut machen, ihn erkunden und gleichzeitig die durch den langen Winteraufenthalt verbrauchten Reserven und dem mit den steigenden Wassertemperaturen verbundenen höheren Stoffwechsel durch gesteigerte Nahrungsaufnahme intensiv ergänzen müssen. Durch die gegenüber dem Winter erhöhte lokomotorische Aktivität der Tiere gelingt es dem Fischer zu diesem Zeitpunkt, die effektivsten Reusenfänge zu erzielen.

Die lokomotorische Aktivität vieler Süßwasserfische unserer Seen, z.B. Barsch, Schleie, Rotfeder (vgl. Siegmund, 1969), ist zwar im Juni/Juli kaum geringer als im Frühjahr, doch gehen die Reusenfänge auf ein Minimum zurück, da das Fanggeräte im wohlbekannten Wohngebiet der Fische einen Gegenstand darstellt, der zunächst gemieden, später wahrscheinlich in den Wohnraum eingegliedert wird und, nach einigen schnell nachlassenden Fängen zu Beginn der Standzeit, nicht mehr fängt.

Neben der Hauptfangzeit im Frühjahr kann man die einzelnen Fischarten zu deren Laichzeit ebenfalls sehr gut in Reusen fangen, Blei und Schleie z.B. in den Sommermonaten (*Leopold* und *Nowak*, 1964). *Wojno* (1964) lehnt allerdings z.B. den Fang des Bleies in dessen Laichzeit ab, weil er dann als Nahrung den geringsten Nutzwert besitzt.

Da die Motorik der Fische einer bestimmten täglichen Aktivitätsrhythmik unterliegt, gehen sie zu bestimmten Tageszeiten häufiger in die Reuse (*Kudrinskaja* 1966). Die Fängigkeit einer Reuse ist also, abgesehen davon, wie sie konstruiert, gebaut und wo sie gestellt wurde, auch von der zu fangenden Fischart, deren physiologischem Status und der Jahres- sowie Tageszeit abhängig.

2.4.1.1. <u>Verhalten einzelner Fischarten an Reusen</u>
2. 4.1.1.1. <u>Aal - *Anguilla anguilla* (L.)</u>

Der Aal wurde in verschiedenen Seen, hauptsächlich bei Prenzlau, Feldberg und im Stechlinsee an Reusen in den Monaten Mai bis Juli beobachtet. Er ist ein ausgesprochen dunkelaktiver (nocturnaler) Fisch. Dadurch ist seine Beobachtungen an Reusen sehr erschwert. Hinzu kommt außerdem, dass er auf Kunstlicht stark negativ phototaktisch reagiert, d.h. bei nächtlichen Beobachtungen mit Pilotlicht flüchtet er meist. Sein negativer Phototropismus macht sich häufig durch stark zurückgehende Reusenfänge in der Nähe zeitweilig beleuchteter Landungsstege oder ufernaher Straßenzüge u.a. bemerkbar, die plötzlich mit Laternen ausgestattet wurden.

So fing z. B. eine Reuse am Prenzlauer Stadtufer des Unteruckersees kaum noch Aale, als ein dicht daneben befindlicher Landungssteg eine Beleuchtung erhielt. Erst als die Lampe nachts abgeschaltet werden konnte, war damit die alte Fängigkeit der Aalreuse wieder hergestellt.

Der Aal scheint ein verhältnismäßig großes Gebiet im See zu bewohnen, bzw. für seinen Nahrungerwerb zu kontrollieren. Beispielsweise wurde ein Aal mit typisch ausgebildeten „Tiefseeaugen" während mehrerer Wochen im Juli/August 1964 in einem bestimmten Gebiet des

Stechlinsees (Sonnenbucht) nachts häufig angetroffen. Im Carwitzer See wurde bei wiederholten, Nacht für Nacht durchgeführten Tauchgängen im August 1966 ein nicht verkennbar Aal, dem ein Stück vom Schwanz fehlte, ebenfalls oft in einem größeren Areal gesehen. Dass er innerhalb seines Gebietes einen festen Ruheplatz hatte, ist wahrscheinlich.

In der Nähe von Prenzlau konnte bei Arbeiten im Ober-Uckersee im Juli 1965 ein Aal mit einer gespaltenen Lippe regelmäßig am Tage in einem Loch einer Torfbank an der dort sehr stabil abfallenden Scharkannte angetroffen werden.

Nachts schwimmt der Aal aktiv am Gewässergrund umher und steigt selbst bis in unmittelbare Ufernähe auf. Trifft er auf das Leitwehr einer Reuse, so geht er auch dann daran entlang, wenn die Maschen größer sind als sein Körperquerschnitt (Abb. 71.1.).

Nach dem Auftreffen auf das Leitwehr wendet sich der Aal wahrscheinlich in den meisten Fällen zum tieferen Wasser hin ab. Um diese Vermutung, auf der im Prinzip die ganze Fangwirkung der Reuse beruht, exakt bestätigen zu können, liegt jedoch zu wenig Beobachtungsmaterial vor.

Man kann beobachten, dass sich in der Nacht eine große Zahl teilweise kleiner, weit untermaschengroßer Aale in der Reuse aufhalten, die sie erst in der Morgendämmerung langsam verlassen, sich noch eine Weile in der Nähe aufhalten, um später ihre Schlupfwinkel aufzusuchen. Da man diese Ansammlungen mit zunehmender Standdauer der Reuse an ungesäuberten Geräten häufiger antrifft, scheint es sich nicht um ein zufälliges Hineinschwimmen zu handeln, sondern hängt eventuell mit dem Nahrungerwerb der Tiere zusammen, die zwischen dem Aufwuchs und in den gefangenen Krebsen bequeme Beute finden mögen.

Bei ruhigem Wetter fangen die Aalreusen schlechter als während stürmischer Nächte, in denen besonders dann gute Ergebnisse erzielt werden, wenn das Wasser durch starke Wellen getrübt ist und eine Strömung gegen das Leitwehr drückt. Es mag zu einer Desorientierung der Futter suchenden Tiere kommen, in deren Verlauf sie in die vielleicht sonst gemiedene Reuse schwimmen. Eventuell folgen sie auch nur dem mit der

Abb. 71.1. Ein Aal läuft in Richtung Reuse am Leitwehr entlang (Stechlinsee, August 1961).

Abb. 71.2. Hält das Leitwehr keinen oder nur ungenügenden Bodenschluss, so besitzt es für den ziehenden Aal keinerlei Richtwirkung (Stechlinsee, Mai 1967).

Abb. 71.3. Dem Aal bieten Bodenschlusslücken im Rückfang Gelegenheit, die Reuse zu verlassen (Stechlinsee, Mai 1967).

Strömung ziehenden oder driftenden Beutetieren, treffen so auf das Leitwehr und gelangen in die Reuse.

Dem Leitwehr folgend gelangt der Aal sicher in den Rückfang, ohne am Eingang umzuwenden oder zu zögern. Im Rückfang hält er sich meist sehr lange auf und verlässt ihn auch häufig wieder ohne in die Fangkammer zu laufen. Zeigt der Rückfang lückenhaften Bodenschluss fängt die Reuse keinen Aal (Abb. 71.2., 71.3.). Die locker dem Boden auffliegende untere Netzkante versucht der Aal jedoch selbst dann nicht zu passieren, wenn er im Rückfang überrascht wird und nach einem Ausweg suchend hin und her schwimmt.

Es ist die Tendenz festzustellen, dass der Aal sich lange Zeit scheut, auf das Netztuch zu gehen und durch die Kehle aufwärts in die erste Fangkammer zu wandern. Häufig liegt er minutenlang in der Kehle, ehe er in die Fangkammer schwimmt (Abb. 72.1.).

Im Gegensatz zu anderen Fischen hält er sich in der ersten Kammer nur kurze Zeit auf, sucht anfangs in den Ecken nach einem Ausweg und läuft bald durch die weiteren Kehlen bis in den Steert (letzte Fangkammer). Dort versuchen die Aale besonders in den Kehlenecken nach unten aber auch seitlich nach oben auszubrechen. Genauso häufig erfolgen die Fluchtversuche am abgebunden Steert. Für Aalreusen würde ein Netzwerk von maximal 1 m Höhe genügten, um den Aal sicher leiten zu können. Auch der Rückfang brauchte nicht höher zu sein, da nach den Beobachtungen die Tiere hier noch keinen Ausweg zur Oberfläche hin suchen.

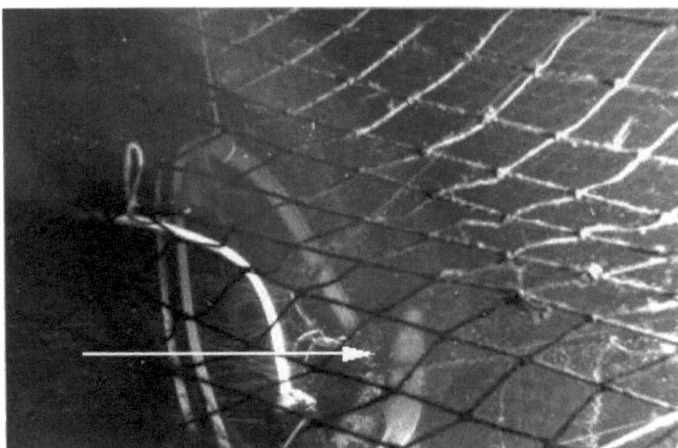

Abb. 72.1. Der Aal liegt meist mehrere Minuten in der Kehle, bevor er in die erste Kammer läuft (Unteruckersee, Juni 1961).

2. 4.1.1.2. Aktivität einiger Fischarten

Die Untersuchungen an der Schleie, *Tinca tinca* (L.), dem Blei *Abramis brama* (L.), der Güster, *Blicca björkna* (L.), der Plötze, *Rutilus rutilus* (L.) und dem Karpfen, *Cyprinus carpio* L. konnten nicht mit großem technischen Aufwand systematisch in einem See durchgeführt werden, da nicht genügend Zeit zur Verfügung stand und für die Beobachtung ein ausreichend klarer See gewählt werden musste, in dem man darauf angewiesen war, das zu beobachten, was zufällig in die Reuse lief. Viele Einzelbeobachtungen wurden in den Jahren 1966-1969 zusammengetragen, um mosaikartig ein Bild zu ergeben. Wie *Siegmund* (1969, p. 301-305) im Laborexperiment bestätigen konnte, zeigt die Schleie vorwiegend Dunkelaktivität. Blei, Güster und Karpfen gibt *Herter* (1953 p. ff.) ebenfalls als Dämmerungsfische an, zählt jedoch die Plötze zu den hell- und dämmerungsaktiven Fischen („… Arten, die hauptsächlich im Dunkeln oder Dämmerlicht aktiv sind und ihrer Nahrung nachgehen (Dämmerungsfische)…"), was Freiwasserbeobachtungen nicht bestätigen können. Sie erweist sich dort als ausgesprochen tagaktiver Fisch, genauso wie juvenile Bleie und Güstern (wahrscheinlich auch adulte Tiere außerhalb der Laichzeit), die ebenfalls nachts stets auf dem Grunde ruhend angetroffen werden können.

Die Bewegungsaktivität der diurnalen Fische ändert sich in Abhängigkeit von der Lichtintensität im Laufe des Tages; gleichzeitig ist das bewohnte Gebiet während der Aktivitätsmaxima morgens und abends am größten (*Malinin*, 1969; *Kudrinskaja*, 1966).

Bei den Beobachtungen stellte sich heraus, dass in der Laichzeit Bleie sowohl nachts (vor und nach der Dämmerung), als auch am Tage in die Reuse laufen (Mai bis Juni), während Schleien vor allem nachts gefangen werden, in den Monaten Mai bis Juni jedoch auch häufig tagsüber. Karpfen sind nachts und am Tage anzutreffen, das Beobachtungsmaterial reichte jedoch nicht aus, um eine genaue Aussage zu machen. Aktivität wurde nur von der Dämmerung bis in die Vormittagsstunden und nachmittags bis zur und während der Dunkelheit festgestellt.

2. 4.1.1.3.   Schleie - *Tinca tinca* (L.)

Trifft eine Schleie auf das Leitwehr, so läuft sie entweder in Richtung Reuse daran entlang oder sie wendet sich davon ab, schwimmt einen mehr oder weniger großen Bogen, der sie häufig aus dem Gesichtsfeld des Beobachters bringt, um erneut auf das Leitwehr zu treffen und entsprechend wieder eine der beiden Möglichkeiten zu wählen. Während das Entlangschwimmen am Leitwehr selten auf das Land zu gerichtet ist, schwimmt die Schleie nach dem Abwenden vom Netz häufig auch in Richtung Land in das Gelege

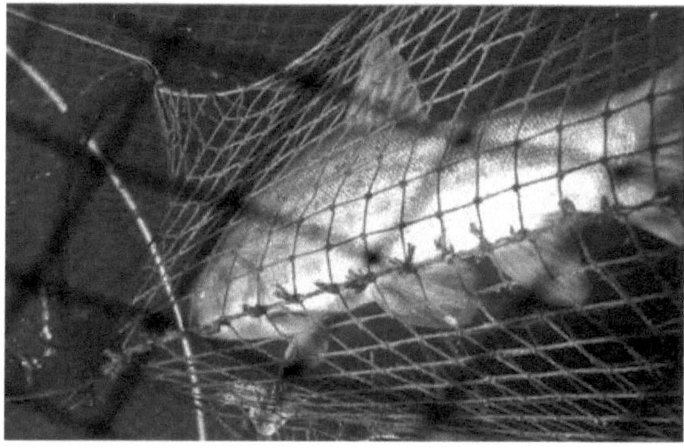

Abb. 73.1. Schleien passieren die Reusenkehlen meist rasch (Helenenssee, 6. Mai 1969, 4,25 Uhr).

zurück und es kommt nach wiederholtem Auftreffen in immer flacherem Wasser schließlich zu einem Entlangschwimmen in Richtung Reuse. Gruppen von Schleien reagieren ähnlich. Beim Auftreffen auf den Rückfang laufen die Tiere selten in die Reuse hinein, sondern sie umschwimmen entweder den Rückfang oder wenden sich ab, um ins Gelege zurück zu schwimmen. In Gruppen reagieren die Fische dabei mit Nachfolgereaktionen. Hier kann es vorkommen, dass ein Tier versehentlich den Anschluss verpasst und seinen Artgenossen sofort durch die Maschen des Rückfanges hindurch folgen will. Der Ausweg wird fast regelmäßig zunächst in den Ecken des Rückfangs gesucht. Die Tiere scheuen anfangs davor, die Reusenkehle in die erste Kammer hinein zu passieren. Nach oftmals stundenlangem Suchen finden sie entweder erfolgreich aus dem Eingang zum Rückfang heraus, oder sie passieren die Kehle der ersten Reusenkammer, die sie besonders dann, wenn der weitere Weg in die nächste Kammer durch eine zu eng gestellte Kehle schwer passierbar wird, wieder in den Rückfang hinein verlassen können, um bald auch den Weg aus dem Rückfang ins Freie zu finden oder erneut in die Kehle zu laufen. Wie wiederholte Beobachtungen zeigten, findet die Schleie, ähnlich anderen Fischen, auch bei Reusen mit normaler Kehlenstellung aus der vorletzten Kammer häufig wieder heraus.

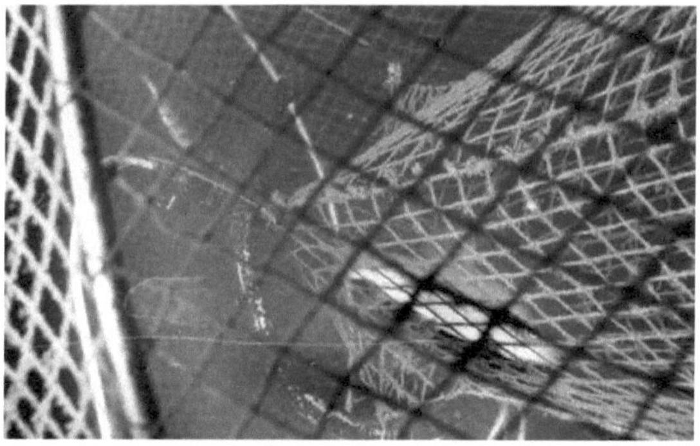

Die beim Karpfen häufig sichtbare Tendenz, sich in der Reusenkehle kurz vor der Öffnung wiederholt abzuwenden und zurück zu schwimmen, lässt die Schleie selten erkennen (Abb. 73.2.: Einzelbeobachtung einer sich in der Kehle umwendenden Schleie, die nachfolgend die Reuse verlässt.). Sind schon einige Schleien in der Reuse gefangen, so finden die nachfolgenden am Tage anscheinend schneller hinein und scheuen weniger davor, die enge Kehle zu passieren. Es kommt vor, dass

Abb. 73.2. Eine Schleie wendet sich in der Kehle um und verlässt das Fanggeräte (Helenenssee, 12. Mai 1969, 21.21 Uhr).

sich eine Schleie von außen durch das Netztuch in die Fangkammer drücken will, um zu ihren darin gefangenen Artgenossen zu gelangen (Beobachtungen im Mai und Juni). Wahrscheinlich handelt es sich hierbei um eine aus der Laichzeit resultierende gesteigerte Kontaktfreudigkeit.

Obwohl es meist sehr lange dauert, bis die Kehle angenommen wird, durchschwimmt die Schleie sie relativ schnell (Abb. 73.1.), was bei einzeln schwimmenden Karpfen in der Regel nicht der Fall ist (Abb. 74.2.). Doch diese Vermutung entstand aus wenigen Einzelbeobachtungen und bedarf der Bestätigung.

2.4.1.1.4.   Karpfen - *Cyprinus carpio* L.

Karpfen wenden sich häufig wiederholt in der Kehle um, bis sie sich zum Passieren entschließen. (In einer Beobachtung vom 12.5.1969 an einer Reuse im Helenensee unternahm ein Karpfen in der Zeit von 1:40 Uhr bis 2:58 Uhr 13 Anschwimmversuche, ehe er die Kehle passierte.) (Abbildungen 74.1., . 74.2., und 74.4.).

Nach dem Entlangschwimmen am Leitwehr ist beim Auftreffen auf den Eingang zum Rückfang eine ähnliche Scheu vor dem Passieren der Netzöffnung zu erkennen, die sich beim Einlaufen von Gruppen oft nur im Zögern der ersten Tiere zeigt, während die anderen durch Nachfolgereaktionen hinterher schwimmen, ohne an dieser Stelle zu verhalten.

Abb. 74.1. Ein in die Kehle gelaufener Karpfen lässt sich vor der engsten Stelle nieder (Foto durch einen aus der Kamera flüchtenden Barsch ausgelöst.). (Helenenssee, 12. Mai 1969, 1:40 Uhr).

Abb. 74.2. Vor der engsten Stelle wendet der Karpfen wiederholt und schwimmt zurück (Helenenssee, 12. Mai 1969, 2:30 Uhr).

Dass sich Karpfen, wie auch andere Fische in bestimmten Wohnrevieren aufhalten, lässt sich vermuten. In einem Fall konnte ein markierter Karpfen in der gleichen Reuse dreimal in Abständen von 2-3 Tagen gefangen werden. Im Stechlinsee wurde eine Gruppe von zweisömmerigen Karpfen während eines Beobachtungszeitraums von etwa sechs Wochen wiederholt im gleichen Gebiet einer Bucht am Tage angetroffen und auch beobachtet, wie sie in die Reuse lief. Es handelte sich um Tiere, die aus einem Netzhälter ausgebrochen waren. Die Karpfen wurden am 13.5.1967 von etwa 7:00 bis gegen 13:00 Uhr beobachtet. Sie waren im

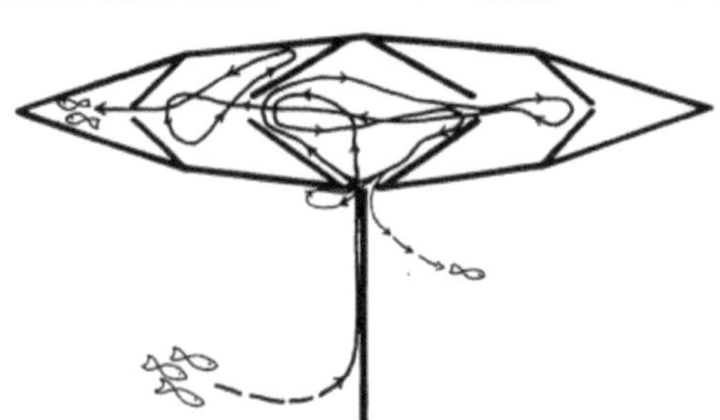

Abb. 74.3. Etwaiger Verlauf der Schwimmwege einer Gruppe von Karpfen, die am 13.5. 1967 im Stechlinsee um 7:00 Uhr in eine Reuse liefen.

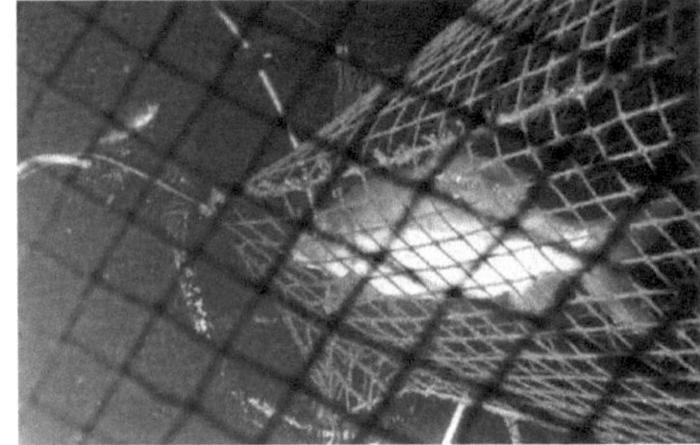

Abb. 74.4. Karpfen beim Passieren der Kehle im 13. Versuch (Helenenssee, 12. Mai 1969, 2:58 Uhr).

Gelege auf das Leitwehr getroffen und kamen in Richtung Reuse daran entlang geschwommen (Abb. 74.3.). Als lockerer Trupp zogen sie am Netz entlang und Einzeltiere versuchten hin und wieder das Netz zu durchschwimmen, ohne jedoch dabei das typische Verhalten eines Netzdurchbruchsversuches zu zeigen. Am Eingang zum Reusenvorraum ging die Gruppe nach einem, durch das Zögern der ersten Tiere verursachten kurzen Staus geschlossen hindurch (während Einzeltiere an dieser Stelle immer zögern und häufig ausweichen oder umwenden: Abb. 74.1., 74.2.). Es kam zum mehrmaligen Durchschwimmen des Doppelsackvorraumes von Kehle zu Kehle. Dabei geriet ein Teil der Gruppe aus der Reuse hinaus, versuchte aber erfolgreich den Anschluss nach innen zur Hauptgruppe wieder herzustellen. Die Tiere gingen geschlossen in die rechte erste Kammer. Einzeltiere fanden den Ausgang durch die Kehle entgegen der Fangrichtung und verließen die Kammer wieder. Aus dem Reusenvorraum fanden einzelne Karpfen am Leitwehr hinaus und verließen das Fanggerät, andere flüchteten aus der rechten ersten Reusenkammer, passierten den Vorraum und gelangten durch die Kehle in die linke Kammer. Dort hielten sie sich, einen Ausweg suchend, eine Zeitlang auf und gelangten schließlich in die Endkammer, (Steert), aus der sie nicht mehr zurück konnten, da die Kehle sehr eng war. Aus der rechten ersten Kammer waren die Tiere nach längerem Suchen deshalb durch die Kehle zurückgelaufen, weil sie sich nur mit Mühe durch die sehr enge Kehle in den Steert hätten zwängen können diese Kehle war infolge einer Beschädigung der Reuse stark zusammengeschlagen. Obwohl sich der gesamte Karpfentrupp schon in der ersten Reusenkammer befunden hatte, war etwa ein Drittel bis die Hälfte der Tiere wieder hinausgelaufen. Die Flucht aus der Reuse erfolgte nicht geschlossen, sondern die Karpfen schwammen einzeln oder in Trupps zu zweit oder zu dritt hinaus und müssen sich danach wieder zusammengefunden haben; denn die reduzierte Gruppe konnte später wiederholt gesehen werden, ohne jedoch im Beobachtungszeitraums nochmals in eine der kontrollierten Reusen zu laufen, bzw. darin gefangen zu werden.

2.4.1.1.5.   Blei - *Abramis brama* (L.) und Güster - *Blicca björkna* (L.)

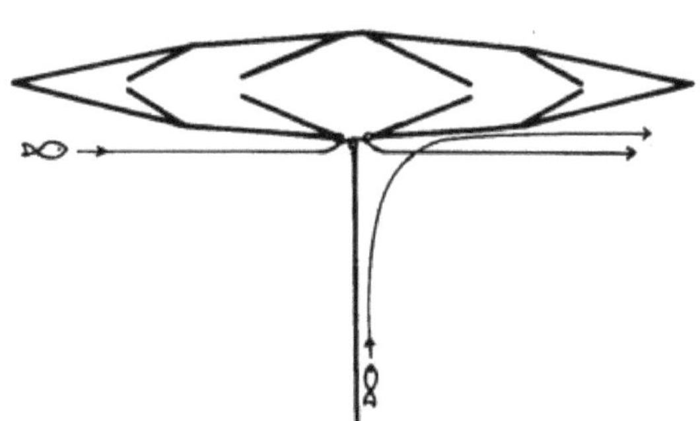

Während *Schiemenz* (1921) angibt, der Blei gehöre zu den Fischen, die häufig ihren Aufenthaltsort wechseln, beschreibt *Malinin* (1969) in einer Arbeit, die sich unter anderem speziell mit den Lebensräumen der Süßwasserfische beschäftigt, *Abramis brama* als einen Fisch, der lokale Gruppen bildet, die bestimmte Weide-, Laich- und Überwinterungsplätze aufsuchen. Im Stechlinsee habe ich mit großer Sicherheit im Juli/August täglich in der Mittagszeit eine etwa zehn Tiere zählende Gruppe großer Bleie an ei-

Abb. 75.1. Schwimmwege von Bleien an einer Doppelreuse.

ner bestimmten Stelle im Gelege stehen sehen können. Selbst in den darauf folgenden Jahren (Anfang der sechziger Jahre) war an der gleichen Stelle eine ähnlich große Gruppe zu finden, wobei sich natürlich nicht feststellen ließ, ob es die gleichen Tiere waren. Für eine sehr strenge Standorttreue mittelgroßer Bleie und Güstern sprechen auch Beobachtungen an typisch netzbeschädigten Tieren (abgestoßene Nasen, Marken der Maschenstecker), die sich in der Nähe von Reusen aufhalten, häufig hineinschwimmen, um bald darauf wieder herauszukommen. Juvenile Bleie und ältere Tiere außerhalb der Laichzeit scheinen also in den verschiedenen Aufenthaltsgebieten sehr standorttreu zu sein, doch auch im gleichen Gebiet, vor und während der Laichzeit, halten sie im Wasser bestimmte Wege ein, von denen sie mehr oder weniger stark abweichen. Dabei wird die Reuse so in das Wohngebiet einbezogen, dass die Tiere häufig unmittelbar am Fanggeräte entlang ziehen. Die Beobachtungen zeigten, dass diese älteren Tiere meist geschickt den Eingängen der Reuse ausweichen und einzeln oder in Gruppen daran vorbeischwimmen (Abb. 75.1.).

Abb. 76.1. Ein Blei sucht das Netztuch zu durchbrechen. Obwohl das Netz (links oben nach vorne hin) nicht sicher an der Oberfläche abschließt, flieht der Blei nicht durch diese geringe Lücke (Stechlinsee, 11.5.1967, 18:00 Uhr).

Abb. 76.2. Ein Blei schwimmt durch die Kehle in die erste Fangkammer (Stechlinsee, 11.5.1967, gegen 8:30 Uhr).

Abb. 76.3. Der Blei verlässt die erste Fangkammer durch die Kehle entgegengesetzt der Fangrichtung (Stechlinsee, 11.5.67, zwischen 7:30 und 8:00 Uhr).

Abb. 76.4. Ein Blei verlässt die Reuse nicht durch die leicht geöffnete Kehle, sondern sucht in den Ecken nach einem Ausweg.

Äußerst selten passieren größere Gruppen den Eingang, wenn sie am Leitwehr entlangschwimmend auf die Reuse treffen. Meist sind es Einzeltiere einer Gruppe, die in die Vorkammer oder den Rückfang geraten und rein versehentlich dadurch abgesprengt wurden, weil sie zu weit an der Peripherie schwammen und dann sofort durch das Netztuch nach außen den Anschluss an die Gruppe wieder herstellen wollten. Auch einzeln schwimmende Bleie verirren sich leichter in die Reuse. Im Rückfang können sie stundenlang nach einem Ausweg suchen, ohne durch die Kehle in die erste Kammer zu wechseln (Abb. 76.1., 76.2.). Obwohl sie meist in den Ecken des Rückfangs suchen, gelingt es ihnen noch verhältnismäßig oft, schnell wieder am Leitwehr nach außen zu entweichen. Schließt das Netz des Rückfangs nicht mit der Wasseroberfläche ab, so flüchten die Tiere häufig durch die hier auftretenden Lücken. Selbst aus der ersten Kammer entweichen immer wieder Bleie, indem sie die Kehle von innen, entgegengesetzt der Fangrichtung passieren (Abb. 76.3.). Oft kann man je doch auch beobachten, wie sie sich scheuen, gegen die auf sie zu gerichtete Kehlenöffnung zu schwimmen und davor wiederholt ausweichen (Abb. 76.4..).

Schwimmen mehrere Blei zusammen in der ersten Kammer (Abb. 77.4.), So kann es zu einer Nachfolge Reaktionen kommen, wenn es einem Tier gelingt, die Kehle zu passieren. Häufig verlassen die in der Reuse befindlichen Tiere einzeln eine Kammer (Abb. 76.3.). Die Schwimmrichtung kann dabei in die folgende Fangkammer oder auch entgegengesetzt der

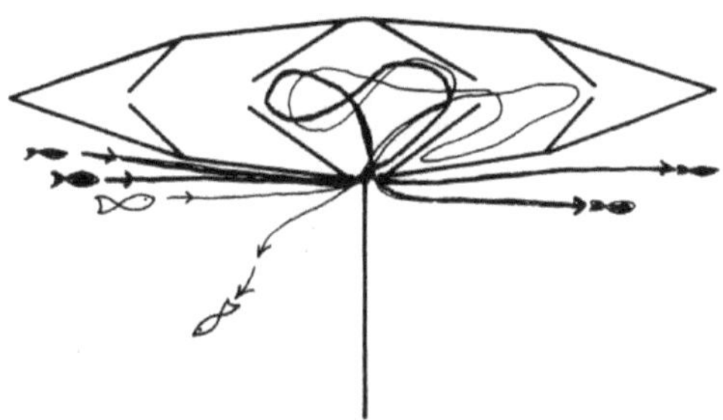

Abb. 77.3. Trupps mittelgroßer Bleie mit Güstern untermischt schwimmen durch eine Reuse (Stechlinsee am 12.5.1967).

Abb. 77.4. Mit Bleien, Güstern, Plötzen und Rotfedern besetzte Reuse (Mai, 1967, Stechlinsee).

Fangrichtung nach außen verlaufen.

Ein Beobachtungsprotokoll vom 12.5.1967, in der Zeit von 17 bis 19:00 Uhr aus dem Stechlinsee gibt die Reaktionen mittelgroßer Bleie an einer Reuse wieder (Abb. 77.3.): „Trupps mittelgroßer Bleie mit Güstern untermischt kommen an der Reuse entlang, treffen auf die Lücke zwischen Leitwehr und Reuse (Reuseneingang). Der größte Teil schwimmt sofort auf der anderen Seite hinaus (mittelstarker Pfeil). Etwa ein Drittel geht hinein (starker Pfeil), schwimmt 2-3 Mal hin und her, wobei jedes Mal einige Tiere aus dem Netz hinaus finden. Immer wieder wenden sie sich vor der Kehle ab. In einem Fall blieb ein Blei allein im Reusenvorraum, fand von Kehle zu Kehle schwimmend den Ausgang zunächst nicht wieder und ging in die erste Kammer rechts (schwacher Pfeil), die er etwa 10 min später wieder verließ und anschließend sofort aus dem Reusenvorraum hinauslief. Immer wieder schwimmen Gruppen mittelgroßer Bleie in die Reuse und verlassen sie sofort oder bald darauf wieder oder sie schwimmen vorn am Leitwehr vorbei, als würden sie die Verhältnisse gut kennen."

In den zeitigen Morgenstunden (Mai/Juni) setzt die Aktivität der Bleie etwa um 3:00 Uhr ein, flaut gegen Mittag ab und hält bis zur Dämmerung an. Dabei konnte durch die Feldbeobachtungen nicht festgestellt werden, ob und zu welchen Zeiten die Tiere nachts aktiv sind. Häufig befanden sich bei den letzten Beobachtungen abends, kurz vor dem Dunkelwerden kaum Bleie in den Fangkammer der Reuse und morgens, als die Beobachtung nach dem Hellwerden wieder aufgenommen wurden, war die Reuse besetzt. Wahrscheinlich waren die Tiere bald nach Einbruch der Dunkelheit oder vor der Morgendämmerung in die Reuse gelaufen. Vereinzelt waren während dieser Zeiten Bleie im Schein der Pilotlampe an der Gelegekante gesichtet worden. Beim Auftreffen auf das Leitwehr oder Einlaufen in die Reuse konnten die Tiere nicht beobachtet werden.

Junge Bleie und Güstern ziehen oft in Gruppen am Leitwehr entlang in den Rückfang hinein und verlassen ihn häufig nach einigem Umherschwimmen wieder.

Der Doppelsack erweist sich zum Fang der Bleie und auch anderer Fischer als besonders ungünstig, da nach den Beobachtungen die in den Vorraum gelangten Tiere fast stets bald wieder hinaus ins freie Wasser schwimmen. Häufig ziehen sie einige Male von Kehle zu Kehle, ohne sie in Richtung Fangkammer zu passieren und verlassen die Reuse. Je größer die Tiere sind, desto schneller wird dabei die Schwimmgeschwindigkeit und auch der Abstand, in dem sie vor den Kehlen wenden, vergrößert sich. In den Reusen mit Rückfangkammern wenden manchmal kleine Gruppen gleich nachdem sie hinein geschwommen sind vor der Kehle und verlassen die Reuse sofort wieder.

Bleie und Güstern verlassen auffallend häufiger Rückfang oder Vorfangkammer als Rotfedern oder Plötzen.

2. 4.1.1.6. Plötze - *Rutilus rutilus* (L.)

Junge Plötzen halten sich oft zusammen mit Barschen und anderen Fischen an Reusen im großen Trupp auf. Die untermaschengroßen Tiere (Körperquerschnitt kleiner als offen stehende Maschen) passieren selten die Maschen (Abb. 78.1. und 78.2.). Die Plötzen laufen häufiger durch die Maschen, Barsche dagegen kaum. Meist werden die Kehlen als Ein- und Ausgänge benutzt. Interessant ist, dass diese Jungfische bei bedecktem Himmel meist lethargisch um herschwimmen und aktiv werden, sowie die Sonne durch die Wolken bricht. *Poddubny* (1967) stellte bei Untersuchungen von Fischen in Stauseen ebenfalls fest, dass deren Bewegungsaktivität an wolkenlosen Tagen besonders hoch ist. Häufig ziehen die Fische in lockeren Gruppen am Netz entlang und beknabbern den Aufwuchs. Sie wechseln aus eigenem Antrieb sehr selten durch die Maschen (Abb. 78.2.). Werden sie von anderen gejagt oder geraten sie in Bedrängnis, schwimmen sie häufiger hindurch. Treffen sie einzeln auf das Netz, weichen sie meist aus und schwimmen daran entlang oder zurück.

Abb. 78.1. Jungfische (Barsche und Plötzen) stehen am Netz. Im Vordergrund wechselt eine Plötze durch die Maschen (Stechlinsee am 9.5.1967, 17 bis 18:00 Uhr).

Trifft ein großer Schwarm auf das Leitwehr, so ändern die meisten Tiere die Schwimmrichtung und ziehen geschlossen am Netz entlang, wenige wandern durch die Maschen, es kommt vor, dass sie hindurch laufen und wieder zurück schwimmen, um erneut Anschluss an ihren

Abb.78.2. Standorttreue Jungbarscher an einer Reuse. Sie wechseln nur äußerst selten durch die Maschen. (Stechlinsee Mai.1967).

Abb. 78.3. Untermaschige Jungfische (im Bildbeispiel Barsche) neigen nicht dazu, die Maschen zu passieren, sondern um- oder überschwemmen das Netz. (Stechlinsee 5. Mai 1967).

Schwarm zu erhalten. Dabei ist der Schwarmzusammenhalt nicht mit dem der echten Schwarmfische zu vergleichen, denn der Schwarm spaltet sich sehr leicht auf, wenn z. B. ein Teil der Fische bei untergetauchtem Leitwehr in ihrer Schwimmrichtung so läuft, dass sie darüber hinweg schwimmen, versuchen sie nicht wieder Anschluss an den zurückgebliebenen Hauptteil zu finden. Treffen größere Plötzen auf das Leitwehr, so versuchen sie nicht, nach oben oder unten auszuweichen, sondern schwimmen am Wehr meist in Richtung Reuse entlang, ohne dabei Netzberührung aufzunehmen. Ganz selten schwimmen die am Leitwehr entlang kommenden Plötzen in den Rückfang ein, gewöhnlich kehren sie davor um und laufen in Richtung Ufer zurück, nur manchmal umgehen sie den Rückfang und die Reuse zum tieferen Wasser hin.

Steht die Reuse schon länger und ist somit von den Fischen in das Wohngebiet einbezogen worden, so bilden sich z. B regelrechte Schwimmwege am Leitwehr aus. Stellen, an denen das Netztuch mit der Oberfläche keinen Kontakt hat, locker durchhängt und somit Lücken bildet, werden von den Plötzen regelmäßig passiert (Abb. 78.3.).

Die Häufigkeit dieser Passagen nimmt mit der zunehmenden Körpergröße der Plötzen ab. Nach *Malinin* (1969) ist das Wohngebiet der älteren Tiere durch Dominanz über die jüngeren größer. Dadurch besitzen sie möglicherweise eine schlechtere Detailortskenntnis als die nur in einem kleinen Areal lebenden jüngeren Tiere. Es ist vielleicht in gleichem Sinne erklärbar, dass kleine Plötzen auffällig leichter aus der Reusenkehle wieder hinaus finden als größere. Die gute Detailortskenntnis der Jungtiere zeichnet sich zum Beispiel auch dadurch aus, dass untermaschengroße Tiere in Gruppen am Leitwehr entlang schwimmen und nicht durch die Maschen wechseln, um auf die andere Seite zu gelangen, sondern bis in den Rückfang laufen, dort das Ende des Leitwehrs umgehen und auf der anderen Seite des Wehres zurück schwimmen. Häufig gehen Gruppen von Jungtieren entlang des Leitwehrs in die Reuse hinein und schwimmen nach mehr oder weniger langem Aufenthalt wieder zielgerichtet durch die Eingangsöffnung hinaus.

Ältere Tiere scheuen sich schon davor, in den Rückfang zu laufen und haben sie endlich die Öffnung passiert, so gehen sie erst nach sehr langem Zögern durch die Kehle in die Reusenkammer. Durch Nachfolgereaktion kann eine einzelne Plötze eine Gruppe von Tieren veranlassen, die Kehle zu passieren (Abb. 79.2.). Wiederholt wurde dabei beobachtet, dass Barsche Plötzen folgten. Der umgekehrte Fall konnte nicht festgestellt werden, ist aber nicht auszuschließen, da beide Arten zumindest als halbwüchsige Tiere in gemischten Gruppen schwimmen.

Nach dem Passieren der Kehle wenden sich die Tiere meist sofort nach innen und schwimmen in den Ecken gegen das Netztuch, um einen Ausweg zu suchen (Abb. 79.1.).

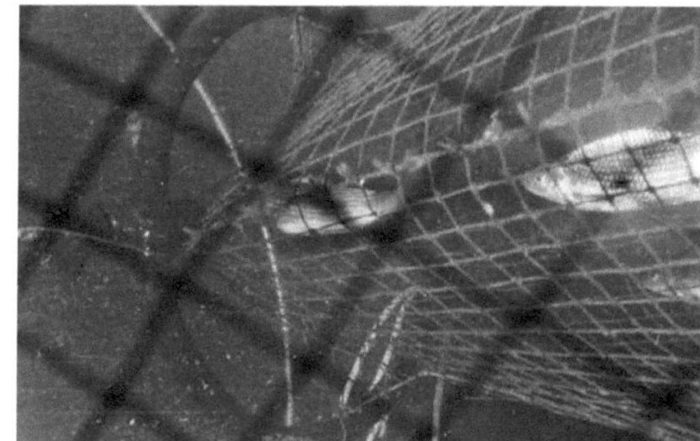

Abb. 79.2. Nachfolgereaktionen von Plötzen durch die Kehle (Helenensee, 5.5.1969, 5:48 Uhr).

Abb. 79.1. In den Ecken der Reusenkehlen suchen die gefangenen Fische zunächst einen Ausweg.

Das Herausfinden aus der Reuse, gegen die Fangrichtung der Kehle besitzt, außer bei ortstreuen Jungtieren, Zufallscharakter und ist nicht zielgerichtet (Abb. 80.1.).

Die Plötzen kontrollieren unentwegt die Maschen, versuchen hindurch zu schwimmen und

Abb. 80.1. Eine Plötze verlässt die Reusenkamer durch die Kehle entgegengesetzt der Fangrichtung (Helenensee, 14.5.1969, 6:19 Uhr).

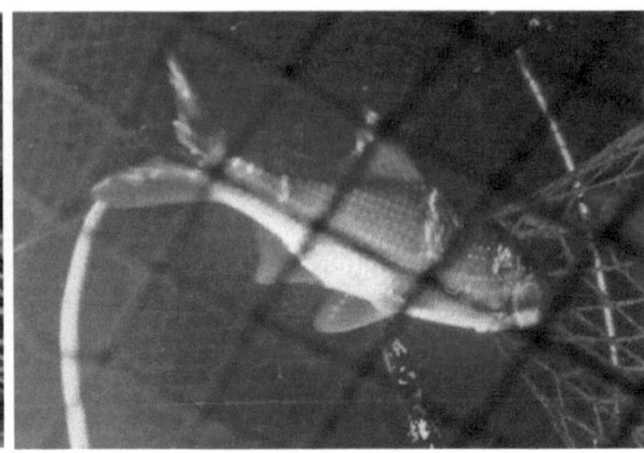

Abb. 80.2. Stark bestoßene Plötze in der ersten Fangkammer einer Reuse (Helenensee, Mai 1969).

und beschädigte Flossen. Mitunter gelingt es etwas

Abb. 80.3. Aufgemaschte Plötze mit doppeltem Netzmaschen-Mal Stechlinsee, 9.5.1967).

haben nach kurzer Zeit abgestoßene Mäuler kleineren Tieren, sich in eine Masche hinein zu zwängen, aus der sie nicht wieder herauskommen. Löst man einen frischen Netzstecker aus der Masche, so schießt das soeben befreite Tier oft sofort wieder ins Netz, um den Durchbruch an einer anderen Stelle zu versuchen. Sitzt die Plötze schon längere Zeit fest und ist somit schon stärker beschädigt, kann es geschehen, dass sie das Netztuch ängstlich meidet und nicht einmal mehr von einer Fangkammer durch die geöffnete Kehle in die nächste schwimmt (Abb. 80.2. zeigt eine bestoßene Plötze, die sich sechs Tage in der ersten Kammer aufhielt, ohne durch die gut passierbare Kehle weiter zu laufen und danach aus der Reuse entfernt wurde).

Leich beschädigte Tiere, die durch Netz-Maschen-Male gut als ehemalige Netzstecker erkennbar sind, schwimmen ortstreu in der Reusenumgebung umher, passieren sogar die Kehlen in beiden Richtungen und versuchen in seltenen Fällen auch wieder durch die Maschen zu schwimmen, um so erneut gemascht zu werden (Abb. 80.3.).

2. 4.1.1.7. Hecht - *Esox lucius* L.

Abb. 80.4.

Abb. 80.5.

Der Hecht, *Esox lucius* L., Ist ein diurnaler Fisch und unterscheidet sich von den 5 vorher erwähnten Arten besonders dadurch, dass er zu den Raubfischen gehört. Er ist ein „umherstreifender Lauerer". Langsam durchschwimmt er sein Revier, an besonders günstigen Stellen hält er sich eine Zeitlang auf und lauert auf Beutefische. Wie die anderen Fische, so trifft er ebenfalls durch Entlangschwimmen am Leitwehr auf die Reuse. Er schwimmt sehr langsam am Netztuch entlang, verharrt sehr oft an einer Stelle, häufig sieht man ihn Fischen schlagen. Bei ungenügendem Bodenschluss oder untergetauchter Oberleine passiert er das Leitwehr an diesen Stellen, manchmal von einer Seite auf die andere wechselnd (Abb. 80.4.)

Er zeigt keine Scheu, in den Rückfang der Reuse bis weit in die 1. Kehle zu laufen und findet häufig nach einiger Zeit auch wieder hinaus (Abb. 80.5.). Bei schlecht gestellten Reusen verlässt er vor allem durch Bodenlücken und über der untergetauchten Oberleine den

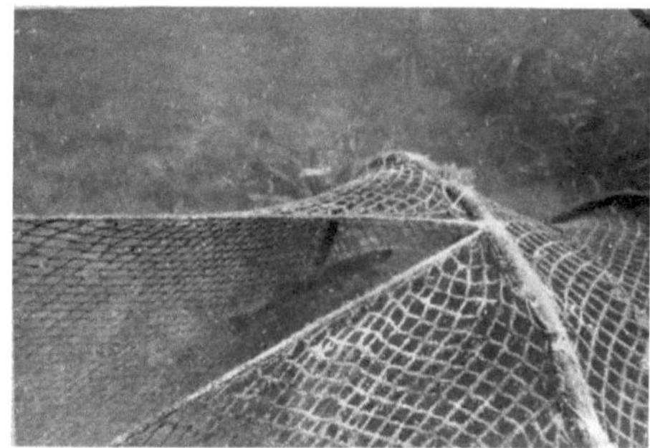

Abb. 81.1.

Rückfang, allerdings kommt es auch häufig vor, dass er an diesen Stellen in die Reuse hineinschwimmt (Abb. 81.1.). Oft steht er lauernd im Rückfang und schlägt Beutefische (Abb. 81.2., 81.3., 81.4.)

Abb. 81.3. Ein Hecht schlägt im Rückfang einer Reuse einen Beutefisch (Stechlinsee, 5.5.1967).

Wie auch an anderen Netzteilen bevorzugen größere Hechte dabei den Bereich in unmittelbarer Bodennähe, während Jungtiere häufig in dem Boden fernere Wasserschichten dicht am Netztuch aufsteigen, um auf Beute zu lauern (Abb. 81.4.).

Wiederholt konnte der Hecht beim Beutefang beobachtet werden. Es kommt vor, dass er beim Zustoßen ins Netz gerät und darin hängen bleibt. Mitunter verstrickt er sich durch den Befreiungsversuch so, dass es sich nicht mehr von den Maschen befreien kann, manchmal

Abb. 81.4. Ein Junghecht lauert dicht am Netztuch im Rückfang auf Beute. Bodennähe wird gemieden (Stechlinsee. 9.5.1967).

kommt er nach kurzem Kampf mit dem Netztuch frei, sieht das Netz in seiner unmittelbaren Umgebung erneut, schießt wieder hinein und hängt fest. Durch Zustoßen auf einen Beutefische an der Außenseite des Reusensackes ging ein kleiner Hecht so ins Netz, dass er von außen mit dem Kopf nach innen im Sack steckte. Bei Netzsteckern, die man häufig am Leitwehr oder im Rückfang findet, wird es sich in den meisten Fällen um Hechte handeln, die beim Beutegreifen in die Maschen gerieten. Wie die Beobachtungen zeigten, versucht der Hecht niemals unmotiviert, das Netztuch zu durchschwimmen, wenn er es wahrnimmt und selbst vor dem Taucher flüchtend, richtete er seinen Weg immer dicht am Netz entlang und versucht nicht, es zu durchbrechen. Findet er keinen Ausweg aus dem Rückfang, so findet er schließlich durch die Kehle in die Fangkammer (Abb. 82.1.).

Die Kehle wird allerdings noch häufig in Reusen passiert, deren Rückfang verschiedene Fluchtmöglichkeiten besitzt.

Es scheint sich beim Passieren der ersten Kehle häufig noch nicht um ein Fluchtverhalten zu handeln.

Abb. 82.1. Hecht beim Passieren der Kehle in Fangrichtung (Helenensee, 6.5.1969, 9:10 Uhr).

In der Fangkammer sucht der Hecht besonders aktiv in den Ecken nach einer Ausbruchsmöglichkeit und zwängt sich meist schneller als andere Fische durch die Kehlen bis in die letzte Kammer. Es konnte in keinem Fall beobachtet werden, dass er durch die Kehle die Fangkammer entgegengesetzt der Fahrtrichtung erfolgreich verlässt, was bei vielen anderen Fischen häufig festgestellt wurde.

2.4.1.1.8. Barsch - *Perca fluviatilis* L.

Der Flussbarsch, *Perca fluviatilis* L., zeichnet sich durch einen starken Geselligkeitstrieb aus. In der Jugend neigt er zu Schwarmbildung (auch adulte Tiere jagen z. B. oft in großen Schwärmen). Wenn *Nalbant* et al. (1963) davon sprechen, dass junge Barsche im Gegensatz zu anderen (echten Schwarmfischen) kleinere Verbände bilden, so stimmt das grundsätzlich mit den eigenen Beobachtungen überein. Dass von *Perca fluviatilis* jedoch nur 5-15 Individuen in Gruppen zusammenfinden, trifft in unseren Gewässern nur für stark bewachsene Flachwassergebiete zu. Schon an Reusen, die oft Sammelpunkt für Jungfische darstellen, begegnet man Trupps mit weitaus mehr Mitgliedern (Abb. 82.2., 78.2.). Bei Wassertiefen von 5-10 m und darüber können sehr große Barschverbände auftreten, die mehrere Hundert Fische zählen. Schwärme des nahe verwandten *Perca flavescens* beobachteten auch *Hergenrader* und *Hasler* (1966) in nordamerikanischen Seen.

Junge Barsche sind an unserem Reusen wohl allgegenwärtig und auch erwachsene Tiere kann man sehr häufig beobachten. In den Jahren 1966-1968 konnten vom April bis Juli viele Beobachtungen über das Verhalten von Barschen an Reusen durchgeführt werden. 1969 wurde im April/Mai an einer Reuse im Helenensee bei Frankfurt/Oder fast ausschließlich Barsche beobachtet. Jungbarsche bilden lockere Schwärme, verhalten sich ähnlich wie junge Plötzen und kommen mit ihnen

Abb. 82.2. Standorttreuer Jungbarschverband an einer Reuse (Stechlinsee, Mai 1967).

Abb. 82.3. Zwei untermaschengroße Barsche passieren die Reusenkehle entgegengesetzt der Fangrichtung (Helenensee, 8.5.1969, 8:38 Uhr).

vermischt vor. Am Leitwehr neigen sie noch weniger als Plötzen dazu, durch die Maschen zu gehen (Abb. 78.1., 78.2., 78.3.). Häufig kann man beobachten, wie Schwärme oder einzelne junge Barsche das Ende des Leitwehrs umschwimmen, um auf die andere Seite zu gelangen und kein Tier, trotz erheblicher Untermaschengröße die Netzmaschen passiert, um den Weg abzukürzen.

Bei geschlossenen Bügelreusen gehen sie durch die Maschen, um in den Innenraum zu gelangen, vom Rückfang in die erste Kammer und umgekehrt. Von einer Reusenkammer in die andere bevorzugen sie in beiden Richtungen jedoch den Weg durch die Kehle (Abb. 82.3.).

Ältere Barsche sieht man sehr selten einen Durchbruchsversuch durch die Maschen wagen. Bei einer im April frisch gestellten Reuse brauchten die Tiere etwa ein bis drei Tage, um die Scheu vor dem neuen Fanggeräte in ihrem Wohnbereich zu überwinden. Danach kann man mit guten Barschfängen rechnen. Die im April/Mai mit der Erwärmung des Wassers bald auch beginnende Laichzeit, lässt besonders viele Barsche über Mittag in die Reuse laufen (Abb. 83.1.). Sie treffen während der Hauptlaichzeit, teilweise in Trupps den Weibchen nachschwimmend, auf das Leitwehr und laufen an ihm entlang, oftmals ohne

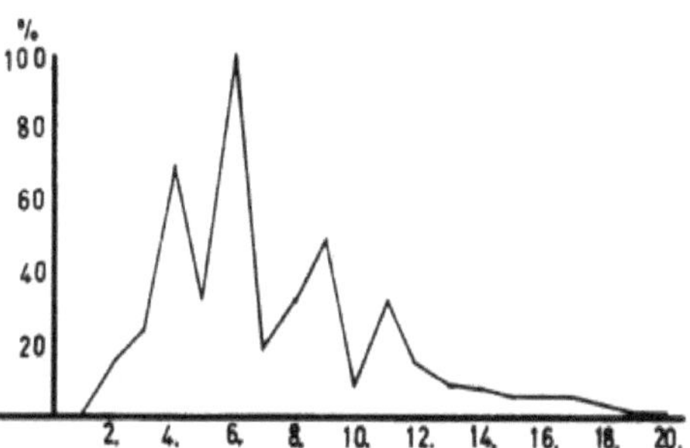

Abb. 83.1. Reusen-Passagen um die Mittagszeit des 1. bis 20.5.1969 von 11:00 - 13:00 Uhr im Helenensee((99 Passagen = 100 %).

Abb. 83.2. während der Laichzeit kommt es zu Massenpassagen,wenn mehrere Männchen einem Barschweibchen folgen (Helenensee, 4.5.1969, 4:27 Uhr).

Abb. 83.3. Ein großer Barsch passiert die Kehle in Fangrichtung (Helenensee, 15..5.1969, 5:30 Uhr).

Verhalten durch den Rückfang bis in die

Abb. 83.4. Ein einzelner Barsch verlässt die Fangkammer durch die Kehle (Helenensee, 14..5.1969, 18:40 Uhr).

Abb. 83.5 Ein Barsch (verdeckt) macht einen gefangenen Artgenossen auf den Ausgang durch die Kehle aufmerksam (Helenensee, 13..5.1969.

erste Kammer hinein (Abbildung 83.2.). Einzelne Fische zögern meist beim Auftreffen auf den Eingang zum Rückfang und nehmen auch die Kehle erst nach mehrmaligem Umherschwimmen an, um in die erste Fangkammer zu gelangen. In den ersten Tagen verlassen äußerst wenige Tiere die Reuse, nachdem sie einmal die Kehle in Fangrichtung passiert haben (Abb. 83.3.). Mit dem Abklingen der Laichzeit wird die Reuse zunehmend in den Wohnbereich der Barsche eingegliedert und die Schwimmwege werden den Tieren immer mehr vertraut, so dass viele hinein und hinaus schwimmen, ohne gefangen zu werden (Abb. 84.3., 83.4., 83.5., 84.1., 84.2., 84.3.).

Obwohl einmal aus dem Sack genommene und gekennzeichnete Barsche in der näheren Umgebung der Reuse immer wieder angetroffen werden, gingen sie sehr selten wiederholt in das Fanggeräte. Ende Mai kommt es zu einem starken Nachlassen der Fangergebnisse. Schon *Schiemenz* (1946) wies auf die Reviertreue der Barsche hin und stellte fest, dass es sehr lange dauert, bis vom Barsch entvölkerte Gebiete neu besiedelt werden.

Das Nachlassen der Fangergebnisse bei Reusen nach einer gewissen Standzeit kann jedoch nicht mit der Entvölkerung des Gebietes zusammenhängen, denn rein subjektiv stellt man kein Nachlassen der Fischbestände in näherer und weiterer Umgebung der Reuse fest. Bei den

Abb. 84.1. Eine Plötze verlässt die Fangkammer durch die Kehle und veranlasst einen Barsch zur Nachfolgereaktion (Helenensee, 14..5.1969, 18:40).

Abb. 84.2. Gleichzeitig in beide Richtungen durch die Kehle wechselnde Barsch. Ganz rechts schwimmt ein Barsch aus der Kehle hinaus (Helenensee, 14..5.1969, 10:20 Uhr).

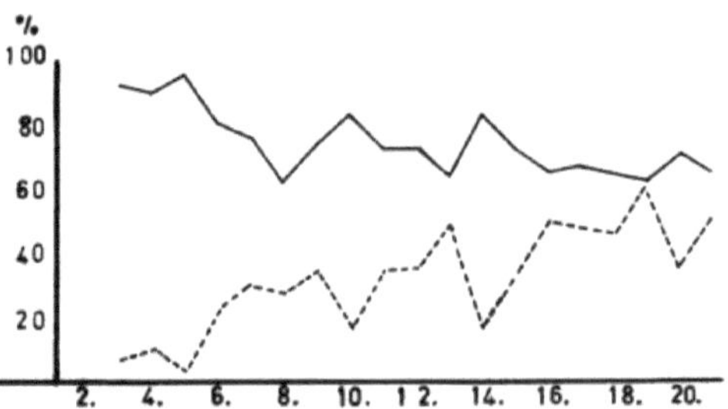

Abb. 84.3 Relationen der Kehlenpassagen in Fangrichtung zur Gesamtaktivität des Tages in Prozent (durchgehende Linie) gegenüber der Relation der Kehlenpassagen entgegengesetzt der Fangrichtung zu den Kehlenpassagen in Fangrichtung des Tages in der Zeit vom 3. - 21. 5. 1969 in Prozent (unterbrochene Linie).

Beobachtungen im Helenensee (April/Mai, 1969) wurden die gefangenen Fische aus der Reuse genommen, markiert und wieder ausgesetzt. Obwohl man sie häufig in der Umgebung der Reuse sichten konnte, ließ der Fangertrag dennoch wie gewohnt nach. Selbst wenn die Reuse an einen anderen Platz gestellt wird, steigen die Fangergebnisse nach 2-3 Tagen zwar wieder an, doch sie stehen in keinem Verhältnis zu den Fangergebnissen am Anfang der Saison und fallen nach wenigen Tagen rasch wieder ab.

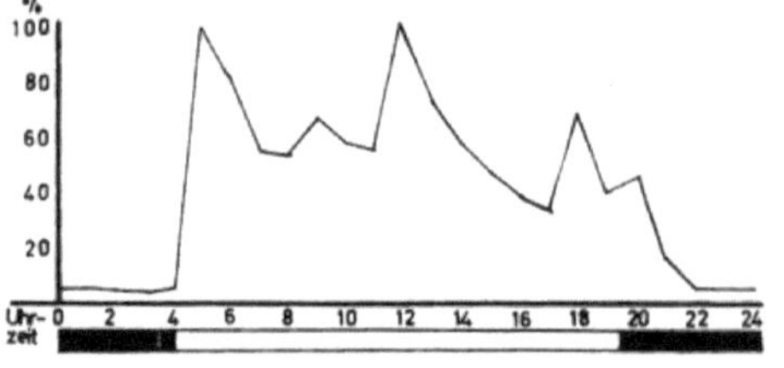

Abb. 85.3. Tagesaktivität von *Perca fluviatilis* L. In der Zeit vom 29.4. - 6.5.1969 an einer Reuse im Helenensee bei Frankfurt/Oder. Die auffällige Spitze um die Mittagszeit lässt sich durch die erhöhte Laichzeitaktivität erklären. (120 Passagen = 100 %).

Beim Einlaufen in die Reuse lassen die Barsche eine klare diurnale Rhythmik erkennen (Abb. 84.3. bis 85.2.), wie die bei Aquarienexperimenten gewonnenen Ergebnisse von *Siegmund* (1969) bestätigten und die in ähnlicher Form auch *Keast & Welsh* (1968) bei *Perca flavescens* in vergleichbarer Form nachwiesen. Selbst während der stark herabgesetzten Aktivität im Winter, konnten *Hergenrader* & Hasler (1966) eine entsprechende diurnale Rhythmik bei *Perca flavescens* feststellen. Im Unterschied zu den Aquarienversuchen ließ sich jedoch bei den Feldbeobachtungen im Helenensee immer etwa 3 h nach der morgendlichen Hauptspitze eine Nebenaktivität erkennen, die in den Tagesaktivitätskurven von *Siegmund* ähnlich nur im Juli auftritt.

Entsprechend den Beobachtungen an Jungfischen (vgl. 2.4.1.1.6., p. 78) scheint die Aktivität der Barsche allgemein sehr stark von der Lichtintensität abzuhängen. Dazu wurden die Passagen der Barsche an einer Reusenkehle in der Zeit vom 1. bis zum 16.5.1969 ausgewertet.

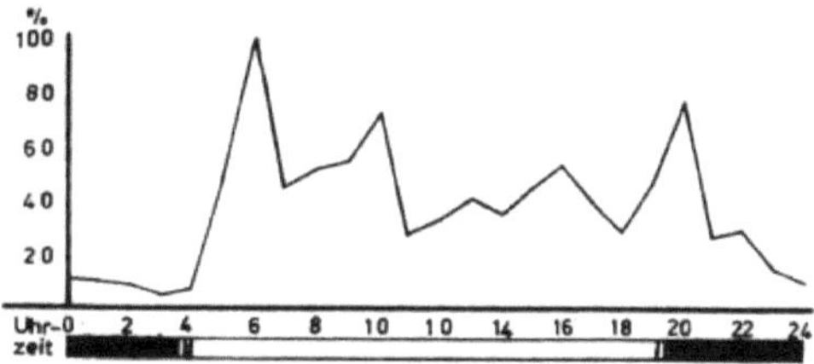

Abb. 85.1. Tagesaktivität von *Perca fluviatilis* L. In der Zeit vom 9. - 18.5.1969. (128 Passagen = 100 %).

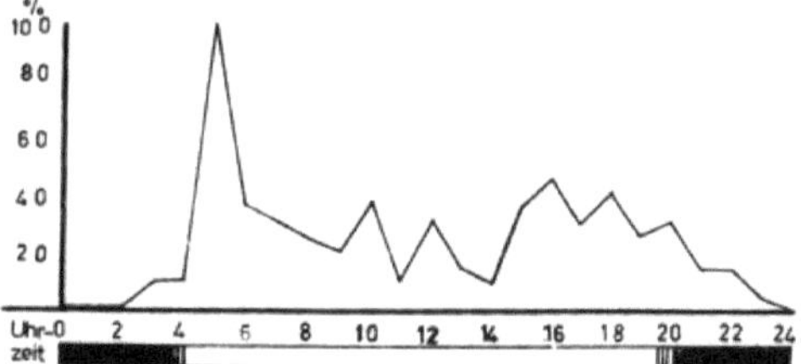

Abb. 85.2. Tagesaktivität von *Perca fluviatilis* L. In der Zeit vom 19. - 28.5.1969. (19 Passagen = 100 %). Die geringe Zahl der täglichen Fischpassagen erklärt den unregelmäßigen Verlauf der Kurve.

Uhrzeit	2 -3	3 -4	4- 5	5- 6	6 -7	7 -8	8 -9	Datum
8 Tage mit geringer Morgenhelligkeit	5	5	4 4	9 9	7 1	4 0	5 5	1., 2., 7., 8, 11, 12, 13., & 16.5.1969
8 Tage mit hoher Morgenhelligkeit	2	6	1 28	1 15	4 3	8 6	8 8	3., 4., 5., 6., 9., 10., 14. & 15.5.1969

Tabelle 85.1. Summe der Passagen von Barschen an Reusenkehlen in jeweils 8 Tagen mit geringer und 8 Tagen mit hoher Morgenhelligkeit vom 1. bis 16 Mai 1969).

Während dieser 16 Tage herrschten an 8 Morgen Regenwetter oder dunkle Wolken vor, achtmal schien die Sonne, der Himmel war leicht bewölkt oder bedeckt und man konnte eine große Allgemeinhelligkeit verzeichnen (die meteorologischen Daten für das Gebiet wurden von der Hauptwetterdienststelle in Potsdam zur Verfügung gestellt).

Im Mai beginnt die Aktivität der Barsche etwa um 4:00 Uhr und setzt mit der Dämmerung spontan ein (Abb. 85.3.).

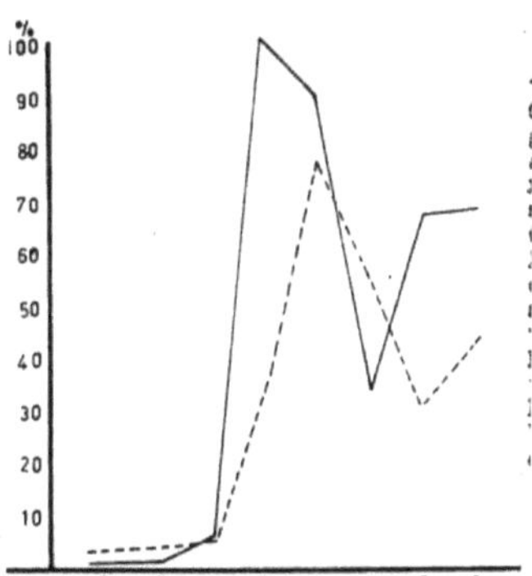

li.: Abbildung 85.3.: Gegenüberstellung gemittelter Morgenaktivität bei geringer Lichtintensität am Morgen (unterbrochene Linie: starke Bewölkung, Regen) und großer Lichtintensität (durchgezogene Linie: lockere, hohe oder keine Bewölkung) vom 1. bis 16.5.1969 (Summe der meisten Passagen 128 = 100 %).

85

An Tagen mit geringer Allgemeinhelligkeit beginnt sie in den Morgenstunden jedoch wesentlich später sowie weitaus langsamer und erreicht nicht die Höhe wie an Tagen mit hoher Lichtintensität (vgl. *Poddubny*, 1967; *Malinin*, 1969).

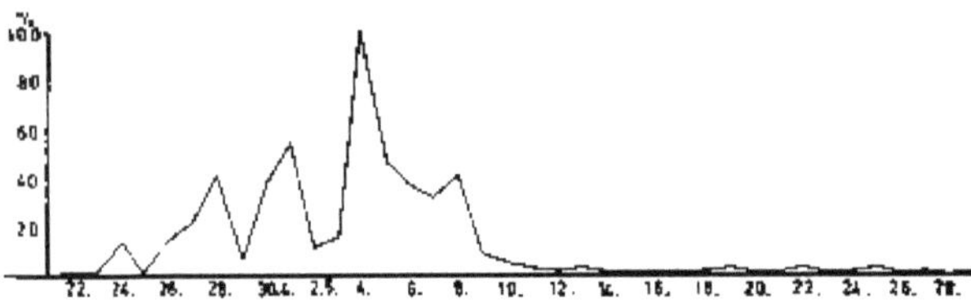

li.: Abbildung 86.1.: Fangergebnisse von *Perca fluviatilis* L. In der Zeit vom 21. 4. bis 29.5.1969 in einer Reuse im Helenensee bei Frankfurt/Oder (123 Barsche = 100 %).

Die Tagesfangergebnisse an Barsch aus einer Reuse im Helenensee bei Frankfurt/Oder wurden während der Standzeit vom 21. bis zum 29.5.1969 verglichen (Abb. 86.1.). Dabei zeigte sich, dass nach etwa drei Wochen die Fängigkeit auf 5 bis 0 Tiere täglich absinkt.

Bei anderen Fischen geht das Fangergebnis nicht ganz so rapide zurück, doch lag nicht genügend Material vor, um eine statistische Auswertung versuchen zu können Die etwas eingehenderen Untersuchungen über die Aktivität des wirtschaftlich unbedeutenden Flussbarsches boten sich als Vergleichsuntersuchungen zu den guten Laborergebnissen über diese Art durch Aquarienexperimente von *Siegmund* (1969) an. Es konnte mit dem Helenensee ein nicht befischtes Gewässer gefunden werden, dass eine sehr starke Flußbarschpopulation besaß und in dem andere Fischarten infolge ihrer geringeren Häufigkeit bei der Auswertung kaum störend in Erscheinung treten konnten.

2.4.1.2. **Verhalten von Fischen an Reusen und deren Fangeffektivität**

Es lässt sich allgemein feststellen, dass die Fische davor scheuen, in eine Reuse zu laufen. Eine Ausnahme bildet der untermaschengroße Aal, der nachts häufig ältere Reusen aufsucht, um dort seinem Nahrungserwerb nachzugehen und die Geräte im Morgengrauen wieder verlässt. Während man bei Aalreusen nur auf einen besonders guten Bodenschluss der lose am Grund aufliegenden Reusenteile und des Leitwehrs zu achten hat (Abbildung 71.2., 71.3.) und kein dichtes Abschließen zur Wasseroberfläche erforderlich ist, muss eine Reuse, die andere Fische fangen soll, guten Bodenschluss besitzen und auch exakt an der Wasseroberfläche abschließen. Der Rückfang sollte auf glattem, eventuell von Ästen gesäubertem Boden gestellt werden, der keinen übermäßigen Pflanzenbestand aufweist (Abb. 71.3., 86.2.).

Rückfang und Reusenkammern werden häufig von einzelnen Fischen und Gruppen besucht und wieder verlassen. Dabei kann es vorkommen, dass von Gruppen Einzeltiere abgesprengt werden oder durch Nachfolgereaktion einem einzeln durch die Öffnungen schwimmenden Fisch andere folgen und so eine Gruppenflucht verursacht wird. Bei Plötzen wurde nur eine innerartliche Nachfolgereaktion

Abb. 86.2. Starker Pflanzenwuchs und abgesunkene Äste können den Bodenschluss des Rückfanges verhindern und von oben her unkontrollierbar machen (Stechlinsee, Mai 1967).

beobachtet, während der Flußbarsch auch anderen Arten spontan folgt, um z. B. die Reusenkammer zu verlassen.

Die Fängigkeit der Reuse ist größer, wenn die nacheinander folgenden Kehlen so eingestellt sind, dass sie, allmählich enger werden, den Fischen zur letzten Kammer hin noch eine leichte Öffnung zeigen und die Tiere sich nicht durch eine vollkommen zusammengeschlagene Kehle quälen müssen. Im letzteren Fall ist die Entkommensrate aus der vorletzten Kammer nach außen auffällig groß, da die Fische dort eine zu lange Verweilzeit haben.

Der Fangeffekt der frisch gestellten Reuse ist im Frühjahr besonders hoch, wenn die Fische ihre Wohnräume im Flachwasser neu besiedeln. Ist die Reuse in den Wohnraum einbezogen, wird sie von größeren Tieren meist gemieden, während jüngere die Wege so gut kennen, dass sie häufig ein und aus schwimmen, ohne gefangen zu werden. Wird die Reuse in den besiedelten Wohnraum der Fische hineingestellt, kommt es trotzdem nicht zu hohen Fangergebnissen, da sie zunächst wahrscheinlich als neue Störung gemieden wird, um später über den Erkundungstrieb entsprechend in den Wohnraum einbezogen zu werden

Ein starkes Ansteigen der Fänge ist in der Laichzeit der einzelnen Fischarten festzustellen. Hier wäre noch zu untersuchen, ob eine frisch gestellte Reuse gegenüber einer bereits stehenden bessere Fänge ergibt. Beobachtungen, die auswiesen, dass die Fische auch während der Laichzeit bestimmte Wege einhalten, sprächen dafür.

2.4.2. Verhalten einiger Fischarten an Stellnetzen und damit vergleichbaren Netzwänden (Zugnetzflügel, Reusenleitwehr)

Den Beobachtungen an Stellennetzen wurde während der Arbeiten an Fanggeräten nicht so große Aufmerksamkeit gewidmet, wie anderen Geräten in der Binnenfischerei. Einmal wird die Stellnetzfischerei nur auf wenige Fischarten zu bestimmten Zeiten betrieben und außerdem sind die methodischen Schwierigkeiten bei der Direktbeobachtung als besonders groß anzusehen. Da nicht die Möglichkeit bestand, genügend Beobachtungen an Stellnetzen zusammenzutragen, wurde die Reaktion von Fischen auch an anderen stehenden Netzwänden (Zugnetzflügel, Reusenleitwehr) beobachtet.

Besonderen Erfolg erzielt die Stellnetzfischerei während der Laichzeit einer Fischart oder bei Fischen, die im Schwarm tägliche Wanderungen zurücklegen (z. B. Kleine Maräne). Im Wesentlichen kommt es darauf an, das Netz den Fischen in den Weg zu stellen und es im bekannten Wohnraum so wenig wie möglich auffallen zu lassen.

Wie verschiedene Untersuchungen zeigen, spielt die Sichtbarkeit des Netzmaterials (Farbe, Fadenstärke, vgl. auch Berechnungen der Gangstärke, p. 70). Eine entscheidende Rolle für das Fangergebnis (*Aslanova* 1958; *v. Brandt*, 1951 A, 1953, 1954; *v. Brandt* und *Leopold*, 1953; *Kajewski*, 1958; *Nomura*, 1959; *Mohr*, 1964; *Mishima*, 1966; *Blaxter, Parrish* and *Dickson*, 1964; *Merwald*, 1959) und sogar die Beschaffenheit des Netzmaterials, die Weichheit oder Härte, kann bei Kiemennetzen und auch Angelleinen effektiv auf das Fangergebnis wirken (*v. Brandt*, 1949, *Predel*, 1963, 1965). Bei Direktbeobachtungen stellte *Ulrich* (1951 B) fest, dass die Kontaktfreudigkeit der Fische zum Netztuch mit dessen zunehmender Sichtbarkeit abnimmt. Wie eigene Beobachtungen zeigten, neigen Plötze, Uckelei und Barsch eher dazu, ein dünnfädiges und deshalb weniger sichtbares Stellnetz zu durchschwimmen, als die aus stärkerem Material bestehenden Leitwehre von Reusen oder den stehenden Zugnetzflügel.

Bei frisch gestellten oder geputzten Reusen kommt es weitaus häufiger vor, dass die Maschen von kleinen Fischen durchschwommen werden als bei stark bewachsenen oder mit Kalkausfällungen bedeckten Netzen.

Der Schwarmfisch Kleine Maräne tendiert dazu, im Wasser stehenden Netzwänden (Zugnetzflügel) auszuweichen, indem er daran entlang schwimmt oder umkehrt. Es kommt jedoch auch dazu, dass die ersten Fische umwenden wollen, die Schwarmmasse aber so stark nachdrückt, dass die Maschen schließlich passiert werden. Oft wendet sich der größere Schwarmteil wieder vom Netz ab und die abgesprengten Tiere wechseln erneut durch die Maschen, um Anschluss zur Hauptschwarmmasse nach innen herzustellen (vgl. p. 63). Dabei kommt es zu dem Effekt, dass die Fische von beiden Seiten gemaschten im Netz stecken (Abb. 63.2., 63.3.).

In diesem Fall lässt sich am gehievten Netz nicht mehr die ursprüngliche Zugrichtung des

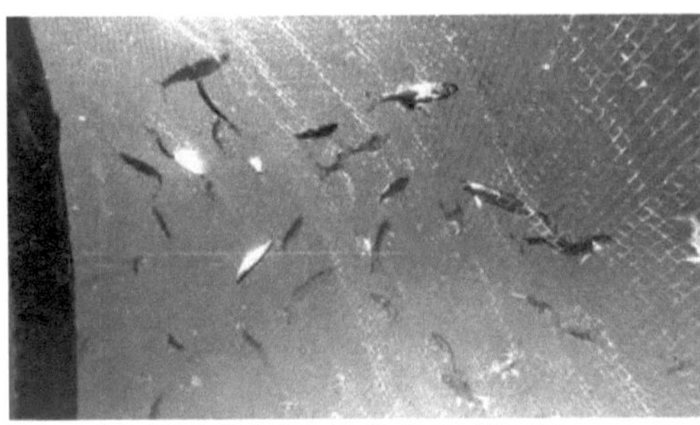

Abb. 88.1. Uckeleis im Stellnetz (Stechlinsee, 11.5.1967).

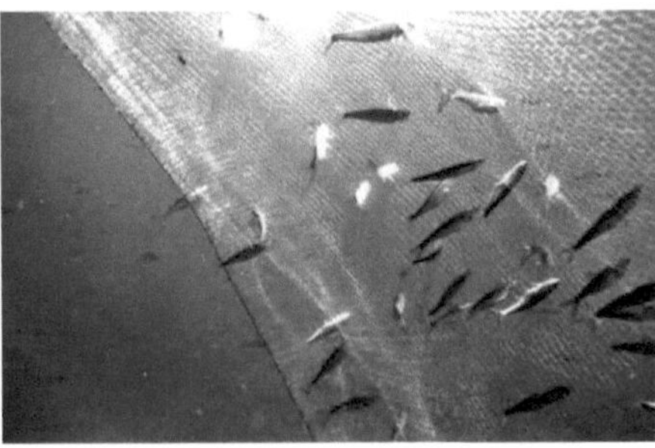

Abb. 88.2. Nahe des Seitenrandes gemaschte Uckeleis in einem Stellnetz (Stechlinsee, 11.5.1967).

Abb. 88.4. In einem Kiemennetz typisch gemaschter Uckelei.

li.: Abb. 88.3. Nahe der Oberleine gemaschte Uckeleis in einem Stellnetz. (Stechlinsee, Mai 1967)

Schwarms erkennen. Es scheint (bei Uckelei) die Tendenz zu bestehen, vorzugsweise mit der Strömung in das Netz laufen. Man findet die Fische hauptsächlich in Strömungsrichtung gemascht und nur wenige stecken entgegengesetzt in den Maschen. Dabei handelt es sich nicht um Tiere, die durch das Netz zurückschwammen, um Anschluss an die Hauptschwarmmasse zu suchen, sondern um einzeln gemaschten Tiere. Es konnte nicht beobachtet werden, dass Uckeleis ähnlich der Plötze durch Umdrehaktionen in die Maschen liefen (Abb. 67.1.). Bei Uckelei und Plötze kann man feststellen, dass die Mehrzahl der Tiere dem Netz ausweicht. Zu Anfang sind Durchbruchsversuche häufig und erfolgen oft auch unmittelbar am Netzrand (Abb. 88.2. und 88.3.).

Einzeltiere und auch Gruppen versuchen die Netzwand zu passieren. Mit zunehmender Besetzung des Netzes lassen die Durchbruchsversuche stark nach, ohne jedoch völlig aufzuhören.

Schon *Kennedy* (1901) stellte fest, dass die Fängigkeit eines Kiemennetzes mit seiner Saturiertheit abnimmt und vermutet, dass die im Netz zappelnden Fische möglicherweise durch die dabei erzeugten, für Schreckreaktionen typischen Turbulenzen die Artgenossen warnen.

Vergleicht man die Häufigkeit der Passagen von kleinen, deutlich untermaschigen, einzeln schwimmenden Fischen mit Gruppen ebenso großer Tiere, dann wird auffällig, dass sie wesentlich öfter durch die Maschen laufen, allerdings meist nicht, ohne das Netz mehrmals anzuschwimmen. Hierbei scheint es sich um ein Erkundungsverhalten zu handeln. Gruppen vermeiden es sichtlich öfter, die Maschen zu passieren. Sie schwenken häufig am Netztuch um, ziehen daran entlang weiter oder steigen auf, um die Oberleine zu überqueren. Besonders während der Laichzeit kommt es vor, dass sich die Fische in den dünnfädigen Stellnetzen verfangen. Kleinere Tiere (Plötzen, kleine Barsche) verstricken sich in den Maschen und fügen dem Fanggeräte keinen erheblichen Schaden zu. Bei größeren Tieren (z.B. Barsche, Bleie) tragen die Befreiungsversuche dazu bei, dass die Netze häufig zerrissen und so zusammengedreht werden, dass die effektive Fangfläche stark verringert wird (Abb. 89.3.).

Abb. 89.3. Während der Laichzeit im Stellnetz gefangener männlicher Blei. Rechts im Bild ist eine nicht zum Stellnetz gehörende Reuse sichtbar (Stechlinsee, 5. Mai 1967)

Während der Barsch äußerst selten aus eigenem Antrieb eine gut sichtbare Netzwand zu durchbrechen sucht und zielgerichtet durch Lücken geht oder das Netz umschwimmt, nimmt die Plötze häufig das glatte Netztuch an, um hindurch zu schwimmen. Bleibt die Plötze jedoch im Netz stecken und kommt nach starkem Zappelkampf wieder frei, so kann die gleiche Reaktion wieder ablaufen. Sie schwimmt nicht vom Netz weg, sondern dreht sich um und versucht das Netzwerk erneut zu durchbrechen. Es scheint sich dabei zunächst um ein optomotorische Reaktion zu handeln. Durch das Panikerlebnis mit dem milieufremden Netz ist es wahrscheinlich zu einem Verhaltenszusammenbruch gekommen und vom ganzen Repertoire ist nur noch der Reflex „Flucht-durch-die-Maschen" übrig geblieben (Abb. 44.1.; 44.2.; 67.1., vgl. auch 2.3.3. Reaktion der Fische auf Zugnetze).

Bei Kiemennetzen (Stellnetzen) sind offensichtlich zwei unterschiedliche Reaktionen der Fische zu erkennen. Hauptsächlich tendieren die Tiere dazu, dem Netz durch Umschwimmen auszuweichen. Es ist Ihnen also ein möglichst wenig sichtbares Netz in den Weg zu stellen, um sie zu fangen. Eine andere, weitaus seltener anzutreffende Verhaltensweise besteht z. B. bei Plötzen darin, im Netz einen optomotorischen Auslösereiz zu finden und in die Maschen zu schwimmen. Dieses Verhalten müsste auch vergleichsweise bei anderen Fischarten näher untersucht werden, um es eventuell für den Fang auszunutzen.

2.5. Elektrofanggeräte

2.5.1. Arbeitsweise des Elektroschleppnetzes

In den letzten Jahren wurde im Institut für Binnenfischerei eine Reihe von Schleppgeräten für Binnengewässer entwickelt, die vor allem dem Aalfang dienen und mit elektrischen Feldern arbeiten ((*Hattop*, 1965 ; *Predel*, 1968 ; *Hattop* und *Predel*, 1969)).

Bei den Freiwasserbeobachtungen, die in den Monaten Juli bis November in verschiedenen Binnenseen (Stechlinsee, Carwitzer See, Dreetzsee, Unter- und Oberuckersee) durchgeführt wurden, konnte festgestellt werden, dass die Trawls besser arbeiten als die nach dem Prinzip der

Baumkurre konstruierten Schleppnetze (*Hattop*, 1965). Beide für das Binnenwasser gebauten Elektrofanggeräte zeigen eine völlig andere Arbeitsweise als die allgemein für die Seenabfischung eingesetzten Zugnetze. Während das Zugnetz die Fische in langsamer Bewegung einkreist und zusammenscheucht, arbeitet das Binnenschleppnetz mit einem Überraschungseffekt. Es ist eine bestimmte Minimalgeschwindigkeit erforderlich, um die zu fangenden Fische plötzlich mit einem elektrischen Feld zu umgeben und durch diesen Schock bewegungs- und fluchtunfähig zu machen. Damit unterscheidet sich das Elektrotrawl auch vom normalen Schleppnetz, das mit einem Scheucheffekt arbeitet, um die Fische vor dem Fang möglichst massiert zusammen zu treiben.

Die Elektroden sind an Ober- und Unterleine der Flügel und des Netzmundes angebracht und werden mit Gleich- oder Wechselstrom gespeist. Wechselstrom erweist sich (auch für den Taucher!) gegenüber Gleichstrom als physiologisch wirksamer. Bei gleicher Feldstärke reagieren die Fische auf ein Wechselstromfeld schon in größerem Elektrodenabstand. Darüber hinaus unterliegen die Elektroden bei Wechselstrom geringerem Verschleiß. Der Taucher spürt ein Wechselstromfeld von etwa 80 V/20 A schon deutlich in 1,5 bis 2 m Entfernung, während er ein entsprechendes Gleichstromfeld erst in 1 bis 1,5 m von den Elektroden entfernt deutlich bemerkt. Fische (Aale) reagieren in entsprechenden Entfernungen auf das Feld, wobei sich der durch Jahreszeit bzw. Wassertemperatur hervorgerufene physiologische Status der Tiere auch in deren Reaktionen auf das elektrische Feld äußert. Beim Aal hält die Schockwirkung in der wärmeren Jahreszeit nur wenige Sekunden an und dauert bei intensiver Elektrodenberührung manchmal bis zu 1 min, während die Tiere im Spätherbst bei Wassertemperaturen um 7 °C mehrere Minuten lang betäubt sein können und es sogar gelingt, sie mit der Hand aufzusammeln.

2.5.1.1. Aal - *Anguilla anguilla* (L.) in seinem Verhalten auf das Elektroschleppnetz

Der unter Tag im Grundschlamm oder zwischen dem Kraut verborgene Aal wird durch das elektrische Feld aus seinem Versteck aufgescheucht. Dabei wirkt das Feld je nach Bodenbeschaffenheit und Grundbedeckung nach vorn in einer Entfernung von 1 bis 2 m, zur Seite hin besitzt das Feld eine Reichweite von etwa 0,6 bis 1,5 m.

Die günstigsten Fangergebnisse lassen sich bei Schlammgrund in 8 bis 9 m Tiefe und einer Schleppgeschwindigkeit von 12 bis 20 m/min erreichen. Sie liegen dann bei etwa 45 kg Fisch je Stunde Schleppzeit (davon 30 kg und darüber an Aal. Für die kleine Zeese (Fangöffnung 8 m breit, 1,5-2,20 m hoch, Flügellänge 16-18 m) und 55 kg Fisch (davon 35 und mehr kg Aal) für die große Zeese (Fangöffnung 12 m breit, 2-3 m hoch, Flügellänge 20 m). Das prozentual geringere Ergebnis der größeren Zeese lässt sich durch den weiteren Elektrodenabstand (3 m gegenüber maximal 2,20 m) in der Mitte der Fangöffnung erklären. Hier liegt die geringste Feldstärke und es gelingt dort einzelnen Fischen zu flüchten.

Aus mit Characeen oder höheren Wasserpflanzen bestandenem Boden lassen sich die Aale wesentlich schlechter aufscheuchen und die Fangergebnisse bleiben geringer (Abb. 90.1).

Abb. 90.1. Am Netzmund schleifen die stromführenden Elektroden (Ketten) über den Grund (Carwitzer See, 1966).

Werden die Tiere vom elektrischen Feld überrascht, versuchen sie senkrecht aus dem Grund aufschwimmend das Feld zu verlassen. Die zunächst noch normal erscheinende Bewegung weicht sehr schnell einem unkoordinierten Zucken, die Fische sind nicht mehr in der Lage, zielgerichtet zu schwimmen, ihr Körper wird steif und völlig bewegungslos (sie lassen sich vom Boden aufnehmen und entgleiten nicht den Händen). In diesem Zustand sinken die Aale langsam auf den Boden zurück und können dann in das auf sie zu laufende geöffnete Netz treiben. Müssen sich die Tiere während Ihres Schocks noch durch dichte Pflanzenbestände arbeiten, bleiben sie oft schon bewegungslos zwischen den Pflanzen hängen und gehen so dem Fangprozess verloren, weil das Netz über sie hinweg gezogen wird. Nachdem die Aale in das Fanggeräte gelangt sind, bleiben sie je nach intensiver Elektrodenberührung sowie verwendeter Stromstärke und Spannung, mehr oder weniger lange bewegungsunfähig (Abb. 91.1.). Dabei treiben sie nach hinten (Abb. 91.2.; 92.3.).

Abb.91.1. Unter Feldeinwirkung dicht hinter den Elektroden im Netz hängende betäubte Fische (Dreetzsee,

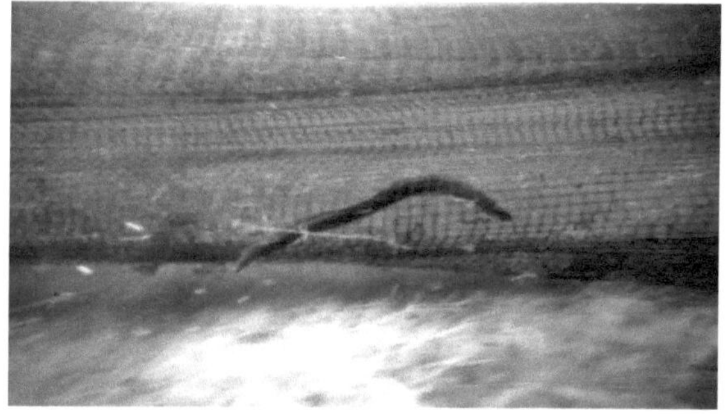

Abb. 91.2. Während des Schleppens treiben die betäubten Aale passiv in den Sack (Carwitzer See, 27.7.1966).

Es kommt selten vor, dass die Aale betäubt durch die Kehle bis in den Sack gelangen.

Meist zeigen sie schon vorher wieder ihre normale Reaktion (Abbildung 92.1.), beginnen im Netz umher zu schwimmen und einen Ausweg zu suchen. Ihre erste Fluchtreaktion besteht normalerweise in Ausbruchsversuchen nach vorn. Dabei gelangen Sie in Elektrodennähe, werden wieder betäubt und treiben bewegungslos zurück. Ist das elektrische Feld zu schwach (z. B. bei Beobachtung im Oberuruckersee im Juli 1968: 50 V/50 A), so vermögen sie es am schwächste Punkt. (In der Mitte des größten Elektrodenabstandes) zu überwinden und das Schleppnetz zu verlassen,

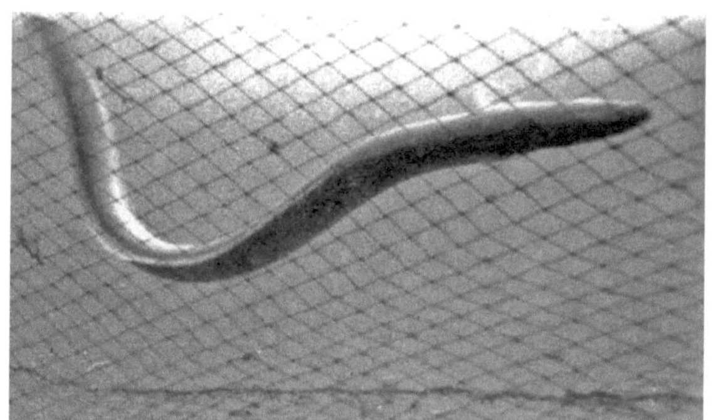

Abb. 91.3. Der durch Elektronarkose betäubte Aal treibt bewegungslos in das Fanggeräte (Ober-Uckersee, 17.7.1966).

wenn sie nicht in unmittelbarer Elektrodennähe vorüberschwimmen und wieder betäubt werden. Im Normalfall sind erfolgreiche Ausbruchsversuche nach vorn ausgeschlossen, solange das Aggregat läuft und ein genügend starkes elektrisches Feld aufrecht erhält. So reichte z. B. ein

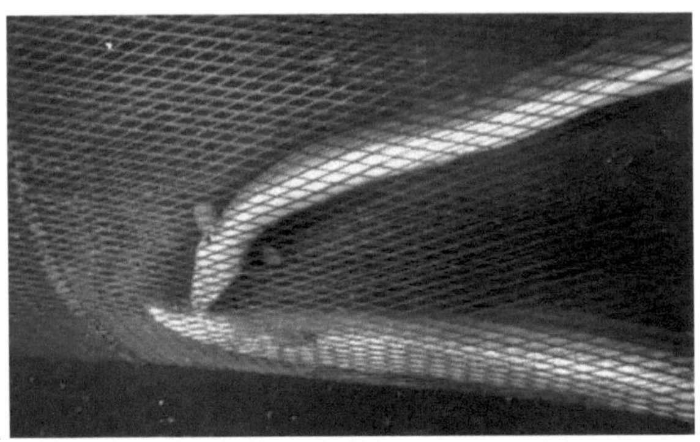

Abb. 92.1. Normal reagierende Aale im Steert der Elektrozeese nach der Elektronarkose (Dreetzsee, 26.7.1966).

Aggregat, das 80 V/20 A lieferte für die Elektrozeese mit einer Fangöffnung von 8 m Breite und maximal 2,2 m Höhe aus, um im Unteruckersee ein ausreichend starkes elektrisches Feld aufzubauen. Für das 12 m breite und in der Mitte der Fangöffnung etwa 3 m hohe Elektroschleppnetz genügten die 80 V/20 A jedoch nicht (bei gleichem Gewässer und entsprechender Wassertemperatur), um zwischen dem großen Elektrodenabstand von maximal 3 m ein so starkes elektrisches Feld zu errichten, dass jede Flucht verhinderte.

Flüchtende Aale versuchen an den Stellen, die nicht im Einflussbereich des elektrischen Feldes liegen, die Maschen zu passieren. Dabei lässt sich infolge geeigneter Netztuchwahl eine Größenselektion der Aale erreichen, weil untermaschengroße Tiere nach Abflauen der Betäubung durch die Maschen laufen. Die Masse der Aale geht früher oder später durch die Kehle in den Sack. Hier suchen Sie in den Kehlenecken Fluchtmöglichkeiten und zeigen dabei wieder normale Reaktionen (Abb.92.1.).

2.5.1.2.   Andere Fischarten im Bereich des Elektroschleppnetzes

Plötzen, Güstern, Schleien und Barsche werden häufig von der Elektrozeese mitgefangen. Die Tiere geraten ins elektrisches Feld und versuchen in Schlepprichtung oder zur Seite zu fliehen. Wird das Feld stärker, schwimmen Sie mit kurzen zuckenden Bewegungen schnell umher, werden betäubt und treiben häufig mit dem Bauch nach oben gerichtet in das Fanggeräte. Schwarmverbände von Jungfischen oder halbwüchsigen Tieren, die Untermaschengröße besitzen, ziehen nach dem Erwachen aus der Betäubung fast regelmäßig als Schwarm bis zum Hieven im Netz mit, ohne durch die Maschen auszubrechen, obwohl ihnen das von ihrer Größe her ohne weiteres möglich wäre (Abb. 92.2.) (vgl. *Aslanova*, 1958; *Margetts*, 1952).

Entsprechende Beobachtungen sind am Zugnetz und an Reusen gemacht worden (siehe 2.3.3.3. und 2.4.1.1.8.).

Werden Hechte von der Elektrozeese überrascht, so versuchen sie zunächst zur Seite zu flüchten. Dabei treffen sie oft auf den kurzen Flügeln und bleiben betäubt mit nach oben gerichtetem Bauch im Wasser schweben. Sie treiben durch den Elektrodenbereich in das Fanggerät und erwachen nachfolgend aus der Betäubung. Die nun wieder einsetzende normale Schwimmbewegung

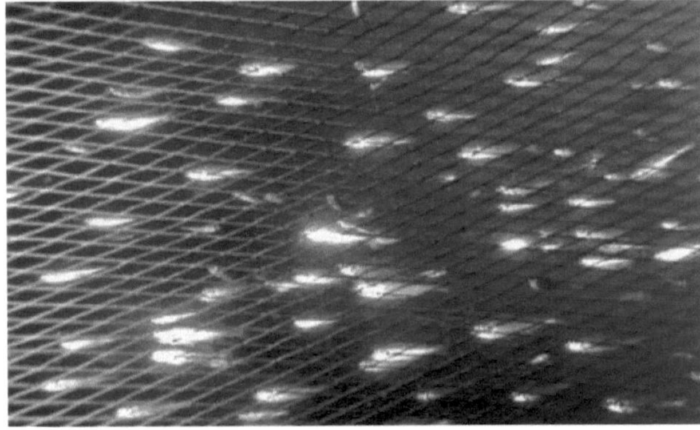

Abb. 92.2. Untermaschengroße Jungfische (Barsche) im Elektroschleppnetz. Schwimmrichtung und Schwimmgeschwindigkeit entsprechen denen des Fanggeräte es (Dreetzsee, 26.7.1966).

war in keinem der beobachteten Fälle sofort nach vorn gerichtet. Die Hechte schwammen durch die Kehle bis in den Sack hinein oder suchten einen Ausweg an den Seiten durch das Tuch, wobei sie vor der Kehle im Netz hin und her schwammen. Dabei geschah es dann auch, dass eine Fluchtbewegung nach vorn eintrat, die bei genügender Feldstärke in Elektrodennähe scheiterte. Die zunächst nicht nach vorn ins elektrische Feld hinein gerichtete Flucht könnte möglicherweise aus einem strafreizähnlichen Dressureffekt resultieren, der beim Passieren des Netzmundes von den Elektroden ausgeht.

2.5.1.3. __Das Elektroschleppnetz als effektives Aalfanggerät__

Die Elektrozeese stellt für den Aalfang im Binnengewässer ein äußerst effektives Fanggeräte dar und ist bei veränderter Schleppgeschwindigkeit auch gut geeignet, andere Fische zu fangen, wie zahlreiche Nebenbeobachtungen zeigten.

Um die größtmöglichen Erfolge beim Aalfang mit dem Elektroschleppnetz zu erzielen, ist neben einem ausreichend elektrischen Feld (*Wundsch* 1963, p. 262) das Einhalten einer bestimmten Schleppgeschwindigkeit (etwa 1 m in 3-5 sec.) erforderlich. Die effektive Feldstärke muss dem jeweiligen Gewässer angepasst sein. Sie ist abhängig von der Netztgröße (Elektrodenlänge), der Leitfähigkeit und der Temperatur des Gewässers. Zu hohe oder zu geringe Feldstärken ergeben geringere Fangerträge. Wird die Schleppgeschwindigkeit zu hoch gewählt, so geraten die aus dem Grund schießenden geschockten Aale nicht in das Fangfeld, sondern stoßen gegen den Netzboden. Bei sehr geringen Schleppgeschwindigkeiten werden die aufgestörten und narkotisierten Tiere zwar gefangen, doch bleibt der Fangprozess sehr unökonomisch, weil der befischte Abschnitt zu lange bearbeitet wird. In der gleichen Zeiteinheit kann bei richtig angepasster Schleppgeschwindigkeit eine größere Fläche befischt werden. Gleichzeitig ist darauf zu achten, dass die Boote beim Schleppen weitestmöglich auseinander fahren, damit das Netz straff geöffnet wird. Bei zu geringem Bootsabstand werden die Flügel auf lange Strecken parallel geschleppt und es kommt ein nur geringer Bodenbezirk in Elektrodenberührung. Eine andere Möglichkeit, um das Netz geöffnet zu schleppen, besteht in der Verwendung von Scherbrettern (*Predel*, 1968). Wichtig ist auch, die Elektroden so lange mit Strom zu beschicken, bis sie beim Hieven an der Oberfläche erscheinen, um den noch nicht durch die Kehle in den Sack abgewanderten Aalen keine Möglichkeit zur Flucht zu lassen.

3. __Allgemeine Schlussfolgerungen über die Anwendbarkeit ethologischer Untersuchungsergebnisse für die Binnenfischerei__

3.1. __Bedeutung der Unterwasserbeobachtungen an Fanggeräten für die Binnenfischerei__

Für die Untersuchungen von Verhaltensweisen einiger Fische im Wirkungsbereich von Fanggeräten der Binnenfischerei war es in hohem Grade notwendig, die Methode der Direktbeobachtung einzusetzen und in Anpassung an die Objekte, war eine vielschichtige Entwicklung der Methode notwendig.

Nach der dargestellten Methode (Abs. 2.1.2.) wären Praktiker und Wissenschaftler (mit entsprechender Tauchbefähigung) in der Lage, bestimmte, sie interessierende Arbeiten auszuführen.

Werden im Frühjahr die Reusen gestellt, könnten sie sofort auf Bodenschluss und günstige Kehlenstellung überprüft werden.

Die Arbeitsweise von ständig benutzten Geräten (z. B. Zugnetz) wäre so zweckmäßig auf ihre Wirksamkeit zu kontrollieren und z. B. an verschiedene Tiefen und unterschiedliche Bodengestaltung durch Variation der Zug- oder Schleppgeschwindigkeit anzupassen. Während des Fischens könnten die dazu eventuell erforderlichen Hinweise vom Taucher durch ein Telefon nach oben gegeben und dadurch z. B. Die Geschwindigkeit oder die Feldstärke bei der Elektrofischerei sofort verändert werden. Das einfache Signal eines das Netz begleitenden Tauchers würde das Aal-Elektroschleppnetz so durch die Direktbeobachtung evtl. zu optimalen Fanggründen führen können.

Für schwierige Arbeiten, wie langandauernde Zeit der ersten Zugnetzphase (starker Kälteeinfluss auf den bewegungslosen Taucher) oder Beobachtungen der Fische im elektrischen Feld an Elektro-Fanggeräten, könnte zweckmäßigerweise die Unterwasserfernsehkamera eingesetzt werden.

Um eine neue Konstruktion richtig einschätzen und evtl. sinnvoll verändern zu können, käme es hier besonders darauf an, die Arbeitsweise dieser Fanggeräte und die Reaktionen der Fische in ihrem Wirkungsbereich direkt kennen zu lernen. Es ließen sich Aussagen über Auftriebs- und Beschwerungskräfte machen, Messungen an bewegten Geräten durchführen, die Maschenstellung des Netztuches, die Öffnung und das hydrodynamische Verhalten des Sackes beurteilen und effektivste Geschwindigkeit sowie bester Bodenschluss ermitteln. Die Methode der Direktbeobachtung befähigte, unter gleichzeitiger Berücksichtigung des Fischverhaltens bei genügender Sichtweite unter Wasser den optimalen Betrieb von Fanggeräten, speziell von Neukonstruktion festzustellen.

Am Zugnetz liegen die wichtigsten Beobachtungseiträume von Ende der zweiten Zugnetzphase bis zum Beginn der Auszugsphase (siehe Abs. 2.3.1.3.). Während dieser Zeit ändert sich das Netzmeideverhalten der meisten Fische und Fangverluste sind durch fehlerhafte Arbeitsweise des Fanggerätes nach den Beobachtungen am ehesten möglich. Um bei zukünftigen ähnlichen Arbeiten vergleichbare Werte zu erhalten, wurden während der Untersuchungen bestimmte Beobachtungsparameter zusammengestellt (Abs. 2.1.2.4.3.) nach denen vorgegangen werden kann und die als heuristische Methode Verwendung finden könnten.

3.2. Erste Reaktionen der Praktiker nach Aufnahme der Beobachtungen von Fischen an Fanggeräten

Gleich zu Beginn der Direktbeobachtungen an Fanggeräten im Spätsommer 1964 waren die unmittelbar beteiligten Praktiker der Fischereibetriebe an den Ergebnissen äußerst rege interessiert. Sie hörten das erste Mal von Augenzeugen, wie ihre Geräte arbeiten und die Fische darauf reagieren. Kleine Änderungen an den Fanggeräten trugen dazu bei, als Soforthilfe die Fangergebnisse zu verbessern. Als dann später die ersten Filmstreifen mit Unterwasseraufnahmen von der Arbeitsweise der Geräte und den Reaktionen der Fische vorlagen, waren es neben interessierten Fischereiwissenschaftlern auch wieder die Praktiker zahlreicher Fischereibetriebe, die mich darum baten, Filmvorträge über meine ersten Beobachtungsergebnisse zu halten. Ohne ihre verständnisvolle Unterstützung wäre meine Arbeit undurchführbar gewesen. Mein Dank gilt den Kollegen der Binnenfischerei Prenzlau, hier vor allem Frau *Krüger*, die für unser leibliches Wohl sorgte, dem Direktor, Herrn *Dersinske*, Herrn *Wilzcinski* und den Fischermeistern Herrn *Otto*, Herrn *Gerlach* und Herrn *Millink*. Ich danke den Herren Fischermeistern *Böttcher* sen. und jun. Für Ihr Entgegenkommen bei verschiedenen Arbeiten in den vergangenen zehn Jahren, speziell für die mir eingeräumten Möglichkeit, Reusen zu beobachten und an Zugnetzen für die Kleine Maräne im Stechlinsee zu tauchen sowie Herrn Fischermeister *Schmidt* sen., Joachimsthal, der Fischereiexperimenten gegenüber immer aufgeschlossen war.

Mein besonderer Dank gilt dem ehemaligen Direktor des Instituts für Binnenfischerei, Herrn *Prof. Scheer*, der mir das Thema zu bearbeiten empfahl, Herrn *Dr. Predel*, der mir immer wieder Anregungen und Hinweise gab und nicht zuletzt Herrn *Prof. Tembrock*, der meine Arbeit in seine Obhut nahm, als sie an anderer Stelle nur noch unter starkem Verzug hätte vollendet werden können. Ich möchte hier auch den Herren *Grambow, Hamann, Pantschew* und *Scharf* danken, die meine Unterwasserarbeiten vor allem in den Herbst- und Wintermonaten über lange Jahre durch ihre Assistenz unterstützten.

3.3.   Veränderungen, die aufgrund der Untersuchungen an Fanggeräten erfolgten

Die ersten Veränderungen an Fanggeräten folgten den Anfangsbeobachtungen an Zugnetzen. Z.B. wurde anhand der Reaktionen des Aals (siehe p. 45-48) starker mangelnder Bodenschluss der Unterleine eines Großen Zugnetzes als Ursache für nur sehr geringe Fangergebnisse an Aalen festgestellt.

Das daraufhin anders beschwerte Netz brachte bessere Fänge. In Zusammenarbeit mit dem Institut für Binnenfischerei, Herrn *Dr. Schlieker*, wurden Karpfenzugnetze während ihrer Arbeit über Grund beobachtet. Es stellte sich heraus, dass die Unterleine mit normalen Senkern und Wischen bestückt, über bewachsenem Boden häufig sehr stark eindreht und so die wirksame Stauhöhe der Flügel erheblich verringern kann. Ein mit neu entwickelten Gleitsenkern an der Unterleine besetztes Netz (*Schlieker*, 1965) arbeitete einwandfrei, wies jedoch hohe Anschaffungskosten auf. Eigenkonstruktionen der Fischereibetriebe, die anstelle der Gleitsenker alte Autoschlauchreste verwandten, arbeiteten bei den Beobachtungen zufriedenstellend und konnten so ökonomisch wesentlich effektiver eingesetzt werden. Beim großen Zugnetz war es üblich, die zum Einholen der langen Flügel benutzte Leine mit Buttknüppeln am Netz zu befestigen. Bei vielen Beobachtungen ergab sich, dass an diesen Stellen der Flügel oft mannshoch vom Grund abgehoben wird und dem Fischen (besonders Karpfenabfischung) Gelegenheit zur Massenflucht bot. Nach einigen Versuchen konnte festgestellt werden, dass die ohne Buttknüppeln an einem möglichst langen Triangel befestigte Leine die Flügel unter Einhaltung sicheren Bodenschlusses einholt.

Mangelnder Bodenschluss des Maränennetzes an einer sehr wichtigen Stelle der Unterleine, der Sacköffnung, gab vor allem den Beifischen (Hecht, Barsch, Plötze) gute Gelegenheit zur erfolgreichen Flucht. Eine geringe zusätzliche Beschwerung brachte sofort Abhilfe. Unterwasserbeobachtungen an verschiedenen Elektro-Aal-Schleppnetzen zeigten die Schwächen der Geräte über unterschiedlich bewachsenem Grund und wiesen das Trawl gegenüber dem „Baumkurrentyp" als das geeignetere Netz für den Aalfang aus. Beim Einsatz unter Produktionsbedingungen konnte die effektivste Schleppgeschwindigkeit durch Direktbeobachtung festgestellt werden.

In einigen Fällen deuteten die schwachen Reaktionen der Aale und die mäßigen Fangergebnisse auf ein zu geringes elektrisches Feld am Schleppnetz hin, das die Fische zu überwinden vermochten. Es führte dazu, dass das Aggregat überprüft und repariert werden musste.

Die Beobachtungsergebnisse der Reaktionen von Karpfen auf das Zugnetz gaben 1968 die Möglichkeit, ein Karpfenzugnetz zu entwickeln, bei dem stromführende Elektroden in Unterleinenähe den Karpfen aus diesem, die Flucht begünstigenden Bezirk vertreiben sollen (*Rauschert*, 1968). Weiter entwickelt könnte daraus vielleicht ein effektiveres Gerät zum Karpfenfang entstehen als es z.Zt. das Zugnetz darstellt.

3.4.   Überlegungen und eventuell mögliche Veränderungen, die den Fang in der Perspektive effektiver gestalten könnten

Der sichere Bodenschluss der Unterleine bleibt nach wie vor, besonders bei wechselhaft bewachsenem Grund ein Problem in der Zugnetzfischerei. Eine Abhilfe könnte hier mit stromführenden Elektroden geschaffen werden, die ähnlich wie beim schon im Versuchsstadium eingesetzten neuen Karpfen-Elektro-Zugnetz in Nähe der Netzunterkante angebracht, besonders effektiv auf den Aal einwirken würden (vgl. p. 46).

Die Karpfenzugnetze könnten wesentlich leichter gebaut werden, wenn große Teile der Flügel (das erste Drittel oder die Hälfte) aus weitmaschigem Netztuch bestünden, das der Scheuchwirkung in dieser Region genügte. Auch brauchten die Flügel hier noch keinen exakten Bodenschluss aufzuweisen. Diese, aus den Beobachtungen gewonnenen Gedanken und Erfahrungen haben bereits in einer Neukonstruktion von *Predel* (1970) ihren Niederschlag gefunden, der ein Karpfenzugnetz mit stark vergrößerter Maschenweite entwarf, das dadurch Materialkosten und Herstellungzeit herabsetzt. Beim Arbeitseinsatz wird das Netz infolge seines geringeren Gewichtes und kleineren Wasserwiderstandes wesentlich leichter zu handhaben sein.

Eine andere Möglichkeit, die Karpfen bequemer aus den Intensivgewässern zu fangen, bestünde vielleicht darin, sie noch während ihrer aktiven Phase zu fangen und die regelmäßige Fütterung mit dem Fang zu verbinden. Hier könnte wahrscheinlich u. a. ein ähnliches Fanggerät eingesetzt werden, wie es *Paulat* (1964) im pneumatischen Tauchnetz für die Abfischungen von Teichen empfiehlt.

Auch ein Zugnetz das speziell den Aal fangen soll, brauchte nicht mit dem für Zugnetze allgemein üblichen Materialaufwand hergestellt zu werden. Da der Aal nur in Grundnähe zu flüchten sucht, genügte wahrscheinlich eine wesentlich geringere Stauhöhe des Fanggerätes, als sie z. Z. üblich ist.

Um den einzigen pelagisch Speisefisch der Binnengewässer effektiver zu fangen, könnte man versuchen, ihn mit Trawls zu überraschen, denen er als sehr wendiger Schwarmfisch nicht so schnell entgehen kann, wie dem erheblich langsameren Zugnetz. Eventuell ist in einer Abwandlung der Aal-Elektro-Zeese eine zukunftsträchtige Fischereimethode zu finden, die möglicherweise weitestgehend das Zugnetz ersetzen würde und eventuell Materialkosten sowie Arbeitskräfte einsparen könnte.

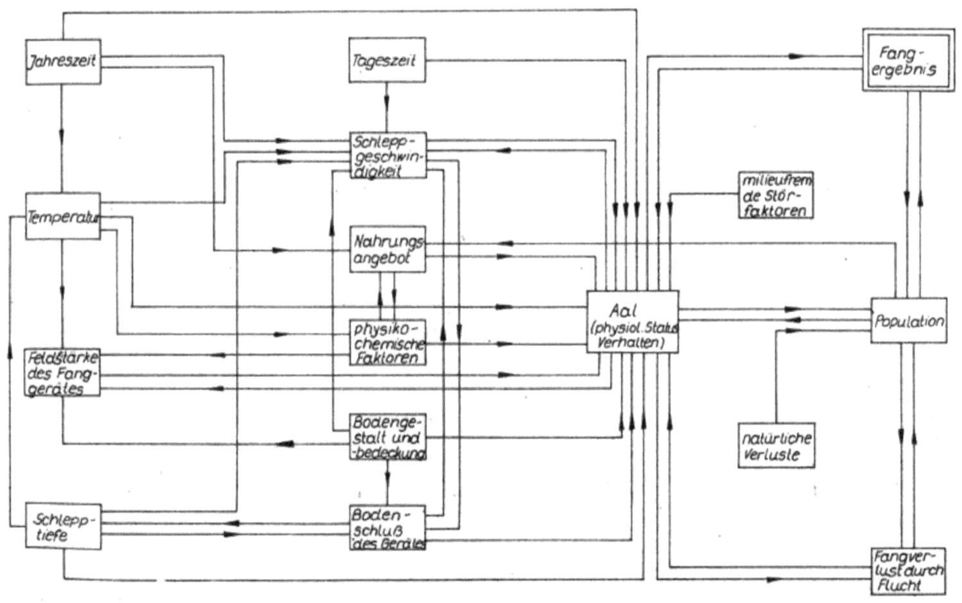

Abb. 96.1. Faktoren, die den Aalfang bei der Fischerei mit dem elektrischen Schleppnetz beeinflussen

Um die Elektroschleppnetzfischerei effektiver zu gestalten, wäre es wichtig, genaue Parameter zu gewinnen, die den zweckmäßigsten Einsatz des Trawls im den Gewässer zum Zeitpunkt des Fischens zu bestimmen. Eine Vielzahl aufeinander wirkende Faktoren wären dabei zu berücksichtigen (siehe Abb. 96.1.). Z. B. müssten die Feldstärken an den verschiedensten Stellen der unterschiedlichen Elektrotrawls während des Fischens untersucht und die Reaktionen der Fische in diesem Zusammenhang beobachtet werden. Die Leitfähigkeit der Gewässer und der Einfluss der Temperatur auf die Leitfähigkeit müssen bekannt sein, um auch die notwendige Feldstärke einstellen zu können. Der u. a. von der Wassertemperatur, der Jahres- und Tageszeit abhängige artspezifische physiologische Zustand der Tiere müsste bezüglich der Reaktionen auf unterschiedliche elektrische Feldstärken ermittelt werden, um genaue Ausgangspunkte für den Arbeitseinsatz errechnen zu können. So könnte eventuell an diesen zukunftsträchtigen Fanggeräten durch den Einsatz der mathematischen Vielfaktorenanalyse begonnen werden, mit der traditionellen Fischerei zu brechen.

Bei den Stillen Fanggeräten handelt es sich um sehr urtümliche Fischereigeräte, an denen sich sinnvolle Veränderungen nur nach intensiveren Forschungsarbeiten des Problems Fisch-Fanggerät finden lassen, als sie im Rahmen dieser Arbeit durchgeführt werden konnten. Eine besondere Rolle spielt dabei die Sichtbarkeit des Gerätes und die optomotorische Reaktion der Fische auf die Netze.

Bei stationärer arbeitenden Reusen ist es besonders wichtig, den Bodenschluss und den sicheren Schluss an der Wasseroberfläche durch alle leitenden Netzteile zu beachten. Die Reusen sollten nicht an von Unterwasserpflanzen überwucherten Stellen angelegt werden, weil so immer wieder erneut Netzschlusslücken am Boden auftreten können.

Ganz besonders ist darauf zu achten, dass die Kehlen sich allmählich verengen, nicht zu weit oder zu eng gewählt werden. Die Verweilzeit der Fische in der vorletzten Kammer wird spürbar herabgesetzt, wenn die letzte Kehle nicht zusammen liegt, sondern einen sichtbaren Spalt erkennen lässt.

Bisher noch nicht genutzte Möglichkeiten, die eventuell völlig andere Fangmethoden entstehen lassen könnten, sind wahrscheinlich durch intensive Erforschung der Fischgeräusche (Signale zur Orientierung und Kommunikation) zu erhalten. Die Reaktionen der Süßwasserfische auf solche Reize wie Fremdgeräusche und Kunstlicht (*Predel*, 1964; *Knösche*, 1968) mögen, weiter erforscht, ebenfalls Grundlage für effektive Fangmethoden bilden.

Im warmen Kühlwasserstrom von Kraftwerken (z. B. ehemaliges AKW am Stechlinsee) sammeln sich im Winter große Fischmengen. Vielleicht könnte man in der Perspektive versuchen, die Thermorezeption der Fische auch für deren Fang zu nutzen. Nach *Bull* (zit. nach *Herter* 1953, p. 208) vermögen verschiedene Fische noch Temperaturdifferenzen des Umgebungswassers von 0,03 °C (unterste methodische Grenze) zu rezipieren.

4. **Diskussion**

Zurückgeführt auf *Hass*, der erstmals 1939 die Methode des autonomen Tauchens breit publizierte, wurde mit der Entwicklung moderner Tauchgeräte die Direktbeobachtung unter Wasser auch für den Bereich der wissenschaftlichen Forschung anwendbar gemacht.

Obwohl schon 1950/1952 (Filme: Trawls in Action and Fish and the Seine) englische und schottische Wissenschaftler die Arbeitsweise von Schleppnetzen und die Reaktionen von Fischen im Wirkungsbereich dieser Fanggeräte beobachteten und filmten (*Margetts*, 1950; *v. Brandt*, 1951; *Marine Laboratory*, 1952; *Barnes*, 1959; *Dickson*, 1959), wurde die Methode in der Meeresfischerei nur sporadisch verwandt und nirgends in einer zusammenfassenden Darstellung veröffentlicht.

Noch 1963 wurde von den Delegierten des zweiten Weltkongresses der FAO festgestellt, dass die Bedeutung des Verhaltens der Fische auf die Fanggeräte nicht beachtet wurde (*Anon.*, 1963) und ein Kongress gefordert, der sich speziell mit den Problemen des Fischverhaltens beschäftigt. Dazu kam es 1967 während einer erneuten FAO-Konferenz in Bergen. Das Verhalten der Fische am Fanggeräte, vielfach durch Taucher direkt oder aus Tauchbooten beobachtet, wurde als wesentlich für die Weiterentwicklung der Fanggeräte erkannt. In Bergen wurden jedoch fast ausschließlich die Meeresfischerei betreffende Probleme behandelt. *Poddubny* (1967) stellte eine Methode für Binnengewässer vor, die Reaktion der Fische anhand von Bojen vom Überwasserbereich her zu untersuchen. Auf eine direkte Beobachtung wurde verzichtet. Vor den Schwierigkeiten, in unseren Binnengewässern erfolgreiche Unterwasserbeobachtungen durchführen zu können, scheuen die meisten Fischereiwissenschaftler zurück. *V. Brandt* (1951 A) berichtete von Beobachtungen an Vorfachen und Haken sowie 1955 und 1956 über den Einsatz des Unterwasserfernsehens. *Ulrich* (1951 a und b) gab einige erste Taucherbeobachtungen aus den Jahren 1948-1950 bekannt und *Mohr* (1960) bezog sich u.a. auch auf das Verhalten von Süßwasserfischen gegenüber Fanggeräten, gab jedoch als eigene Ergebnisse nur Laboruntersuchungen an. Wie *Aslanova* (1958) berichtete, begannen ethologische Untersuchungen an Süßwasserfischen im Wirkungsbereich von Fanggeräten schon 1935 unter Leitung von Mesjecev, der auch Taucher dafür einsetzte.

Aslanova kam hier schon zu einer Auseinandersetzung mit dem Taucher als „Störfaktor" und schrieb: „Bei Unterwasserbeobachtungen im Wolga-Delta wurde klar, dass der Fisch den Taucher nicht fürchtet, solange keine Luft aus seinem Taucheranzug entweicht." Die Ausatemluft des Tauchers stellt auch nach meinen Beobachtungen die stärkste Scheuchwirkung dar. Der nicht atmende Taucher wird weitestgehend toleriert, selbst wenn er sich an Stillen Fanggeräten auffällt. Besonders hohe Reizwirkung besitzen Pressluft-Reglertypen, die in der Mundregion Luftblasen abgegeben, während die bei älteren Regler hinter dem Kopf ausströmende Luft die Fische weniger beeinflusst.

War es allgemein nicht möglich, auf bekannten, in der Binnenfischerei üblichen Methoden der Direktbeobachtung unter Wasser aufzubauen, so konnte aber auch diese Methode von der Meeresfischerei her in vielen Fällen nur abgewandelt übernommen werden, da meist starke Unterschiede in den Unterwasser-Sichtweiten und auch in den Arbeitsgeschwindigkeiten der aktiven Fanggeräte zwischen Meeres- und Binnenfischerei bestehen.

In der Meeresfischerei begann man sich früh auf die hohe Schleppgeschwindigkeit einzustellen und benutzte entsprechende Hilfsmittel, z. B. in Form von geschleppten Schlitten (*Ulrich* 1952 b; *Winkler*, 1960; *High*, 1967) oder ging in neuerer Zeit zunehmend dazu über, geschlossene Taucherfahrzeuge oder Kammern zu verwenden, in denen der Beobachter trocken und unter normalem Luftdruck arbeiten kann (*Ulrich*, 1952 a; *Lagunov*, 1955, 1960; *Anon.*, 1964; *Aaronov*, 1968; *Kiselev*, 1968; *Martyschevskij* und *Korotkov*, 1968; *Zaferman* und *Kiselev*, 1968; *Zusser*, 1968; *Korotkov*, 1969). Methoden der Direktbeobachtung, wie sie *Ulrich* (1951 u. 1952) Anfang der fünfziger Jahre verwandte und die noch auf der FAO-Konferenz 1967 in Bergen von *High* empfohlen wurden, werden für die Arbeiten in der Hochseefischerei bereits zu Gunsten der konfortableren geschlossenen Taucherfahrzeuge zurückgedrängt, hier jedoch in abgewandelter, teilweise stark veränderter und erweiterter Form erstmals zur Bearbeitung eines größeren Aufgabenkomplexes in der Binnenfischerei eingesetzt.

Die für die Untersuchungen verwendete Methodik wurde so ausführlich behandelt, um für weiterführende, ähnlich ausgerichtete Arbeiten möglichst einsatzfähig verwendbar zu sein. Um schnell zu vergleichbaren Beobachtungen zu gelangen, wurden heuristische Beobachtungsparameter zusammengestellt.

Die unterschiedlichsten Fanggeräte und Fangmethoden nutzen die wechselnde Jahres- und Tagesaktivität der Fische aus.

Abgesehen vom Schwarmfisch Kleine Maräne, zeigen die wirtschaftlich wichtigen Fische unserer Binnengewässer in den Wintermonaten eine herabgesetzte Aktivität. Die Zugnetzfischerei unter Eis kann z. B. dazu dienen, den Fischbestand eines Sees festzustellen. Nach *Eisenkraut* (1933) geraten die Fische unter entsprechenden Laborbedingungen auch im Sommer bei herabgesetzter Temperatur in eine „Kältestarre", die zwangsläufig erfolgt und von Seiten des Tieres von keiner physiologischen Umstellung begleitet ist (zit. n. *Siegmund*, 1969). Die im Freiwasser zu beobachtende Winterruhe müsste sich demnach von dieser „Kältestarre" unterscheiden, da sich die Tiere auf die Winterruhe vorbereiten (*Siegmund*, 1969, p. 309) und nach *Precht* (1955, aus *Siegmund*, 1969) Karauschen z.B. nur im Winter bei Temperaturen um 0 °C zu halten sind, im Sommer jedoch unter diesen Bedingungen nicht am Leben bleiben.

Nach *Schiemenz* (1921) ziehen sich die Fische im Winter auf die tiefsten stellen der Gewässer zurück, zeigen ein (artspezifisches) Ruheverhalten und lassen sich bequem aus dem Gewässer herausnehmen. Dennoch ist die Eisfischerei in unseren Binnenfischereibetrieben stark in den Hintergrund gerückt, weil sie eine sehr aufwändige Fangmethode darstellt. Neben Barsch, Plötze & Hecht sind es vor allem manchmal Bleie (daneben Güstern), die in Massenfängen eingebracht werden können, während gerade der Blei zu anderer Jahreszeit häufig trotz starken Vorkommens in einem Gewässer nur selten in auffällig großer Stückzahl gefangen wird (*Schiemenz*, 1921). Schlei und Aal geraten im Winter meist nur dann ins Netz, wenn die Grundleine scharf durch den Schlamm gezogen wird und die Tiere so aus dem Grund herausbringt. Schleie (*Siegmund*, 1969) und Aale halten sich während der Winterruhe im Schlamm vergraben, zeigen eine herabgesetzte Atmung und reagieren wesentlich schwächer auf Reize. Nach *Lelek* [1964] ist die Aktivität beim Wels (*Silurus glanis*) im Winter so stark vermindert dass man ihn vom Grund aufnehmen (er soll sich nicht eingraben) und aus dem Wasser befördern kann.

Ähnlich dem Winterruheverhalten findet man die nocturnalen Fische Schleie und Aal auch während ihrer diurnalen Ruheperiode in Gewässerschlamm vergraben, bzw. (Aal) in Höhlen oder zwischen Pflanzen versteckt. Der Aal scheint dabei die Ruheplätze mehrmals zu benutzen. Selbst die Löcher in lockeren Schlamm und zwischen Wasserpflanzen (häufig in Charawiesen) deuten auf mehrmalige Benutzung hin. Ob wiederholt benutzte Ruheplätze vom gleichen oder von verschiedenen Aalen nacheinander benutzt werden, ist nicht bekannt. Einzelbeobachtungen (Aale mit typischen Kennzeichen, z.B. gespaltene Lippe) scheinen jedoch darauf hinzudeuten, dass der Aal Wohngebiete besitzt und den darin gelegenen Ruheplatz, zumindest eine gewisse Zeit über, spezifisch benutzt.

Der Karpfen begibt sich mit der fortschreitenden Jahreszeit bei Wassertemperaturen um 6 °C in den Winterwohnraum. Hier wird er, möglichst bevor das Gewässer zufriert, gefangen. Nach wiederholt durchgeführten Zügen kann es dazu kommen, dass die Tiere „aufgerührt" werden, sich im See verteilen, ins Gelege aufsteigen, erhöhte Aktivität zeigen und schwer zu fangen sind. Der gleiche Effekt kann bei Zügen im Winter schon durch das Aufbrechen des Eises auftreten und damit das Fangergebnis stark beeinträchtigen. Das störende Geräusche durch die Eisdecke den Fisch beunruhigen und zu schlechten Fangergebnissen führen können, äußert sich in einer alten Fischerregel, die denjenigen mit einer Strafe belegt, der vor oder während der Eisfischerei über das Gebiet des Zuges läuft.

In den letzten Jahrzehnten ist die nächtliche Zugnetzfischerei zunehmend hinter der normalen Fischerei während der Hellzeit des Tages zurückgetreten, obwohl sie recht gute Ergebnisse liefern kann. Von Einzelbeobachtungen abgesehen, konnten dazu jedoch keine Untersuchungen angestellt werden. Es ist denkbar, dass sowohl die nachtaktiven Fische (Schlei, Aal), als auch die tagaktiven (Barsch, Plötze, Blei, Güster, Hecht, vgl. dazu *Wunder*, 1925, nach *Herter*, 1953, p. 92; *Kirsche*, 1966) nachts besser zu fangen sind als am Tage. Schlei und Aal tendieren in ihren Aktivitätsphasen anscheinend weniger stark zu Versteckreaktionen (subjektive Zufallsbeobachtungen), die das Netz über sie hinweg gleiten lassen, während die nachts ruhenden Fische auf das Fanggeräte kaum optisch zu reagieren vermögen (*Kirsche*, 1966) und demzufolge leicht passiv zusammengetrieben werden können.

Die nach der Winterruhe im Frühjahr durch erhöhten Stoffwechsel ebenfalls gesteigerte lokomotorische Aktivität vieler Fische nutzt man durch Fang mit Reuse und Stellnetz aus (*Schiemenz*, 1921, 1946).

Kudrinskaja stellte 1966 fest, dass die Motorik der Fische einer bestimmten täglichen Aktivitätsrhythmik unterliegt, die sie zu den entsprechenden Tageszeiten häufiger in die Reuse laufen lässt. Neben der während der artspezifischen Laichzeit über einen größeren Tageszeitraum verteilten und insgesamt erhöhten Aktivität scheinen die Aktivitätsgipfel bei den hier erwähnten Süßwasserfischen (die Ergebnisse von *Siegmund*, 1969, nehmen die Plötze davon aus) in den Morgen- und Abendstunden liegen und in Abhängigkeit von der Jahreszeit mehr oder weniger stark in die Hellzeit (bei tag- oder dämmerungsaktiven Fischen, z. B. Karpfen, Blei) ausstrahlen. Es lag jedoch nur für den Barsch durch die Beobachtungen an den Reusen genügend Material vor, um Aktivitätskurven für den Zeitraum April/Mai aufstellen zu können, die mit den Laborergebnissen von *Siegmund* (1969) weitestgehend übereinstimmen und auch den aus Vergleichsfängen gewonnenen Werten (der nordamerikanischen Art *Perca flavescens* im Juni) von *Keast* und *Welsh* (1968) entsprechen. Selbst bei der im Winter stark herabgesetzten Aktivität von *Perca flavescens* fanden *Hergenrader* and *Hasler* (1966) bei Freiwasserbeobachtungen im Mendota-See unter dem Eis Aktivitätsspitzen für diese Fischart in den Morgen- und Nachmittagsstunden. Dabei erwies sich die Morgenspitze ebenfalls wesentlich höher als die Abendspitze. Obwohl heute noch einzelne Binnenfischereibetriebe bis zu 50 % ihres Jahresertrages an Fisch durch Reusenfänge gewinnen, geht die Bedeutung dieser Fangmethode (ausgenommen Aal) immer mehr zurück. Mit der Standzeit der Reuse wird das Fanggerät in den Wohnbereich der Fische einbezogen, die Fluktuation steigt, und gleichzeitig wird die Entkommensrate immer größer.

Aslanova (1958) berichtet von Sardellen, die in Großhamen (Kertscher Bucht) gefangen wurden: „... manchmal entwich die Sardelle nach 2-3 h aus der Fangkammer in die Vorkammer, selbst dann, wenn die Kammer nicht mit Fisch überfüllt war. ... von wo aus sie das Netz manchmal längs des Rückfanges verließ." Bis zu 50 % der in Großhamen gesetzten Plötzen, Blei und Karpfen entfliehen nach *Aslanova* dem Fanggeräte (nördliches Kaspisches Meer). *Poddubny* (1967) stellte fest, dass es bei entsprechenden Versuchen 20-25 % der Fische, die in eine reusenähnliche Netzumzäunung gebracht wurden, gelang, schon nach ein bis 2 h zu entkommen. Länger darin belassen, schwammen 70-90 % der eingesetzten Fische aus dem Netz. Die Zahlen der erfolgreich geflüchteten Tiere sind umso erstaunlicher, da es sich für sie um eine vollkommen neue Umgebung handelte, in der sich kaum durch vorhergehende Erkundung schon feste Schwimmwege ausgebildet haben konnten.

Patriarche (1968) führte Fangversuche mit Reusen durch und erhielt bei verschiedenen nordamerikanischen Fischarten Entkommensraten bis zu 39 % in 24 h. Abweichend zu meinen eigenen Beobachtungen erhöhte sich bei ihm der Prozentsatz der erfolgreich geflüchteten Tieren jedoch nicht mit der Standzeit der Reuse. *Mohr* (1960) dagegen stellte ebenfalls eine zunehmende Entkommensrate von Fischen aus Reusen fest und vermutet darin ein Einbeziehen des Fanggerätes in den Wohnraum der Fische.

Mit Reusen wird in der Binnenfischerei etwa bis Mitte des Jahres gearbeitet. Im Herbst werden vielerorts nochmals Reusen gestellt, um den Aal zu fangen, ehe er im Laufe des Novembers noch vor der Vollzirkulation sein Winterlager aufsucht. Der nocturnale Aal läuft wahrscheinlich während der Nahrungssuche in die Reuse. Untermaschengroße Aale werden selbst von relativ weitmaschigen Netzwehren geleitet, ohne dass die Tiere dazu tendieren, durch die Maschen zu schwimmen. Kleine Aale trifft man häufig in den Säcken schon länger stehender bewachsener Reusen an. Sie verlassen in der Morgendämmerung das Fanggerät wieder durch die Maschen. Wahrscheinlich suchen sie zwischen dem Aufwuchs nach Nahrung. Den Aal fängt man auch in Flüssen bei seiner katadromen Wanderung in Reusen und nutzt hier teilweise seinen negativen Phototropismus aus, indem man ihn mit unter Wasser angebrachten Lichterketten von seinem Weg ablenkt (*Bethge, Rohde, Kulow*, 1965; *Bräutigam*, 1958; *Hölke*, 1964; *Knösche*, 1968; *Kresc*, 1964; *Predel*, 1964; *Swierzowski*, 1964).

Letztere Fangmethode wurde im Rahmen meiner Arbeit nicht untersucht. Während die Reuse, abgesehen von der Reizwirkung durch Kunstlicht, den *Aal* ohne aktive Störfaktoren fängt, arbeitet das Zugnetz mit einem relativ hohen Reizpegel. In Abhängigkeit vom Vorkommen des Aales in Gebieten unterschiedlichen Bodengrundes kann man zwei Reaktionsformen im Zugnetz unterscheiden. Bei glattem Schlammgrund flieht er vor dem über Grund kratzenden Netz aus seinen Bodenlöchern, unternimmt keine Durchbruchsversuche am Netztuch und versucht sich nicht im Schlamm vor der sich nähernden Unterleine zu verbergen. Über Krautgrund zeigt er kein ausgeprägtes Netzmeideverhalten. Zwar wird er meist vom Netz aufgescheucht, doch tendiert er dazu, sich in den Pflanzen zu verstecken, häufig dicht vor der näherrückenden Unterleine. Dabei lässt er das Netz auch oft über sein Versteck hinweg gleiten, ohne zu flüchten. An den unteren Netzteilen sucht er nach Fluchtmöglichkeiten, die ihm vielfach schadhafte Stellen bieten (Löcher im Netz).

Die beiden unterschiedlichen Verhaltensweisen mögen aus dem verschiedenen Wohnraum resultieren. Aale aus einem Areal ohne größere Wasserpflanzenbestände kommen mit diesen natürlichen Hindernissen wenig in Berührung und scheuen auch das für sie eventuell „wasserpflanzenähnliche" Netzmaterial mehr als Tiere aus einem stark verkrautetem Biotop. *Mohr* (1960) kam zu ähnlichen Resultaten, als er Fische der bodennahen Wasserschichten mit Freiwasser bewohnenden Arten in ihren Reaktionen auf Netze verglich.

Sowohl an Reusen-Leitwehren, als auch bei Zugnetzflügeln ist sicherer Bodenschluss der Unterleine erforderlich, um einmal die Aale zielgerichtet in die Reuse zu leiten, bzw. ihnen zum anderen wenige Fluchtmöglichkeiten in Bodennähe zu bieten.

Der Karpfen gehört nach *Wunder* (aus *Herter*, 1953, p. 93) zu den Dämmerungsfischen mit schlecht entwickelten Augen. Auch *Kirsche* (1966) fand für ihn den sehr geringen Kern-Hirnlängen-Quotienten von 1,6.

Während der Beobachtungen der Fische an Reusen wurden hauptsächlich nächtliche Karpfen-Passagen registriert. Eine Gruppe jugendlicher Karpfen konnte im *Stechlinsee* (Mai/Juni 1967) häufig tagsüber gesichtet werden. Zufällig wurde im Mai auch das Verhalten dieser Gruppe beim Einschwimmen in eine Reuse beobachtet, die in ihrem Wohngebiet lag, dass augenscheinlich aus dem Teil einer Bucht (Westbucht) bestand, in dem sie während eines langen Zeitraumes (etwa sechs Wochen) wiederholt angetroffen werden konnte und dass sie wahrscheinlich in dieser Zeit auch nicht verließ.

Bei dem zufällig beobachteten Auftreffen auf das Leitwehr der Reuse konnte nicht festgestellt werden, dass die Tiere vor dem Netztuch scheuten, wie am Zugnetz. Einzeltiere scheuen sich jedoch meist, den Eingang zum Reusenvorraum oder Rückfang, sowie die Kehle beim Auftreffen sofort zu passieren und wenden sich häufig wieder davon ab. Bei einer Einzelbeobachtung durchschwamm ein Karpfen nachts erst beim 13. Versuch die Kehle in die Fangkammer hinein. Karpfengruppen bewegen sich offensichtlich nach anfänglichem Stau an den genannten Stellen meist schneller durch die Netzeinengungen. Diese Beobachtungen am Karpfen würden den Ergebnissen von *Moor* (1964 b) an Plötzen entsprechen, bei denen die Netz-Vermeidereaktion vom „Schwarmdruck" (hier ist offensichtlich das Nachdrücken der weiter hinten schwimmenden Tiere gemeint und nicht der Drang, im Schwarm zu schwimmen und möglichst die Schwarmformation aufrecht zu erhalten) so stark überlagert wurde, dass die Tiere in Stellennetze gingen, die sie einzeln mieden.

Eigene Direktbeobachtungen an gut sichtbaren Netzwänden (Zugnetzflügel) zeigten jedoch sowohl für einzelne Plötzen und weniger häufig für Karpfen, als auch für Gruppen dieser Tiere, dass sie zielgerichtet auf das stehende oder bewegte Netztuch Durchbruchsversuche unternehmen. Das Verhalten von Gruppen (keine Schwärme!) ließ sich dabei keinesfalls aus dem „Druck" der nachfolgenden Fische erklären, sondern eher als Nachfolgereaktion im Sinne eines Carpenter-Effektes. Bei echten Schwarmfischen, wie z.B. Kleine Maräne, findet sich die Beobachtung von *Mohr* jedoch deutlich bestätigt. Der Trieb der Fische, im Schwarm zu schwimmen ist bei der Kleinen Maräne so stark ausgeprägt, dass durch die Maschen nach außen geflüchtete Tiere sekundär das Netz nach innen zu durchbrechen suchen, um Anschluss an den noch innen befindlichen Hauptteil des Schwarmes aufzunehmen, wenn dieser sich vom Netz abwendet.

101

Wahrscheinlich sind auch beim anfänglichen Stau mit anschließendem Durchschwimmen der Einengungen an Reusen durch Karpfen zunächst der „Druck" der nachfolgenden Tiere und später das „Ziehen" der vorbei schwimmenden wirksam.

Karpfen und Gruppen anderer Fische passieren die Netzeinengungen in Nachfolgereaktionen fast immer geschlossen. Von der Gruppe abgesprengte Einzeltiere versuchen in der Regel zunächst wieder Anschluss an die Hauptgruppe zu gewinnen. Bereits gefangene Tiere verlassen jedoch auch die Fanggeräte wieder einzeln oder in kleinen Trupps, nachdem sie sich bereits im Rückfang, der Vorfangkammer oder den ersten Fangkammern befanden.

Während die Karpfen das Netztuch der Reuse nicht scheuen und es offensichtlich in die Umwelt ihres Wohngebietes einbeziehen, zeigen Sie am Zugnetz bis zu den Schlussphasen des Zuges ein ausgeprägtes Netzmeideverhalten. Zunächst ist das in der Hauptsache wahrscheinlich auf den Staudruck des bewegten Netzes zurückzuführen, auf denen nach *Mohr* (1960, 1964 a), *Chapman* (1964), *Korotkov* (1969) die Fische bei aktiven Geräten (Schleppnetz) reagieren. Außerdem kann das Netz über Gewässergrund ohne Wasserpflanzen einen ähnlichen umweltfremden Reiz darstellen, wie ihn *Moor* (1960, p. 307) als milieufremd für Fische des freien Wasserraumes beschreibt. Beide Faktoren können u.a. Die Flucht stimulieren.

Die Scheu vor dem Netz ist so stark, dass während der ersten beiden Zugphasen kein exakter Bodenschluss der Unterleine erforderlich ist, um die Karpfen wirksam durch das Netz zusammenzutreiben und Netztücher mit wesentlich größeren Maschen verwendet werden könnten, ohne dass die Karpfen vermutlich flüchteten. Letzteres würde den Untersuchungen von *Blaxter*, *Parrish* and *Dickson* (1964) entsprechen, die ergaben, dass Schleppnetze größere Fischmengen zusammentreiben, wenn die Flügel weitere Maschen besitzen und aus auffälligem Material hergestellt sind. Auf den in dieser Arbeit wiedergegebenen, bisher erzielten Untersuchungsergebnissen für Karpfen aufbauend hat *Predel* (1970) ein entsprechend weitmaschiges Karpfennetz konstruiert, dass billiger herzustellen und leichter zu handhaben sein wird als die bisher verwendeten derartigen Fanggeräte.

Mit fortschreitendem Zug wird die Distanz der Karpfen zum Netztuch immer geringer. In der zweiten Zugphase kann es zum Entlangschwimmen am Netz kommen, in der dritten Phase beginnen die Tiere das Netz zu berühren und später versuchen sie es zu durchbrechen, indem sie wahllos gegen das Netztuch anrennen.

In Abhängigkeit von der Wassertemperatur können zwei unterschiedliche Verhaltensweisen beobachtet werden. Bei Temperaturen unter 6 °C steigen wenige Karpfen während des Zugnetzfanges an den Flügeln auf. Die Mehrzahl schwimmt sehr langsam am Boden umher, wie es auch Vergleichsbeobachtungen in Winterteichen zeigten. Ihre Aktivität ist gegenüber Wassertemperaturen von mehr als 6 °C sichtbar herabgesetzt.

Die zunehmend stärker zusammengepferchten Karpfen zeigen in den letzten Zugphasen eine typische „Versteckreaktion". Sie schieben ihre Köpfe unter Gegenstände, die dem Grund locker aufliegen und Hohlräume bilden. Das können z.B. Wasserpflanzen, abgesunkene Hölzer, selbst der am Grund liegende tauchende Beobachter oder die Unterleine ohne exakten Bodenschluss sein. Hier kann es dazu führen, dass das Netz über die passiv auf dem Grund liegenden Karpfen hinweg gezogen wird und erhebliche Fangverluste auftreten. In keinem Fall konnte die häufig geäußerte Vermutung bestätigt werden, Karpfen würden sich zum Winteraufenthalt in den Gewässergrund graben oder dadurch aktiv aus dem Zugnetz entweichen, indem sie sich im Schlamm unter der Unterleine hindurch arbeiten. Hier zeigt der Karpfen somit ein völlig anderes Verhalten als die Schleie, die sich zur Winterruhe im Bodenschlamm der Gewässer vergräbt und sich beim Fang häufig am straff gespannten Zugnetzflügel nach unten in den Schlamm wühlt, so das nachfolgend das Netz über sie hinweg gezogen wird.

Während des Karpfenfanges bei Wassertemperaturen über 6 °C findet man mit steigender Temperatur verstärkt die Tendenz der Tiere, in höhere Wasserschichten aufzusteigen. Das kann dazu führen, dass es zu einer Massenflucht der Fische über die Oberleine kommt. Ähnliche, die Wahl verschiedener Fluchtwege an bewegten Netzen bei unterschiedlichen Wassertemperaturen betreffende Ergebnisse erzielten *Hunter* and *Wisby* (1964) im Laborexperiment.

Fische halten sich während ihres „Inaktiven Stadiums" im Winter nicht in den Flachwassergebieten der Seen auf, sondern sammeln sich nach *Schiemenz* (1921) an den tiefsten Stellen der Gewässer. Untersuchungen von *Lelek* (1964) ergaben jedoch, dass sich u.a. auch Karpfen nicht auf die tiefsten Gewässerteile zurückziehen, sondern über weite Seebezirke verteilt sind.

Wie Vergleichsbeobachtungen ergaben, halten sich Karpfen in Winterteichen in großer Ansammlung an den tiefsten und gleichzeitig wärmsten Stellen auf, die nicht vom kalten Frischwasserstrom durchflossen werden. Sie stehen dabei wahrscheinlich nicht ständig ruhig auf dem Grund, sondern bewegen sich oft langsam, wie Grundtrübungen in diesen Gebieten vermuten lassen, ohne aus dem Bereich abzuwandern. Starke natürliche Störungen (z. B. Sauerstoffmangel bei langanhaltender Eisbedeckung) oder Beunruhigung durch den Menschen können dazu führen, dass die Karpfen ihre Standorte verlassen und ein dem „Aktiven Stadium" bei höheren Wassertemperaturen nahekommendes Verhalten annehmen. Wie die Beobachtungen zeigten, können die Beunruhigungen z.B. durch großflächiges Aufbrechen der Eisdecke oder wiederholte erfolgreiche Abfischungsversuche verursacht werden und so die Fische aus ihren Winteraufenthaltsorten in das Gelege treiben.

Bei Echolot-Beobachtungen an Maränenbeständen während des Fischens im 660 ha großen Oberuckersee stellten *Anwand* und *Lieder* (1962) fest, dass sich die Beunruhigung durch das Zugnetz wahrscheinlich mit flüchtenden Schwärmen auf weite Seeteile fortsetzte, dadurch maränenreiche Gebiete nach dem Zug entvölkert waren, an vorher von Maränen freien Stellen Schwärme auftauchten, „lediglich ein Nebenbecken, das von dem Zug (vielleicht auch von der Flucht) nicht berührt worden war, zeigte ungestörte Fischkonzentrationen."

Möglicherweise brauchen nicht sämtliche Fische des Sees bei derartigen Beunruhigung mit dem Fanggeräte in Berührung gekommen zu sein, wie es z.B. *Mohr* (1960) für den Hecht in „verblinkerten" Hechtgewässern vermutet (Nach seiner Ansicht müssen sämtliche im See befindlichen Hechte schon einmal mit dem Blinker in Berührung gekommen seien!), sondern es kann sich vielleicht um eine Instinkt-Dressur-Verschränkung mit nachfolgender Erfahrungsübertragung im Sinne von *Herter* (1953, p. 23) handeln. *Mohr* diskutierte 1968 die Lernfähigkeit der Fische bezüglich der Fanggeräte, angeregt durch die Problematik des mit modernen Methoden immer schwieriger zu fangenden atlantischen Herings und sieht die Beantwortung der Frage erst in der Zukunft als möglich. *Hering* (1969, 1970) wies darauf hin, dass Fische bestimmte Aufgaben schon nach ein bis zwei Versuchen lernen können, die Gedächtnisdauer bis zu zwei Jahre betragen kann und die Erfahrung auf erfahrungslose Artgenossen durch Verhaltensanregung übertragbar ist. Das Entkommen der Fische vor den Fanggeräten kann also möglicherweise auch u. a. auf erlernte Verhaltensweisen im Sinne einer bedingten Assoziation zurückzuführen sein.

In Reaktion auf das Netztuch zeigen die Fische artspezifisch unterschiedliches Verhalten, das außerdem auch vom Fanggerätetyp abhängt. *Merwald* (1959) beschrieb, dass sich u.a. Hechte und Plötzen leicht in ein Stellnetz treiben ließen. Gab man ihnen dazu genügend Zeit, entdeckten Weißfische und Karpfen rasch eventuell vorhandene Lücken und flüchteten daraus. Das stimmt nicht mit meinen eigenen Beobachtungen am Zugnetz überein. Möglicherweise spielt hier die Sichtbarkeit des Materials eine entscheidende Rolle, auf deren Bedeutung z. B. *Parrish & Blaxter* (1964) sogar in Hinsicht auf die Häufigkeit von Leinenbissen verwiesen.

Wahrscheinlich beeinflussen aktive Geräte (Zugnetze) die Fische auch wesentlich anders und sind mit stillen Geräten (Stellnetz) nicht einfach zu vergleichen.

Wenn die Beobachtungen von *Merwald* der Hecht leicht in ein Staaknetz zu treiben ist, so entspricht das meinen eigenen Beobachtungen ebenfalls nicht. Raubfische verfügen nach *Protasov* (1968) über einen optokinetischen Nystagmus und vermögen so ihrer Beute mit den Augen zu folgen. Das äußert sich bei Hecht und Barsch an Netzwänden (Zugnetz und auch stehende Netzwände, wie z. B. Reusenleitwehr) so, dass sie zielgerichtet Lücken durchschwimmen, durch schadhafte Netzstellen wechseln und die untergetauchte Oberleine überqueren.

Im Zugnetz schwimmt der *Hecht* bei zunehmender Einengung stärker umher, tendiert dazu, sich an Artgenossen anzuschließen, Gruppen zu bilden und untersucht das Netz immer häufiger auf Fluchtmöglichkeiten. Bis in die letzte Auszugsphase hinein kann man manchmal beobachten, wie er noch Fische schlägt. Zu einem Zeitpunkt, an dem viele andere Fische schon „panikartige" Ausbruchsversuche unternehmen können, ist bei ihm der Beutetrieb noch nicht erloschen. Gegen das glatte Netztuch richtet er erst in den letzten Zugphasen Ausbruchsversuche, drückt sich manchmal ins Kraut und lässt das Netz passiv über sich hinweg laufen. Wird er von einer Netzfalte überdeckt und in seiner Bewegungsfreiheit zufällig behindert, unternimmt er spontane Fluchtversuche durch das Netztuch, verfängt sich dann häufig darin und kommt oft nicht mehr frei.

Plötzen dagegen unternehmen wie auch Karpfen oft regellose Durchbruchsversuche am Zugnetz, häufig ohne eine dicht daneben liegende fluchtgünstige Stelle zu beachten. Diese Versuche, das Netztuch zu durchbrechen, sind meist aus dem Zug hinaus gerichtet, kehren sich jedoch in vielen beobachteten Fällen um (vor allem bei der Plötze, weniger häufig beim Karpfen) und richten sich von außen in den Zug hinein. Offensichtlich ruft vor allem das bewegte Netztuch, wie *Protasov* (1968) angab, eine optomotorische Reaktion hervor und veranlasst zum Durchschwimmen der Maschen oder zum Mitschwimmen innerhalb oder außerhalb des Zuges, wobei dann selbst sehr kleine Jungfische oftmals bis zum Hieven des Sackes nicht durch die Maschen wechseln.

Während der 1952 entstandene Film *„Fish and the Seine"* deutlich zeigt, wie Plattfische dem Schleppnetz entweichen und auch aus dem Sack durch die Maschen entkommen, sagten die Beobachtungen vieler Autoren aus, dass andere untermaschengroße Fische mit weniger stark ausgeprägter Bodenbindung als die Plattfische bis zum Hieven im Schleppnetz mitschwammen, ohne vorher durch die Maschen zu flüchten und unterstrichen somit die Ansicht von *Protasov*, darin ein optomotorische Reaktion zu sehen.

Bei den schon erwähnten Maränenfängen durch *Anwand* und *Lieder* (1962) ergab sich eine Massenflucht der untermaschigen Tiere erst in geringer Tiefe kurz vor dem Auszug. *Aslanova* (1958) berichtete, dass der Hering bei Zugnetzfängen selten durch die Maschen der Flügel schwamm, in fortgeschrittener Zugphase vor allem durch Risse im Netztuch und unter der Unterleine mit schlechtem Bodenschluss entwich, Jungfische jedoch bis kurz vor dem Einholen im Netz blieben, dann die Maschen mit großer Geschwindigkeit passierten, die erst 2-3 m hinter dem Netz wieder normal wurde. *Korotkov* (1969) stellte fest, dass bei Schleppnetzen der Fisch nie in der Netzöffnungsgegend (Vornetz) durch die Maschen zu flüchten versucht und auch eine Vergrößerung der Maschen in diesem Bereich auf 150 mm keine Erniedrigung des Ertrages brachte. Entsprechende Beobachtungen führten auch *Margetts* (1952, 1964), *Martyschevskij* (1967, 1968) und *Ziljstra* (1967) an.

Vyskrebencev (1968) beobachtete Schildmakrelen, die während der gesamten Schleppnetzzeit außerhalb des Gerätes mit schwammen, in das Netz hinein wechselten und wieder hinausliefen. Er erklärte es als optomotorische Reaktion der Fische. Eine ähnliche Reaktion kann man auch in unseren Binnengewässern häufig an Jungbarschschwärmen beobachten. *High* (1967) berichtete von Jungfischschwärmen, die sich dem bewegten Netz anschlossen und von denen sich einzelne Tiere abspalteten, um zu innen befindlichen Schwärmen zu gelangen.

Über Kontaktaufnahme von Makrelen zu unbewegtem Netztuch (Reuse) teilte *Ulrich* (1951 b) eine Beobachtung mit, nach der die Makrelen dicht am Netz entlang schwammen, nicht die Maschen zu durchbrechen suchten und nicht in den freien Innenraum der Reuse auswichen. Ähnlich reagieren Kleine Maränen oft am Zugnetzflügel. An Leitwehren von Reusen kann man ebenfalls häufig Fische beobachten, die dicht am Netztuch entlang schwimmen, dabei regelrechte Schwimmwege einhalten und wahrscheinlich das Netz in ihren Wohnbereich einbezogen haben.

In der schon zitierten Veröffentlichung von *Aslanova* (1958) wird angeführt, dass Sardellen beim Auftreffen auf die weitmaschigen Leitwehre der Großhamen mit einer Änderung der Schwimmrichtung reagierten und nicht hindurch zu brechen suchten. Eine ähnliche Scheu, die Maschen zu durchschwimmen findet man bei den ortstreuen untermaschengroßen Jungfischen (vor allem Barsch) an Reusen in unseren Binnenseen.

Die unterschiedlichsten Beobachtungen zeigen, dass die optomotorische Reaktion vieler Fische auch sehr wohl zu deren Fang ausgenutzt werden könnte, wenn man sie zunächst zum Mitschwimmen im Fanggeräte veranlasste und ihnen in der Endphase die Fluchtmöglichkeit nähme. Obgleich die Literaturbeispiele fast ausschließlich die Meeresfischerei betreffen, lassen sich durch Vergleichsbeobachtungen auch an den aktiven Geräten der Binnenfischerei ähnliche Ergebnisse gewinnen.

Während in der Hochseefischerei Schleppnetze die Hauptfanggeräte darstellen, bei denen der Staudruck, nach *Schärfe* (1959, aus Mohr, 1960, p. 310) einen erheblichen Einfluss auf die Reaktion der Fische auszuüben vermag, dürfte sich dieses Problem in der Zugnetzfischerei nur unwesentlich auf das Verhalten der Fangobjekte auswirken.

Nach *Mohr* (1960, p. 311) gaben *Immanura* und *Ogura* optimale Zuggeschwindigkeiten für ein spezielles Zugnetz mit 3-4,5 m/min. an. Ihre Versuche zeigten bei höheren oder niedrigeren Geschwindigkeiten geringere Fangergebnisse. Durch den Übergang von der Knüppel- auf die Motorwinde ist die Zuggeschwindigkeit in den Binnengewässern allgemein erhöht worden. Sie unterliegt starken Schwankungen, da die Flügel meist noch nicht gleichmäßig mit einer Winde gezogen werden, sondern das Zugseil in regelmäßigen Abständen wieder neu ausgefahren und am Flügel befestigt werden muss. Dazwischen liegt das Netz still - es konnten keine Unterschiede der Reaktion der Fische auf das bewegte oder vorübergehend ruhig liegende Netz festgestellt werden -. Das letzte Stück des Zugnetzes wird von Hand eingeholt und kann, besonders wenn der Sack „eingemoddert" ist, sehr langsam laufen

Die Geschwindigkeit des im Stechlinsee beobachteten Maränennetzes betrug etwa 1-4 m/min. Da es sich um ein sehr kleines Zugnetz mit nur 80-100 m Flügellänge handelte, das den schnellen Schwarmfisch Kleine Maräne fing, war diese Geschwindigkeit möglicherweise zu gering, denn häufig wichen die kurz nach dem Aussetzen im Fangbereich befindlichen Maräneschwärme dem Netz aus. Dabei konnte nicht festgestellt werden, ob es sich um aktive Flucht handelte. Es entstand durch die Beobachtung eher der Eindruck, dass sie ihre Schwimmrichtung zufällig aus dem Fangbereich führte. Wollte man die Zuggeschwindigkeit erhöhen, würde möglicherweise der erhöhte Staudruck genügen, um die Tiere schon in einer frühen Zugphase zu verjagen. Günstiger wäre es wahrscheinlich, die Zugnetzflügel sehr stark zu verlängern, für die vordersten Teile auffälliges Material mit großen Maschen zu verwenden, um die Tiere möglichst früh einzukreisen und gleichzeitig einen großen Seebereich zu erfassen. Eine andere Möglichkeit bestünde darin, Schleppnetze einzusetzen, deren Geschwindigkeit gegenüber dem Zugnetz wesentlich erhöht werden kann, und die Tiere wie in der Hochseefischerei zu fangen. Dort werden die Fische durch einen „herding-Effekt" zusammengetrieben (*Hering*, 1969; *Blaxter* and *Parrish*, 1966; *Blaxter, Parrisch* and *Dickson*, 1964; *Margetts*, 1952, 1963).

Beim Einsatz ähnlicher elektrischer Schleppnetze, wie sie z.B. speziell für den Aalfang durch *Hattop* und *Predel* (1969) konstruiert wurden, könnte wahrscheinlich auch der Fang der Kleinen

Maräne optimiert werden. Eine genau angepasste Geschwindigkeit des Gerätes müsste dafür unbedingt ermittelt werden, denn sie hat im Wechselspiel von „herding" (Zusammentreiben) und Staudruck (Scheuchen) eine erhebliche Rolle. Nach *v. Brandt* (zit. n. *Mohr*, 1960, p. 311) beträgt die Mindestschleppgeschwindigkeit zum Fang des *Herings* 3,5 Kn., die auch *Blaxter, Parrisch* and *Dickson* (1964) als optimal ansahen, für Sprotten dürfte sie jedoch nicht höher als 2,5 Kn. liegen.

Die optimalen Schleppgeschwindigkeiten sind den Fangobjekten artspezifisch anzupassen und können erheblichen Schwankungen unterliegen, da nach *Saburenkov* & *Pawlov* (1968) die Schwimmgeschwindigkeit der Fische z.B. mit der Erhöhung der Lichtintensität oder der Temperatur um ein Vielfaches ansteigen. Auch war die Schwimmgeschwindigkeit eines Schwarmes gegenüber den Einzeltieren erheblich erhöht. *Hergenrader* and *Hasler* (1967 fanden für *Perca flavescens*, dass die Schwimmgeschwindigkeit einzelner Fische nur die Hälfte der Geschwindigkeit von in Schwärmen schwimmender Fische betrug.

Nach *Mohr* (1967) schwanken die absoluten Schwimmgeschwindigkeiten für verschiedene Fischarten zwischen 2,2 km/h (Sprott, 12 cm) und 43,9 km/h (Barrakuda, 130 cm) und betragen für die Plötze (24 cm) 4,4 km/h. Die höchste Geschwindigkeit erreicht nach *Mantheyfel* und *Rodakov* der Schwertfisch mit 130 km/h.

In den Binnengewässern scheint die Zuggeschwindigkeit, abgesehen vom Schwarmfisch Kleine Maräne, keinen wesentlichen Einfluss auf das Fischverhalten auszuüben, da in jedem Fall die Fische allmählich zusammengetrieben werden. Ob der mit steigender Zuggeschwindigkeit ebenfalls anwachsende Staudruck sich z.B. dadurch bemerkbar machen könnte, dass die Fische anders auf das Netztuch reagierten, indem vielleicht mehr Tieren aufgemascht würden, weil sie möglicherweise gegen den Strom auszubrechen tendieren, bedarf weiterer Untersuchungen.

Die Zugnetzgeschwindigkeiten lagen in den beobachteten Fällen meist zwischen 5-7 m/min, sanken jedoch durch die verschiedensten Umstände häufig auf < 1 m/min ab.

In den letzten Jahren sind im Institut für Binnenfischerei elektrischer Schleppnetze für den Aalfang entwickelt und eingesetzt worden. *Hattop* (1965) stellte die ersten derartigen Fanggeräte vor *Predel* (1968) unternahm mit den weiter entwickelten Schleppnetzen vergleichende Untersuchungen durch Verwendung verschiedener Stromarten und kam zu dem Schluss, dass Wechselstromfelder physiologisch wirksamer sind, was durch Direktbeobachtung (auch bezüglich der Wirksamkeit des elektrischen Feldes auf den Taucher) bestätigt werden konnte. Das neueste Elektroschleppnetz wird durch *Hattop* und *Predel* (1969) für die Intensivbewirtschaftung von Seen näher erläutert.

Wenn auch *Hering* (1970) feststellte, „Der Begriff 'Fischereibiologische Verhaltensforschung' umfasst alle für die Fischerei erfolgenden Verhaltensuntersuchungen - ohne die Forschungen über die Reaktionen von Fischen und anderen Wassertieren in unnatürlichen starken elektrischen Feldern -, ...", so wurden doch die hoch effektiven und wahrscheinlich in der Perspektive noch mehr Bedeutung erlangenden Elektro-Fanggeräte und die Reaktion der Fische in deren Wirkungsbereich beobachtet. *Hering* hatte nicht unrecht, wenn er die Reaktion von Fischen auf für sie unnatürlich starke elektrische Felder aus der Verhaltensforschung herausnahm; denn das Tier ist physiologisch nicht mehr in der Lage, zwischen verschiedenen Verhaltenskomponenten zu wählen, wenn es in Elektronarkose gerät. Trotzdem gibt es eine Vielzahl von Wechselbeziehungen, die, gerade weil der Fisch während der Narkose nicht anders reagieren kann, zum großen Teil bereits überschaubar sind oder mit der weiteren Intensivierung der Fischwirtschaft nach entsprechenden Forschungsarbeiten überschaubar werden können, so dass man hier leichter als bei anderen Fangmethoden die Fischproduktion in Binnengewässern mithilfe der mathematischen Vielfaktorenanalyse ökonomisch effektiver gestalten könnte.

Dass die Fische in einem entsprechend starken elektrischen Feld kein Verhaltensrepertoire entwickeln können ist verständlich, doch vor und nach der Elektronarkose sind sie in Abhängigkeit von unterschiedlichsten Faktoren (z.B. Leitfähigkeit des Gewässers,

Wassertemperatur, Bodenbedeckung, Größe des Fangnetzes, Schleppgeschwindigkeit u.a.) teilweise zu unterschiedlichem Verhalten befähigt, wie vor allem die Beobachtungen an Aal deutlich erwiesen, und es ist für optimale Fänge erforderlich, z.B. die Schleppgeschwindigkeit genau mit den anderen Faktoren abzustimmen. Das wäre bei Kenntnis der wichtigsten Einzelfaktoren mathematisch möglich. Bei den Beobachtungen am Aal-Elektroschleppnetz konnte die von Fall zu Fall visuell ermittelte günstigste Schleppgeschwindigkeit auf 12-20 m/min festgelegt werden. Höhere oder geringere Schleppgeschwindigkeiten ließen die Fangergebnisse sinken.

5.   Zusammenfassung

Mit der technisch-wissenschaftlichen Revolution entwickelt sich in unserer Gesellschaftsordnung die Wissenschaft zur Produktivkraft. Einleitend wird versucht, die Ethologie als eine Produktivkraft in der Nahrungsmittelproduktion vorzustellen und sie zur Ertragssteigerung in der Binnenfischerei einzusetzen.

Zu den traditionellen Arbeitsmethoden der Fischereiwissenschaftler gelang es in den fünfziger Jahren den Engländern, die Methode der Direktbeobachtung durch autonomes Tauchen aufzunehmen. Der Film „Trawls in Action" zeigte erstmals ein unter Wasser arbeitendes Fanggerät und demonstrierte daneben die Reaktionen einiger Fische im Fangbereich.

Obwohl in den folgenden Jahren für viele Einzelarbeiten die Methode der Direktbeobachtung durch autonome Taucher in der Fischerei eingesetzt wurde, erkannte man erst relativ spät die Bedeutung der Kenntnis des Fischverhaltens in Bezug auf das Fanggerät. Dem trug die FAO-Konferenz, 1967 in Bergen Rechnung und widmete sich umfassend diesem Problemkreis.

Fast sämtliche diesbezügliche Arbeiten bezogen sich bisher auf die Meeresfischerei, da die Methode der Direktbeobachtung an Fischereigeräten im Bereich der Binnenfischerei infolge der ungünstigen Sichtverhältnisse unter Wasser schlecht einzusetzen ist und im Weltmaßstab die Binnenfischerei eine weit geringere Bedeutung als die Meeresfischerei besitzt.

Obwohl sich die Fischereiwissenschaft der Methode der Direktbeobachtung in größerem Umfange erst seit etwa 20 Jahren bedient, ist die Entwicklungsgeschichte zur heutigen Methode schon wesentlich älter.

Bei den Arbeiten an Fanggeräten der Binnenfischerei wurde eine speziell entwickelte Methodik und Ausrüstung eingesetzt, die auf die verschiedenen Fanggeräte abgestimmt war. Insbesondere sind hier die Dokumentation durch Foto und Film zu nennen, sowie die Beobachtung mit Hilfe einer stationär aufgestellten Unterwasser-Fernsehanlage.

Bei den Beobachtungen von Fischen an Fanggeräten gibt es verschiedene Schwierigkeiten zu überwinden. Gegen die Unterkühlung während des stundenlangen Aufenthaltes in unseren Gewässern muss der Körper des Tauchers genügend geschützt sein.

Stark eutrophe Gewässer können die Arbeiten durch äußerst geringe Sichtweite sehr erschweren, bzw. vollkommen unmöglich machen.

Die Fluchtdistanz der Fische auf den „Störfaktor" Taucher wird während des Fischens mit dem Zugnetz bei fortschreitendem Zug geringer, d. h. Die Tiere sind manchmal leichter zu beobachten.

Durch Beunruhigung der Tiere (z.B. in Karpfenintensivgewässern) kann die Erregung auf den größten Teil der Fischpopulation übertragen und so der See für längere Zeit schlecht befischtbar werden. Ob die durch falsches Befischen entkommenen Tiere ihre Erfahrung auf unerfahrene übertragen, konnte nicht nachgewiesen werden, ist jedoch denkbar, da für Erfahrungsübertragung frei lebender Tiere Beispiele genannt werden können.

Ausgehend von allgemeinen Verhaltenscharakteristika der Fische am Zugnetz und dem Vergleich mit den Reaktionen der Tiere am Schleppnetz, werden unsere wirtschaftlich wichtigsten Fische (Aal, Karpfen, Hecht, Maräne) sowie Nebenfische (Schleie, Plötze, Barsch) in ihren Reaktionen untersucht und miteinander verglichen, um gleichzeitig auf günstige Fangmöglichkeiten und Fehler beim Fang hinzuweisen.

Ein Fischschwarm reagiert auf das Zugnetz als geschlossene Formation, die vorübergehend „panikartiger" Auflösung weichen kann, jedoch dazu tendiert, wieder Schwarmstruktur anzunehmen.

Einzeln oder in kleinen Gruppen lebende Fische zeigen zwei unterschiedliche Verhaltensrichtungen. Während die eine darin besteht, das Netz häufig gezielt nach Ausbruchsmöglichkeiten zu untersuchen (Barsch, Hecht), besteht die andere Richtung darin, dass sich die Fische passiv zusammentreiben lassen (Karpfen, Plötze) und regellose Ausbruchsversuche unternehmen.

Der Karpfen meidet in den ersten Zugnetzphasen Netzberührung und ließe sich auch von weitmaschigeren Netzen zusammentreiben, als sie in der Zugnetzfischerei Verwendung finden. Er zeigt sich bei Temperaturen über 6 °C lebhafter und steigt während des Fanges mit dem Zugnetz in großer Anzahl vom Boden auf, um in höheren Wasserschichten umher zu schwimmen. Unter dem Einfluss tieferer Temperaturen neigt er dazu, am Grund zu bleiben und sich während der letzten Phase des Zuges unter Hindernissen zu verstecken. Hält zu dieser Zeit die Unterleine keinen exakten Bodenschluss, so kann es zu einer „passiven Massenflucht" kommen. Die Karpfen schieben ihre Köpfe zwischen Leine und Boden und das Netz wird über die ruhig auf dem Grund liegenden Tiere hinweg gezogen.

Während bei Zugnetzbeobachtungen die Bedeutung des „Störfaktors" Taucher gegenüber des Anwachsens und Summierens anderer Reizquellen mit fortschreitendem Zug abnimmt, bildet der Taucher im Verhältnis zum Stillen Fanggerät immer einen erheblichen „Störfaktor", wenn die Arbeitsmethode nicht speziell angepasst wird.

Das Allgemeine Fangprinzip von Reusen wird erklärt und das Verhalten einzelner Fischarten (Aal, Schleie, Karpfen, Blei, Güster, Plötze, Hecht) sowie deren Aktivität an diesen Fanggeräten beschrieben.

Da vor allem für den Barsch gute Laborergebnisse seiner Tagesrhythmik vorlagen, wurden die Reaktionen dieser Fischart eingehender untersucht und mit dem aus der Literatur bekannten Ergebnissen verglichen.

Allgemein kann festgestellt werden, dass die Fangeffektivität der Reusen mit zunehmender Standzeit rasch nachlässt, da die Fische die Reuse schnell in ihr Wohngebiet einbeziehen. Sie weichen auf Ihren Schwimmwegen dem Fanggerät geschickt aus, laufen sogar oft regelmäßig hinein und verlassen die Reuse wieder entgegengesetzt der Fangrichtung. Gute Fangergebnisse sind zu Beginn der Stellzeit und während der Laichperioden der einzelnen Fischarten zu erwarten.

Über die Reaktionen von Fischen an Stellnetzen kann eine umfassendere Aussage nur nach erheblich intensiverer Arbeit gemacht werden, als sie hier möglich war. Es gelang nur, einige auffällige Verhaltensweisen zu beobachten und zu beschreiben.

Besonders zukunftsträchtig erscheinen Elektrofanggeräte für die Binnenfischerei, wie sie heute schon in vielfältiger Form eingesetzt werden. In diesem Zusammenhang wird die Arbeitsweise eines Elektroschleppnetzes für den Aalfang und das Verhalten des Aales und andere Fischarten im Einflussbereich dieses modernen Fanggerätes beschrieben und auf eine effektive Schleppgeschwindigkeit hingewiesen.

Die ersten Ergebnisse der Beobachtungen von Fischen an Fanggeräten und der Arbeitsweise der Geräte selbst wirkten sich dahingehend aus, dass einige Mängel an den eingesetzten Netzen oder in der Arbeitsmethodik damit erstmals bekannt wurden und sie durch die Praktiker daraufhin teilweise sofort in kürzerer Frist beseitigt werden konnten.

Zahlreiche Filmvorträge zeigten den Fischern und Fischereiwissenschaftlern des In- und Auslandes erstmalig Aufnahmen vom Netz und den Fangobjekten während des Fischens in

Binnengewässern. Dadurch konnte die Arbeit an einer Reihe von Veränderungen und Neukonstruktionen im Institut für Binnenfischerei und in den Binnenfischereibetrieben unterstützt oder angeregt werden.

Auf eventuell mögliche Veränderungen zur Steigerung der Fangeffektivität wird am Schluss der Abhandlungen hingewiesen.

6.   Anhang

6.1.   Seen, in denen gearbeitet wurde

(Angaben teilweise aus der Modifizierungskartei des Instituts für Binnenfischerei)

Bietikower See   Sichtweite: 2,5-3,5 m   Typ: Hecht-Schleie-See (Karpfenintensivgewässer)
Fläche: 8 ha   max. Tiefe: 3,7 m   Durchschnittstiefe: 2,5 m

Brodowinsee   Sichtweite: 2-3 m   Typ: Aal-Hecht-See
Fläche: 43 ha   max. Tiefe: 7,5 m   Durchschnittstiefe: 4,5 m

Kleiner Burgsee (bei Gramzow) Sichtweite: 2 m   Typ: Hecht-Schlei-See
Fläche: 4,8 ha   max. Tiefe: 5 m   Durchschnittstiefe: 3,5 m

Carwitzer See   Sichtweite: 5-8 m   Typ: Maräne-Aal-Hecht-See
Fläche: 597 ha   max. Tiefe: 41 m   Durchschnittstiefe: 15,6 m

Dagowsee   Sichtweite: 5-8 m   Typ: Aal-Hecht-See (Karpfenintensivgewässer)
Fläche: 23,8 ha   max. Tiefe: 9 m   Durchschnittstiefe: 6 m

Dreetzsee   Sichtweite: 5-6 m   Typ: Aal-Hecht-See
Fläche: 79 ha   max. Tiefe: 10 m   Durchschnittstiefe: 5 m

Galenbecker See   Sichtweite (bis 1966): 4-5 m Typ: Aal-Hecht-Schlei-See
Fläche: 600 ha   max. Tiefe: 2 m   Durchschnittstiefe: 0,5 m

Globsower See   Sichtweite: 5-6 m   Typ: Hecht-Schlei-See (Karpfenintensivgewässer)
Fläche: 15 ha   max. Tiefe: 4 m   Durchschnittstiefe: 2,5 m

Grimnitzsee   Sichtweite: 3-4 m   Typ: Aal-Hecht-Zander-See (Karpfenintensivgewässer)
Fläche: 830 ha   max. Tiefe: 11 m   Durchschnittstiefe: 4,6 m

Helenensee   Sichtweite: 5-10 m   Typ: Barsch-Hecht-See (1953 aufgelassener Braunkohlentagebau)
Fläche: 500 ha   max. Tiefe: 10 m   Durchschnittstiefe: ca. 40 m

Haussee Suckow   Sichtweite: 1 m   Typ: Aal-Hecht-See (Karpfenintensivgewässer)
Fläche: 24 ha   max. Tiefe: 8 m   Durchschnittstiefe: 6 m

Kölpinsee (bei Michmannsdorf) Sichtweite: 4-5 m   Typ: Aal-Hecht-Schlei-See (Karpfenintensivgewässer)
Fläche: 177 ha   max. Tiefe: 9-10 m   Durchschnittstiefe: 6 m

Liepnitzsee   Sichtweite: 4 m   Typ: Maräne-Hecht-See
Fläche: 117 ha   max. Tiefe: 17,5 m   Durchschnittstiefe: 10,6 m

Mamry-See (Polen) bestehend aus 3 Seen:

  1. Dobskie-See   Sichtweite: 5-6 m   Typ: Maräne-Aal-Hecht-See
    Fläche: 1776 ha   max. Tiefe: 10 m   Durchschnittstiefe: 5 m

  2. Dargin-See   Sichtweite: 5-6 m   Typ: Maräne-Aal-Hecht-See
    Fläche: 3030 ha   max. Tiefe: 37,6 m   Durchschnittstiefe: 10,6 m

  3. Kisagno-See   Sichtweite: 6 m   Typ: Maräne-Aal-Hecht-See
    Fläche: 1896 ha   max. Tiefe: 25 m   Durchschnittstiefe: 8,4 m

Nigotschin-See (Polen)   Sichtweite: 6 m   Typ: Maräne-Aal-Hecht-See
Fläche: 2600 ha   max. Tiefe: 39,7 m   Durchschnittstiefe: 10 m

Parsteiner See   Sichtweite: 3-4 m   Typ: Maräne-Aal-Hecht-See
Fläche: ca. 650 ha   max. Tiefe: 27 m   Durchschnittstiefe: 8.4 m

Gr. Plessower See   Sichtweite: 1-2 m   Typ: Aal-Hecht-See
Fläche: 336 ha   max. Tiefe: 12,3 m   Durchschnittstiefe: 4,3 m

Polsen-See (bei Vietmannsdorf) Sichtweite: 1-2 m   Typ: Aal-Hecht-See (Karpfenintensivgewässer)
Fläche: 72,6 ha   max. Tiefe: 5,8 m   Durchschnittstiefe: 3,8 m

Potzlower See   Sichtweite: 1-1,5 m   Typ: Aal-Hecht-Zander-See (Karpfenintensivgewässer)
Fläche: 199 ha   max. Tiefe: 8,5-11 m   Durchschnittstiefe: 4 m

Gr. Rathsburger See (bei Gramzow) Sichtweite: 1-2 m   Typ: Aal-Hecht-See
Fläche: 15 ha   max. Tiefe: 9,5 m   Durchschnittstiefe: 4,5 m
Stechlinsee   Sichtweite: 8-15 m (ab 1966: 5-10 m)
    Typ: Maränen-See
Fläche: 417 ha   max. Tiefe: 68 m   Durchschnittstiefe: 21 m
Sternhagener See   Sichtweite: 3-5 m   Typ: Aal-Hecht-Schlei-See (Karpfenintensivgewässer)
Fläche: 174 ha   max. Tiefe: 11,5 m   Durchschnittstiefe: 3,5 m
Ober-Uckersee   Sichtweite: 4-5 m   Typ: Maränen-Aal-Hecht-See
Fläche: 660 ha   max. Tiefe: 27 m   Durchschnittstiefe: 16-18 m
Unter-Uckersee   Sichtweite: 4-6 m   Typ: Maräne-Aal-Hecht-See
Fläche: 1133 ha   max. Tiefe: 18,3 m   Durchschnittstiefe: 11,9 m
Weißer See (bei Wesenberg)   Sichtweite: 5 m   Typ: Maränen-Hecht-See (Karpfenintensivgewässer)
Fläche: 30 ha   max. Tiefe: 13 m   Durchschnittstiefe: 6 m

6.2.   Literaturverzeichnis

Anon., 1963, Ignorance of Fish Behaviour. (Bericht vom 2. FAO-Kongr.). World Fish., Juli (7), 1963, p. 88-95
-, 1964, Soviet Ressearch by Submarine. World Fishing 13: 40-41, 45-47.
-, 1952, Comperative Studies of Trawl Behaviour by Underwater Obsewrvation. World Fishing 1: 116-120.
-, 1952a, Underwater Television Equipment. World Fishing 1: 107.
-, 1968, Übernahme des Instituts für Binnenfischerei durch die VVB Binnenfisch. Dt.Fisch.-Ztg.15: 261-262.

Anwand, K. & U. Lieder, 1962, Ergebnisse und Perspektiven der Fischortung in der Binnenfischerei. IV. Echografenbeobachtung eines Kleinmaränenbestandes während der Tageszugnetzfischerei. Dt.Fisch.-Ztg. 9: 233-239.

Aronov, M. P., 1968, Die Erforschung des Fischverhaltens und die Unter-Wasser-Forschungstechnik (russ.). Vsesojuznaja konferenzija po voprosu isucenija povedenija ryb v svjasi a technikoj i taktikoj promysla. Murmansk. PINRO.

Aslanova, N. E., 1958, Beobachtungen des Fischverhaltens in der Fangzone des Fischereigerätes (russ.).Trud.Vniro 36: 33-51

Bagenal; T.B., 1958, An analysis of the variability associated with the Vigneron-Dahl modification of the otter trawl by day and night and a discussion of its action. J. Cons. Perm Int. Expl. Mer. 24 (1): 62-79.

Baranov, F.I., 1960, Technik des industriellen Fischfanges. Moskau.

Barnes, H., 1953, Underwarer television and the fisheries. Fishing News, No. 2089: 9.
-, 1954, Underwarer Television and Marine Research. Advancement of Science 11, (41): 55-61.
-, 1959, Oceanography and marine biology. Part 4, Photography and Television, p. 1 59-201.

Barton, O., 1954 a, Adventure on Land and under the Sea. London.
-, 1944 b, The World Beneath the Sea. London.

Beebe, W., 1928, Das Arcturus-Abenteuer. Leipzig.
-, 1935, 925 m unter dem Meeresspiegel. Wiesbaden.

Ben-Yami, M., 1959, Study of the Mediterranean trawl net. Modern Fishing Gear of the World 1: 213-221.

Bernal, J.D., Die Wissenschaft in der Geschichte. Berlin.

Betge, U.,H.Rohde und H.Kulow, 1965, Untersuchungen über die Reaktionen der Fische auf unterschiedliche Farben und Stärken elektrischen Lichtes. Dt. Fisch.-Ztg. 12: 286-291.

Blaxter, J.H.S. and Dickson, W, 1939,
Observations on the Swimming Speeds of Fish. J.Cons.Perm.Int.Explor.Mer. 24: 472-479.

Blaxter, J.H.S. 1963, Can fish learn to avoid fishermen? World Fishing 12, (9): 50.
-, B.B.Parrish and W.Dickson, 1964, The importance of vision in the reaction of fish to driftnets and trawls. Modern Fishing Gear of the World 2: 529-536. London.
-, and B.B.Parrish, 1966, The reaction of marine fishes to moving netting and other devices in tanks. J.mar.Res. 1: 1-15; nach Allg. Fischereiwirtschaftsztg. 1966 (36): 14-15.

Boerema, L.K., 1956, Some experiments on factors influencing mesh selection in Trawls. J.Cons.Perm.Explor.Mer. 21: 175-191.

Böttcher, A., 1956, Maränenwirtschaft im Großen Stechlin. Dt.Fisch-Ztg. 3:136-138.

Bonitierungskartei des Instituts für Binnenfischerei Berlin-Friedrichshagen.

V. Brandt, A., 1949, Netzweichheit und Netzhärte. Ein Beitrag zum Begriff der Fängigkeit bei Kiemennetzen. Arch.Fischereiwiss. 1: 173-181.

-, 1951, Neue englische Beobachtungen an Schleppnetzen während des Fischen. Fischereiw. 3 (9): 144-145.

-, 1951 a, Vorfächer und Haken unter Wasser gesehen. Fischwaid 6: 8.

-, 1953, Untersuchungen über die Fängigkeit von Stellnetz unter Berücksichtigung der Netzfarbe. Arch.Fischereiwiss. 6 (4): 5-18.

-, 1954, Perlonnetze in der Ostseetreibnetzfischerei für Heringe. Fischwirt. 4: 295-300.

-, 1955, Unterwasserfernsehen. Fischwirtschaft 7 (7): 204-205.

-, 1956, Unterwasserfernsehen im Königssee. Allg.Fischereiztg. 81, (1).

- und R.Liepold, 1953, Ergebnisse von Fangversuchen im Wolfgangsee mit Stellnetz aus Baumwolle und Perlon. Österreichs Fischerei 8: 9-10.

- u.a. 1959, Versuche zur Fangausweitung durch Änderung der Fangtechnik. Prot. Fischereitechn. 6, (25).

-, 1968, Fischereiliche Beeinflussung des Fischverhalten. Prot. Fischereitechn. 11, (50): 91-115.

Bräutigam, R., 1958, Zur Reaktion v. Garnelen u. Aal auf elektrisches Licht. Fischereif. (I.f.P.) 1 (H. 3): 16-17.

Breitenstein, W., 1960, Betriebswirtschaftlicher Ratgeber für die Binnenfischerei, Berlin.

Chapman, C.J., Importance of mechanical stimuli in fish behaviour especially to trawls. Modern fishing gear of the world 2: 537-539. London.

Chestermann, W.P., 1954, The taking of underwater films by frogmen. Advanc.Sci., 11 (41): 54-55. London.

Cousteau, J.Y. u. F.Dumas, 1953, Die Schweigende Welt. Berlin.

Cousteau, J.Y. u. J.Dugan, 1963, The living sea. London.

Cullen, J.M., E.Shaw and M.A.Baldwin, 1965, Methods for measuring the threedimensional structure of fish schools. Anim. Behav. 13: 534-543

Dickson, W., 1959, The use of the Danish seine net. Fishing gear of the world 1: 384-385. London.

-, 1964, Some comparative fishing experiments in trawl design. Mod. fish. gear of the world 2: 181-191. London.

Dohrn, A., 1881, Bericht über die Zoolog. Stat. während der Jahre 1879/80. Mitt. Zool. St. Neapel 2: 500 ff.

Fortier, H.U. u.a., Unterwasser-Fernsehanlage UFK IV. poseidon (2/3)

v. Frisch, K. u. S. Dijkgraaf, 1935, Können Fische die Schallrichtung wahrnehmen? Z. vgl. Pysiol. 2: 641-655.

v. Frisch, K., 1941, Die Bedeutung des Geruchssinnes im Leben der Fische. Naturwiss. 29 (22/23): 321-333.

-, 1941 a, Über einen Schreckstoff der Fischhaut u. seine biologische Bedeutung. Z. vgl. Physiol. 29: 46-145.

Fuss jun., C,M. and L.M.Ogren, 1965, A shallow water observation chamber. Limn. a. Oceanogr. 10 (2): 290.

Gankow, A.A., 1958, Einige Angaben über den Einfluß des Verhaltens atlantischer Heringe beim Fang mit dem pelagischen Trawl (russ.) Ryb. Choz. 34: 6-12.

Hager, K. 1968, Die Aufgaben der Gesellschaftswissenschaften in unserer Zeit. Berlin.

Hass, H., 1939, Jagd unter Wasser mit Harpune und Kamera, Stuttgart.

-, 1941, Unter Korallen und Haien. Berlin.

-, 1942, Fotojagd am Meeresgrund. Harzburg.

-, 1954, Ich tauchte in den 7 Meeren. Seebruck.

-, 1961a, Expedition ins Unbekannte. Frankf., Berlin, Wien

-, 1961b, Filmen unter Wasser. Camera (7/8): 37-43.

Hattop, H., Elektrische Fang- und Sperreinrichtungen zur Intensivbewirtschaftung von Seen. Dt. Fisch.-Ztg. 15: 280-284.

Hattop, H. u. G.Predel, 1969, Die Anwendung elektrischer Schleppnetze in den Binnengewässern der Deutschen Demokratischen Republik. Z. Fischerei NF 17: 215-226.

Hergenrader, G.L. u. A.D. Hasler, 1966, Diel activity and vertical distributions of yellow perch (*Perca flavescens*) under the ice. J. Fish. Res. Bd. Canada 23: 499-509.

-, 1967, Seasonal changs in swimming rates of yellow perch in Lake Mendota as measured by sonar. Trans. Amer. Fisheries Soc. 96: 373-382.

Hering, G., 1969, Das Verhalten der Fische in bezug auf das Grundschleppnetz. Seewirtschaft 1: 728-733.

-, 1970, Verhaltensforschung für die Hochseefischerei. wiss. u. fortschr. 20: 398-402.

Herter, K., 1953, Die Fischdressuren und ihre sinnesphysiologischen Grundlagen. Berlin.

High, W.L. and L.D.Lusz, 1966, Underwater observations on fish in an off-bottom trawl. J. Fish. Res. Bd. Can. 23 (1): 153-154.

High, W.L., 1967, Scuba diving, a valuable tool for investigating the behaviour of fish within the influence of fishing gear. FAO Conference Bergen, Paper FB/67/E/2.

Hölke, H. , 1964, Aalfang mit Hilfe von elektrischem Licht in der Flußfischerei. Dt. Fisch.-Ztg. 11: 82-88.

Hunter, J.R. and W.J.Wisby, 1964, Net avoidance behjaviour of carp and other species of fish. J. Fish. Res. Bd. Canada, 21: 613-633.

Hunter, J.R., 1966, Procedure for Analysis of Schooling Behaciour. J. Fish. Res. Bd. Canada, 23: 547-562.

Jones, F.R., 1962, Further observations on the movements of hering (*Clupeus harengus* L.) shoals in relation to the tidal currents. J. Cons. Perm. Int. Explor, Mer. 27: 141-149.

-, 1963, Fish and water currents (1). World Fishing, (7): 120-124.

Kajewski, G., 1958, Untersuchungen zur Auswirkung der Sichtbarkeit monofiler synthetischer Fischereigespinste auf die Reaktion von Fischen, Fisch. Forsch. (I.F.P.) 1: 1-25.

Karst, H., 1968, Unterwasserbeobachtungen an sozialen Gruppierungen von Süßwasserfischen außerhalb der Laichzeit. Internat. Rev. ges. Hydrobiol. 53: 573-599.

Keast, A. and L.Welsh, 1968, Daily feeding periodicities, food uptake rates and dietary changes with hour of day in some lake fishes. J. Fish. Res. Bd. Canada, 25: 1133-1144.

Keenleyside, M.M.A., 1955, Some aspects of the schooling behaviour of fish. Behaviour 8: 183-248.

Keller, H., 1961, Wie und warum ich auf 300 Meter tauchte. Delphin 8: 1322.

Kennedy, W.A., 1951, The relationship of fishing effect by gillnets to the interval between lifts. J. Fish. Res. Bd. Canada, 8: 264-274.

Kirsche, W., 1966, Biometrische Untersuchungen am Nucleus nervi oculomotorii von Süßwasser-Knochenfischen in Beziehung zur Verhaltensweise, Biol. Zbl. 85: 579-596.

Kiselev, O.I., 1968, Visuelle Beobachtungen von Fischen unter natürlichen Bedingungen (russ.). Aus: Vsesojuznaja konferenzija po voprosu isucenija povedenija ryb v svjasi s technikoj promysla. PINRO. Murmansk.

Knösche, R., 1968, Untersuchungen über die Möglichkeiten der Verwendung von Licht zum Fischfang in der Binnenfischerei der DDR. Dt. Fisch.-Ztg. 15: 237-246.

Korotkov, V.K., 1969, Über das Verhalten der Fische im Schleppnetz (russ.). Rybn. Choz. 7.

Krec, R., 1964, Ausnutzung von Licht für den Aalfang (poln.). Gospodarska Rybna 16 (7): 13-15.

Kruse P.J. jun., 1964, A remote controlled underwater photographic surveillance system. U.S. Dep. Interior, Fish Wildlife Serv., spec. sci. Rep. (490): 1-16.

Kudrinskaja, O.J., 1966, Der Tagesrhythmus der Ernährung von jungen Bleien und *Rotfedern* (russ.). Gidrobiologiceskij zurnal, Kiev 2 (4): 77-79.

Kühlmann, D.H.H. und H. Karst, 1967, Freiwasserbeobachtungen zum Verhalten von Tobiasfischschwärmen (Ammodytidae) in der westlichen Ostsee. Z. Tierpsychol. 24: 282-297.

Lagunov, J.J., 1955, Unterwasserbeobachtungen aus einem Hydrostat. Aus: Fischwirtschaft, Moskau, (8). Nach: Dt. Fisch-Ztg, 3: 185-189.

-, 1960, Einige Ergebnisse von Unterwasserbeobachtungen in der Barentssee (russ.). Trudy VNIRO 60: 161-167.

Lanitzki, G., 1963, Mein Freund Jojo. Erlebnisse mit einer Karausche. poseidon 12 (5): 22/23.

Lelek, A., 1964, Fische unter der Eisdecke. poseidon 13 (11): 12/13.

Leopold, M und W. Nowak, 1964; Einfluß der Variabilität des Fischbestandes auf die Fangleistungen der Reusen (poln.). Roczniki Nauk rolniczych, Ser.B 83, (4): 591-592.

-, 1964a, Die Selektivität der Fischreusen (poln.). Roczniki Nauk rolniczych, Ser.B 83, (4): 667-673.

-, 1964b, Die Selektivität der Stellnetze für Barsche und Plötzen (poln.). Roczniki Nauk rolniczych, Ser.B 83, (4): 675-680.

Lühr, F. u. G. Hübner, 1964 ff., ORWO Rezepte. VEB Filmfabrik Wolfen.

Malinin, L.K., 1969, Lebensräume und Rückkehrinstinkte der Fische. (russ.) Zool. Zurnal, Moskva 48 (3): 381-389.

Manteyfel, B.P., 1968, Die Grundrichtungen und einige Ergebnisse zum Fischverhalten in der UdSSR (russ.). Aus: Vsesajuznaja konferenzija po voprosu isucenija povedenija ryb v svjasi s technikoj i taktikoj promysla. Murmansk, PINRO, p. 5-11.

- u. Rodakov, 1966, Die Verhaltensweise von Fischen als Basis für Wahl und Anwendung des Fanggerätes. Allg. Fischereiwirtschaftszeitung. (AFZ) 1: 13-14.

Margetts, A.R., 1950, The shape of the trawl in action. Fishing News (I.r. 1957) vom 14.10..

-, 1952, Some conclusions from underwater observation of trawl behaviour. World Fishing 1 (8): 161-165.

-, 1963, The fishing of trawls and seines - 1. World Fishing 11 (12): 63-64, 57-68.

-, 1964, The fishing of trawls and seines - 2. World Fishing 12 (1): 48-49.

Marine Laboratory, 1952, Underwater Photography of the Seine Net whilst Fishing. World Fishing 1: 329-334.

Martyschevski, V.I. u. V. Korotkov, 1967, Fish behaviour in the area of the trawl, as studies by bathyplane. FAO-Conference Bergen, Paper FB/67/II/45.

-. 1968, Besonderheiten im Verhalten bei einigen Fischarten im Bereich des Fanggerätes. Aus: Vsesojuznaja konferenzija po voprosu isucenija povedenija ryb avjasi c technikoj i taktikoj promysla. Murmansk, PINRO.

Marx, K., Das Kapital, Bd.I, Berlin, 1953, P. 379.

Merwald, F., 1959, das Verhalten einiger Fischarten beim Fang mit Netzen. Österreichs Fischerei 12: 105-107.

Mishima, S., 1966, On the pelluciditional effectiveness of nylon monofilament net. (Orig.: jap.) Bull Fac. Fisheries, Hokkaido Univ. 16: 251-255. Ref. LZ III 1967, p. 1322.

Mohr, H., 1960, zum Verhalten der Fische gegenüber Fanggeräten. Prot. Fischereitechn. 6, (29): 296-326.

-, 1964a, Einige Gesichtspunkte angewandter Verhaltensforschung in der Fischerei. Prot. Fischereitechn. 9, (10): 36-45.

-, 1964b, Netzfarbe und Fängigkeit bei Kiemennetzen. Arch. Fischereiwiss. 14, (3): 153-161.

-, 1967, Über schwimmende Leistungen bei Fischen. Arch. Fischereiwiss. 17, (9): 226-229.

M - y, 1951, Unterwasser-Nachrichtendienst, Fischereiwelt 3, (9): 145.

Nalbant, T., I.G. Morariu u. C. Ignatescu, 1963, Beiträge zur Kenntnis der Fische des Caldarusanisees (russ.) Bul. Inst. Cercetari Proiestari piscicole 22, (4): 84-94.

Nomura, M., 1959, On the Behaviour of Fish Schools in Relation to Gillnets. Modern Fishing Gear of the World, London, V.1: 550-552.

Orwo-Rezepte, 1964 ff. siehe Lühr, E. u. G. Hübner.

Parrish, B.B. and J.S.B. Blaxter, 1964, Notes on the importance of biological factors in fishing operations. In: Modern Fishing Gear of the World, London, V. 2: 557-560.

Patriarche, M.H., 1968, Rate of escape of fish from trap nets. Trans. Amer. Fisheries Soc. 97, (1): 59-61.

Paulat, M., 1964, Fischfang mit Hilfe eines pneumatischen Tauchnetzes. Prace wyskumneho Üstaru ryarekeho a hydrobiol., Vodnany 4: 77-95.

Pfeiffer, W., 1965, Die Schreckreaktionen der Fische. Umschau Wiss. Techn. 65, (13): 401-405.

PINRO, 1968, Allunionskonferenz zur Frage des Fischverhalten in Zusammenhang mit der Technik und Taktik der Fischerei. Murmansk: PINRO. Orig.: Vsesojuznaja konferenzija po voprosu isucenijaryb v svjasi s technikoj i taktikoj promysla.

Poddubny, A.G., 1967, Sonic tags and floats as a means of studying fish responses to natural environmental changes and to fishig gear. FAO-Konferenz, Bergen, Paper FB/67/E/46.

Predel, G., 1959, Ergebnisse von Fangversuchen mit Langleine auf Dorsch. Dt. Fisch,-Ztg. 7: 232-237.

-, 1963, Kiemennetze als Fanggeräte für die Kleine Maräne (*Coregonus albula* L.). Dt. Fisch,-Ztg. 10: 123-128.

-, 1964, Über den gegenwärtigen Stand der Anwendung von Licht für den Fischfang und die Anwendungsmöglichkeiten in der Binnenfischerei. Dt. Fisch,-Ztg. 11: 79-81.

-, 1965, Ergebnisse von Fangversuchen mit verschiedenen Kiemennetzen beim Fang der Kleinen Maräne. Dt. Fisch,-Ztg. 12: 182-185.

-, 1968, Vergleichende Untersuchungen mit einem elektrischen Schleppnetz bei Verwendung verschiedener Stromarten. Dt. Fisch,-Ztg. 15: 280-284.

-, 1970, Die Fischfangtechnik in den Binnengewässern der DDR und Probleme ihrer zukünftigen Entwicklung. Dissertation, eingereicht am 15.2.1970.

Privol'nev, T.J., 1956, Die Reaktionen der Fische auf Licht (russ.). Dokumentationsdienst des I.f.H., Übersetzung Nr. 1220. Orig. in: Voprosy ichtiologii, Moskva 6: 3-20.

Protasov, V.R., 1965, Bioakustik der Fische (russ.). Moskau , 206 p. Übersetzung D.L.Wolff, Sektion Biologie der Humboldt-Universität Berlin.

-, 1968, Perspektiven der Ausnutzung der Kommunikations- und Orientierungssignale von Fischen (russ.). Aus: Verhaltenskonferenz, Murmansk, PINRO, 1968.

Radakov, O.W. und B.S. Solojev, 1959, Erste Beobachtungen des Verhaltens von Heringen mit Hilfe eines Unterseebootes. Fischereiforschung 2: 15-27.

Rauschert, M., 1965, Fotografieren und Filmen unter Wasser. poseidon 14, (1): 43-45.

-, 1966a, Einige Beobachtungen über das Verhalten von Fischen an Fanggeräten unter Berücksichtigung des Störfaktors Taucher. Dt. Fisch,-Ztg. 13: 328-329.

-, 1966b, Methodik der Direktbeobachtungen der Reaktionen von Fischen auf Fanggeräte. Dt. Fisch,-Ztg. 13: 329-334.

-, 1968, Reaktionen von Fischen an Zugnetzen. Unveröffentlichtes Manuskript zu einem Vortrag, der am 18.4.1968 anlässlich einer Tagung von Fischereiwissenschaftlern der RGW-Länder im Institut für Binnenfischerei, Berlin-Friedrichshagen gehalten wurde.

Rebikoff, D., 1962, Der Elektronenblitz. Seebruck.

Reusch, H., 1969, Tauchen. Handbuch für Sporttaucher. Berlin.

Richter, H.U., 1960, Unterwasser-Fotografie und -Fernsehen. Halle.

Riedl, R., 1954, Unterwasserforschung im Mittelmeer. Nat. Rdsch. 7: 65.

-, 1966, Biologie der Meeresböden. Hamburg.

Saburenkov, E. und D.S. Pavlov, 1968, Schwimmgeschwindigkeit bei Fischen (russ.). Aus: Verhaltenskonferenz, Murmansk, PINRO, 1968.

Sand, R.F., 1958. Midwater trawl design by underwater observations. Modern Fishing Gear of the World, V.1. p.209-212.

Schäfer,W.,1955, Über das Verhalten von Jungheringsschwärmen in Aquarien. Arch. f. Fischereiwiss. 6: 276-287.

Schärfe, J., 1953, Geräte zur Messung an Schleppnetzen. Die Fischwirtschaft 5 (1): 18-20.

-, 1959, Bericht über die Fortsetzung der Einschiff-Schwimmschleppnetzversuche mit einem Fischdampfer vom 12. - 27.9.1959. Prot. Fischereitechn. 6, (27): 158-189 (zit. H. Mohr, 1960, p. 310).

Scharf, P., 1968, Fernsehen unter Wasser. poseidon 17, (6): 274/275.

Schentjakov, V.A., 1968, Über die Perspektiven der Steuerung des Fischverhaltens durch elektrische Felder. Aus: Verhaltenskonferenz, Murmansk, PINRO, 1968.

Schiemenz, F., 1946, Die tierpsychische Bedeutung des Wohnraumes der Fische für die Erhaltung und Nutzung des Fischbestandes. Biol. Zentr. Bl. 65: 102-108.

-, Über den Einfluss der Temperatur auf die Fischerei. Mitt. Fisch.-Ver. Prov. Brandenbg. 8.

Schliecker, E., 1965, Neuerungen in der Zugnetzfischerei. Dt. Fisch.-Ztg. 12: 212-217.

Schmidt, G., 1956, Die Elektrizität fand Einzug in die Fischerei. Dt. Fisch.-Ztg. 3: 138-139.

Schulz, U.K.T., 1967, Schwimmtauchen als wissenschaftliche Methode. poseidon 16, (3): 116-119.

Schwenke, H., 1965, Über die Anwendung des Unterwasserfernsehens in der Meeresbotanik. Kieler Meeresforsch. 21, (1): 101-106.

-, 1968, Unterwasserbeobachtung und -fotografie. In: Schlieper, C., Methoden der meeresbiologischen Forschung. Jena. p. 158-170.

Seickert, H., 1967, Zur Produktivkraft Wissenschaft und zu den Faktoren des Nutzeffektes der wissenschaftlichen Arbeit. Wirtschaftswissenschaft, 1967, (5): 705 ff.

Siegmund, R., 1969, Lokomotorische Aktivität und Ruheverhalten bei einheimischen Süßwasserfischen (*Pisces: Percidae, Cyprinidae*). Biol. Zbl. 88: 295-312.

-, K. Scheibe und D. Köhler, 1969, Qualitative Verstärkerwirkung im Fischschwarm Naturwissenschaften 56: 426.

Steenbeck, M. 1968, Wissenschaft im Dienste der Gesellschaft. ND vom 15.6.

Steinberg, R., 1961, Die Fängigkeit von Kiemennetzen für Barsch und Plötze in Abhängigkeit von den Eigenschaften des Netzmaterials, der Netzkonstruktion und der Reaktion der Fische. Arch. Fisch. Wiss. 12: 173-230.

Süberkrüb, F., 1952, Unterwasserbeobachtungen an Schleppnetzen. Fischwirtschaft 4: 189-191.

Swierzowski, A., 1964, Die Anwendung von Lichtsperren zum Fang der Wanderaale (poln.). Gospodarka rybna 16, (8): 11-14.

Taege, M., 1969, Zum Schwarmverhalten bei Fischen (eine Literaturstudie). Fischerei-Forschung, Wiss. Schriftenreihe 7, H. 2: 7-24.

Tembrock, G., 1956, Tierpsychologie. Wittenberg.

-, 1968, Grundriss der Verhaltenswissenschaften. Jena.

Ulbricht, W., 1966, Probleme des Perspektivplanes bis 1970. Berlin.

Ulrich, W., 1951a, Fotoaufnahmen des Meeresgrundes. Fischereiwelt 3, (9): 144.

-, 1951b, Unterwasserbeobachtungen von Heringsschwärmen Fischereiwelt 3, (12): 156-157.

-, 1951c, Taucherbeobachtungen an Fanggeräten. Fischereiwelt 3, (12): 195-196.

-, 1952a, Unterwasserbeobachtungen von Fischfanggeräten durch Tauchkessel. Fischereiwelt 4, (2): 8-9.

-, 1952b, Der Taucherschlitten „Delphin". Schiff und Hafen 1952 (4): 3.

Verheijen, F.J., 1953, Laboratory Experiments with the Herring, *Clupeus harengus*. Experimentia 9: 193-197.

Vyskrebencev, B.V., 1968, Die Rolle reflektorischer Stimuli beim Verhalten der Fische an den Fanggeräten. Aus: Verhaltenskonferenz, Murmansk, PINRO.

Wäschke, Ch., 1965, Zur Ausbildung der Studenten der Fachrichtung Fischwirtschaft im Sporttauchen. Dt. Fisch.-Ztg. 12: 265-269.

Wahlert, G v.. und H.v.Wahlert, 1963, Beobachtungen an Fischschwärmen. Veröff. Inst. Meeresforsch. Bremerhaven 8: 151-162.

Wasmund, E., 1938, Entwicklung der Naturforschung unter Wasser im Tauchgerät. Geol. Meere Binnengew. 2: 87-151.

Welsby, V.G. et al., 1964, Further uses of electronically scanned sonar in the investigation of behaviour of fish. Nature 203: 588-589. London.

Werschinski, K., 1955, Perspektiven der Verwendung von Unterwasser Fernsehapparaten in der Fischwirtschaft. Aus: Rybnoe chozjajstvo 31, (12). Moskau. Übers. I.f.H., Nr. 180.

Wiesner, E.R., 1937, Lehrbuch der Forellenzucht und Forellenteichwirtschaft. Neudamm.

Winkler, H., 1960, Über die Erprobung eines Taucherschlittens. Fischereiforschung 3 (3): 6-10.

Wojno, T., 1964, Versuche zur Bestimmung der richtigen Zeit für den Fang des Bleies (*Abramis brama* L.) (poln.). Roszniki Naukrolniczych, Ser. B. 84, (2): 475-491.

Wolff, D.L., 1966, Akustische Untersuchungen zur Klapperfischerei und verwandten Methoden. Z. Fisch., N.F. 14: 277-315.

Wundsch, H.H., 1963, Fischereikunde. Radebeul u. Berlin.

Yuen, H.S.H., 1966, Swimming speeds of yellow fin and skipjack tuna. Trans. Amer. Fish. Soc. 95, (2): 203-209.

Zauche, J., J.Wawrzonowski und G.Kajewski, 1960, Beobachtungen der Beziehungen zwischen Fängigkeit und Färbung bei Netzen aus synthetischem Material. Fischereiforschung 3,(5/6): 3-6.

Zaferman, M.L., 1968, Einige Ergebnisse der Anwendung der Stereofotografie bei Unterwasserforschungen (russ.). Aus: Verhaltenskonferenz, Murmansk, PINRO, 1968.

Zaferman, M.L. und O.N.Kieselev, 1968, Einige Besonderheiten bei visuellen Beobachtungen aus dem Hydrostaten „Sever-1" (russ.). Aus: Verhaltenskonferenz, Murmansk, PINRO, 1968.

Ziljstra, J.J., 1967, On the escapement of fish through the upper part of a herring trawl. FAO-Konferenz, Bergen, Paper FB 67 E/38.

Zusser, S.G. et al., 1968, Messung der Lichtstärke unter Wasser bei fischwirtschaftlichen Untersuchungen (russ.). Aus: Verhaltenskonferenz, Murmansk, PINRO, 1968.

6.3. <u>Sachregister</u>

Aufmaschen Sich in einer Masche des Netzes hinter den Kiemendeckeln oder Flossen verfangender Fisch.

Auszug Herausziehen des Zugnetzes aus dem Wasser. In der Arbeit werden 4 Auszugsphasen unterschieden, vom Ansetzen des Zuges nach dem Aussetzen des Zugnetzes beginnend, bis zum Hieven des Sackes.

Aussticken Vor allem im Winter in flachen Seen unter lang anhaltender schneebedeckter Eisfläche infolge Sauerstoffmangels auftretendes Absterben großer Fischbestände.

Baumkurre Heute nicht mehr verwendetes Schleppnetz der Küstenfischerei, dessen Eingangsöffnung von oben durch eine Stange (Baum) offen gehalten wurde.

Blatt - Oberblatt, Unterblatt Einwandiges Netztuch als Oberblatt (Decke) und Unterblatt (Boden) bei zusammengesetzten Säcken bezeichnet.

Bodenschluss Abschließen der Unterleine eines Fangerätes am Bodengrund des Gewässers.

Buttknüppel   Meist Holzknüppel, an denen bei der Zug- und Schleppnetzfischerei die Zug- bzw. SchleppLeine festsitzt und die am Ende der Flügel angebracht dazu dienen, das Netz am Zusammenschlagen zu hindern.

Doppelsack   Reuse, die aus zwei gegeneinander gestellten Säcken ohne Rückfang besteht, auf die senkrecht ein Leitnetz (Leitwehr) zu läuft.

Einmoddern   Einsinken der unteren Teile eines Fanggerätes (meist Zug- oder Schleppnetz) in den weichen Bodengrund durch unterschiedliche Ursachen.

Elektroschleppnetz   Entsprechend dem Trawl (Zeese) konstruiertes Schleppnetz mit Elektroden an Ober- und Unterleine. Wird besonders effektiv für den Aalfang in Binnengewässern eingesetzt.

Fangkammer   Durch Kehle gegen ein Entweichen der Fische abgesicherter Raum in einem Sack (z.B. Reuse).

Feldstärke   Die Feldstärke wird beim elektrischen Feld durch die in Mikroampere gemessene Stromstärke ausgedrückt, die auf den Quadratmillimeter des vom Strom durchflossenen Wasserquerschnitts entfällt. Der erhaltene Wert wird als Gamma bezeichnet. Gamma gleich Mikroampere/Quadratmillimeter (nach Wundsch 1963, p. 262).

Flügel   Einwandige Netze, die rechts und links an einem Sack montiert Zug- oder Schleppnetze (z.B. für die Binnenfischerei) ergeben und zum Zusammentreiben der Fische dienen.

Gangstärke   Beeinflusst die Fängigkeit der einwandigen Netze. Berechnung siehe p. 70.

Großes Garn   Zugnetz mit 100-2000 m langen Flügeln.

Gelege   Vom Ufer bis in eine Wassertiefe von etwa 1,50 m reichende Zone der Überwasserpflanzen (hauptsächlich *Phragmites, Typha*).

Herding   Effekt des Zusammentreibens von Fischen durch Vorgeschirr und Scherbretter beim Fangen mit Grundschleppnetzen.

Hieven   Herausheben, Heben, Anheben.

Intensivgewässer   Zur Zeit besonders häufig als Karpfen-Intensivgewässer bewirtschafteter See, der im Frühjahr mit Jungfischen besetzt wird, die das Jahr über gefüttert werden, um im Herbst zur Abfischungen zu kommen.

Karpfenzugnetz   Speziell für den Karpfenfang konstituiertes Zugnetz mit größeren Maschen als das normale Zugnetz und meist mit Flügeln zwischen 500 und 2.000 m Länge.

Kehle   Ventilartiger Eingang in die Fangkammer des Sackes, der ein Hinauslaufen der gefangenen Fische verhindern soll.

Kiemennetz   Einwandiges Stellnetz, mit je nach Verwendungszweck unterschiedlichen Maschenweiten und Garnstärken. Die Fische verfangen sich im Netz hinter den Kiemen, den Flossen oder mit den Schuppen.

„knäulen". „entlangknäulen"
    Wirbelartiges Entlangschwimmen eines Fischschwarmes (Kleine Maräne) am Netztuch, wobei die Fische versuchen, durch die Maschen zu brechen, in der Geschwindigkeit zurückbleiben und schließlich wieder an der netzabgewandten Seite des Schwarmes nach vorn schwimmen, um dort erneut auf das Netz zu treffen. Der Weg des „entlangknäulenden" Schwarmes ist durch aufgemaschte Fische am Netz noch später zu erkennen.

Laufen   In der Fischerei üblicher Ausdruck für das Schwimmen der Fische und die Fortbewegung von aktiven Geräten.

Leitwehr = Leitnetz
    Einwandiges, senkrecht im Wasser stehendes Netz mit Leitfunktion (meist in Verbindung mit Reusen verwendet). Die von Garndurchmesser (d) und Maschenweite (a) abhängige Gangstärke (G) darf ein bestimmtes Verhältnis nicht unterschreiten (d:a $\geq$ 0,02), (p. 51).

Lichtfalle, Lichtschranke
    Lichtstrahl der auf ein lichtempfindliches Element gerichtet ist und bei Unterbrechung über eine elektronische Schaltung einen elektrischen Impuls abgibt, um im gegebenen Fall eine Kamera automatisch auszulösen.

Maschen   siehe Aufmaschen

Maschengröße   Die diagonal gestreckte Masche von einem Endknoten über einen Seitenknoten zum anderen Endnoten gemessen.

| Mönch | Die Wasserspiegelhöhe regulierender Überlauf, der an der tiefsten Stelle des Fischteiches angelegt wird und auch zum Ablassen des Teiches dient. |

Dreiwandiges Netz auch Puls- oder Staknetz

Dem Netzblatt (wie Kiemen- oder Stellnetz) liegt zu beiden Seiten die aus Spiegelmaschen (sehr große Maschen, bis 25 cm Weite) bestehende Ledderung eng an. Der durch eine Stange (Stake) oder Pulskeule aus dem Gelege getriebene Fisch schwimmt in das Netz, trifft auf das lockeren Netzblatt, zieht es durch eine Spiegelmasche und wird in dem so gebildeten durchhängenden Beutel gefangen.

Einwandige Netze Auch Kiemen- oder Stellnetz.

Netztuch	Aus Garn geknüpftes (auch knotenlos hergestelltes) Netzwerk unterschiedlicher Maschenweite zur Herstellung fischereilicher Fanggeräte.
Oberleine	Leine, die am oberen Rand das Fanggeräten einfasst (je nach Verwendungszweck mit Schwimmern versehen).
Phase	Siehe Auszug.
Pulsen	Mit einer Pulskeule ausgeführt, die senkrecht durch die Wasseroberfläche ins Wasser gestoßen wird, um die Fische in ein aufgestelltes Netz (Pulsnetz) zu scheuchen oder bei der Zugnetzfischerei verwendet, um die Fische daran zu hindern, dass sie an der Auszugsstelle aus dem Zug hinauslaufen.
Pulsnetz	siehe Staknetz.
Reuse	Verschiedene Stille Fanggeräte, in die die Fische durch eine Kehle in eine Fangkammer geraten, die sie nur zufällig wieder verlassen können.
Rückfang	Flügel eines Sackes, die kastenartig nach rückwärts gestellt werden und einen Rückfang bilden.
Rückfangsack	Ein Flügelsack, dessen verlängerte Flügel kastenartig nach rückwärts gestellt werden und einen Rückfang bilden.
Sack	Reusenartige Geräte wie Stell-, Flügel-, Fisch-, Hecht-, Aal- und Bleisäcke sowie Spannsack, Kastensack u.a.. Neben diesen Säcken der Stillen Fanggeräte können Zug- und Schleppnetze ebenfalls einen Sack besitzen, in dem sich die Fische sammeln und mit dem sie aus dem Wasser genommen werden. Der letzte Teil des Sackes wird Steert genannt.

Schleppnetz auch Trawl

Sack mit kurzen Flügeln und mit oder ohne Scherbrettern, der von einem oder zwei Fahrzeugen schneller als ein Zugnetz durch das Wasser gezogen wird. Es stellt das Hauptfanggeräte in der Meeres- und Küstenfischerei dar.

Schwimmer	An der Oberleine befestigter Schwimmkörper unterschiedlicher Form (heute aus Ekazell oder -als Hohlkugeln- aus PVC hergestellt), die das Netz des Fanggerätes nach oben ausgebreitet im Wasser halten sollen.
Senker	An der Unterleine befestigte verschieden geformte Gewichte unterschiedlichen Materials, die den Bodenschluss des Fanggerätes vermitteln sollen.
Stadium	„Aktives" und „inaktives" Stadium der Karpfen. Im Jahresrhythmus des Karpfens auftretende unterschiedliche Verhaltensweisen in Abhängigkeit zur Wassertemperatur.
„Aktives"	Stadium bei Wassertemperaturen über 6 °C, Tendenz: im Zug den Boden zu meiden.
„Inaktives"	Stadium bei Wassertemperaturen unter 6 °C, Tendenz: träge und bewegungsunlustig, Aufenthalt in Bodennähe.
Staknetz	Siehe Pulsnetz.
Steert	Letztes Ende eines Sackes, bei Reusensäcken letzte Fangkammer.
Stellnetz	Siehe Kiemennetz.

Tanger auch Wische

An der Unterleine befestigte Büschel aus Nadelholzzweigen oder Stroh (Wische), die das Einsinken (Einmoddern) der Unterleine bei aktiven Geräten (Zugnetz) verhindern sollen.

| Trawl | Siehe Schleppnetz. |
| Unterleine | Untere Begrenzungsleine eines Netzes, oft mit Senkern beschwert, um Bodenschluss zu erreichen. |

Untermaschengröße

Körperquerschnitt kleiner als Flächeninhalt einer offenen stehenden Masche. Der Fisch wäre befähigt, die Maschenöffnung, auf die seine Größe bezogen ist, zu passieren, ohne darin stecken zu bleiben.

Vorfangkammer   Kammer, die die Fische z. B. Beim Doppelsack passieren müssen, um in die Fangkammern zu gelangen.

Wische   Siehe Tanger.

Zeese   Schleppnetz der Ostseefischerei für Herings- und Sprottenfang. Umkonstruiert, mit Elektroden versehen als Elektro-Zeese (Elektroschleppnetz) für den Aalfang auf Binnenseen verwendet.

Zugnetz   Mit Sack und Flügeln das Hauptfanggeräte in der Seenfischerei. Sacklose Zugnetze mit oder auch ohne Flügel werden in der Teichwirtschaft verwendet. (Siehe auch Karpfenzugnetz).

Thesen zur Dissertation

„BEOBACHTUNGEN ZUM VERHALTEN VON FISCHEN AN FANGGERÄTEN DER BINNENFISCHEREI"

Vorgelegt der Biowissenschaftlichen Fakultät

des Wissenschaftlichen Rates der Humboldt-Universität zu Berlin

von Martin Rauschert

1. Beim Aufbau des entwickelten Systems des Sozialismus, fällt im Rahmen der strukturbestimmenden Schwerpunktvorhaben der industriellen Produktion besondere Bedeutung zu. In diesem Zusammenhang wird auch die Wissenschaft immer mehr unmittelbar wirkende Hauptproduktivkraft. Bei der Ertragssteigerung der tierischen Nahrungsgüterproduktion kann die Ethologie erheblich an Bedeutung gewinnen.

Auf dem Gebiet der Meeresfischerei wurde schon in den fünfziger Jahren - teilweise durch direkte Beobachtung - begonnen, die Reaktionen von Fischen auf Fanggeräte zu erforschen, um möglichst optimale Fangerträge durch Anpassung der Gerätekonstruktion und der Fangmethode an das Verhalten der Fische zu erreichen.

Da bei der Versorgung unserer Bevölkerung mit Frischfisch auch die Binnenfischerei einen großen Anteil des Aufkommens liefern muss, wurde 1964 mit entsprechend abgewandelten oder neu entwickelten Methoden begonnen, die Reaktionen von Fischen an aktiven und stillen Fanggeräten mithilfe des autonomen Tauchens direkt und indirekt zu beobachten.

Es konnte so erstmals im Rahmen der Binnenfischerei das Verhalten von Fischen in größerem Umfange durch Freiwasserbeobachtungen festgestellt und die Arbeitsweise von Fanggeräten untersucht werden, um sie Praktikern sowie Fischereiwissenschaftlern durch Film und Foto zu vermitteln.

Daraus resultierten Sofortveränderungen an Netzen durch die Fischer in den Produktionsbetrieben. Aus der Zusammenarbeit mit dem Institut für Binnenfischerei ergaben sich neue Konstruktionen oder Veränderungen von Fanggeräten.

Eine effektive Weiterentwicklung der Fanggeräte ist in der Perspektive nur durch genaue Kenntnis der Verhaltensweisen der Fische beim Fangprozess möglich.

1.1. Durch unbewusstes ausnutzen der Gebrauchessysteme (nach Temporock, 1968, p. 35) sind zahlreiche Fanggeräte der Binnenfischerei entstanden. Auch für die Perspektive bieten sich in einzelnen Gebrauchssystemen Möglichkeiten an, das Verhalten der Tiere auszunutzen, um die Produktion zu steigern.

2. Mit der Methode des autonomen Tauchens wurde ein Mittel gefunden, die Reaktionen von Fischen an Fanggeräten der Binnenfischerei zu beobachten. Die verwendete Tauchausrüstung gestattete es, die Untersuchungen selbst in der kalten Jahreszeit und auch unter Eis durchzuführen.

Durch zweckmäßige Anpassung und Kombination von direkter und indirekter Beobachtung, unter Verwendung von Foto-, Film- und Fernsehapparaturen, konnte sowohl an aktiven Geräten (Zugnetz, Schleppnetz), als auch an stillen Geräten (Reusen) erfolgreich gearbeitet werden.

2.1. Zur Dokumentation der Geschehensabläufe bot sich der Einsatz des kinematographischen Laufbildes vor allem bei den Beobachtungen im Einflussbereich von aktiven Fanggeräten an, um schnelle Vorgänge nachträglich auswerten zu können. Mit dem Fotoapparat wurde versucht, typische Situationen im Einzelbild festzuhalten. An Reusenkehlen können über eine Ultrarot-Lichtschranke, die eine spezielle Fotokamera bei Unterbrechung des Strahlenganges auslöst (unter Verwendung von 17 m-Kassette und Blitzlicht) Fischpassagen registriert werden.

2.2. An Reusen kann die unter 2.1. Erwähnte Fotokamera in Verbindung mit einem Kymographen dazu dienen, Tagesrhythmik und zunehmende Fluktuationsrate der hauptsächlich gefangenen Fischarten zu ermitteln; sie dient somit der indirekten Beobachtung des Fischverhaltens. Um an bestimmten Stellen der Reusen das Verhalten der Fische über längere Zeit hin vergleichen zu können, ohne sie durch den Taucher zu beeinflussen, kann eine Fernsehkamera zur indirekten Beobachtung vorteilhaft eingesetzt werden. Als Nachteil dieser Methode ist der festliegende, starre Bildausschnitt anzusehen, der es dem Beobachter nicht gestattet, das Verhalten der Tiere außerhalb des begrenzten Kamera-"Blickwinkels" wahrzunehmen.

2.3. Im Laufe der Arbeiten, Fische an Fanggeräten zu beobachten, konnten für die einzelnen Gerätetypen entsprechend der zu erwartenden Verhaltensweisen der Fische bestimmte Beobachtungsparameter gefunden werden, die als heuristische Methode Verwendung finden können. Bei neu aufzunehmenden Arbeiten in ähnlicher Richtung gestatten sie, schnell zu vergleichbaren Ergebnissen zu kommen und das Verhalten der Fische sowie die Arbeitsweise der Fanggeräte besser einschätzen zu können, um auf dieser Grundlage neue oder abgewandelte Fischereimethoden oder Fanggeräte zu entwickeln. In erweiterter Form können sie eventuell für den Einsatz der mathematischen Vielfaktorenanalyse (z.B. Für die zukunftsträchtigen Elektrofanggeräte) herangezogen werden und hier zuerst dazu beitragen, mit der traditionellen Fischerei zu brechen.

3. Bei der Direktbeobachtung von Fischen an Fanggeräten der Binnenfischerei gibt es einige Probleme zu beachten.

Viele eutrophe Gewässer sind infolge starker Wassertrübung als Tauchgewässer ungeeignet, da sie keine genügende Sicht ermöglichen. In unseren Seen lässt sich ein normaler Einsatz nur mit entsprechender Arbeitsschutzkleidung (Tauchanzug) durchführen. Obwohl der Taucher einen starken „Störfaktor" für den Fisch darstellen kann, sind weitestgehend unverfälschte Reaktionen der Tiere sowohl an aktiven Geräten (Zugnetz, Schleppnetz), als auch - mit Einschränkungen - am Stillen Gerät (Reusen) zu beobachten, wenn die Fluchtdistanz nicht unterschritten wird. Die Fluchtdistanz nimmt nicht gleichmäßig mit der Wasserklarheit ab und bleibt bei Schwarmfischen nicht konstant an der Sichtgrenze. Bei einzelnen oder in lockeren Verbänden schwimmenden Fischen nimmt mit zunehmender Eutrophierung des Wohngewässers die Fluchtdistanz ab. Einzelfische werden in stark unsichtigem Wasser häufig durch das Wahrnehmen in unmittelbarer Nähe erscheinender Taucher überrascht und reagieren mit sofortiger Flucht, d.h. Einzelfische können Reize leichter „übersehen" als im Schwarm lebende.

3.1. Am Zugnetz ändern sich die Reaktionen der Fische auf den Taucher vom Aussetzen bis zum Einholen des Garns ganz erheblich. Schreckverhalten und Fluchtdistanz sind dem Taucher gegenüber zunächst noch nicht oder kaum spürbar verändert. Mit Ausschluss des Aales konnte bei allen beobachteten Fischarten festgestellt werden, dass die Fluchtdistanz zum Taucher mit fortschreitendem Zug abnimmt. Die bei verschiedenen Arten gefundene normale Fluchtdistanz von 1 bis 5 m kann zum Ende des Zuges auf 0 m herabgesetzt werden. Wahrscheinlich besitzt das Zugnetz zu diesem Zeitpunkt einen so hohen Störpegel, dass die Motivationen der Fische bezüglich anderer Störfaktoren (zum Beispiel Taucher) stark gehemmt sind. Innerartlich kann die Fluchtdistanz der Fische in verschiedenen Seen stark differieren, sich aber auch in einem See verändern. Wurde in einem Gewässer von Tauchern mit dem Fischspeer gewildert, so kann sich die diesbezügliche Erfahrung auf die gesamte Population übertragen; d.h., es muss sich hierbei um eine erlernte Verhaltensform im Sinne einer bedingten Assoziation handeln.

4. Im Unterschied zum Schleppnetz (vor allem in der Hochseefischerei verwendet), dessen Arbeitsweise in gezielter Auslösung von Fluchtverhaltensweisen in bestimmten Bereichen und Fluchtreizarmut anderer Bereiche besteht, resultiert aus der Arbeitsweise des Zugnetzes eine ungerichtete Flucht. Das Reizfeld umgibt den Fisch von allen Seiten und er schwimmt erst verhältnismäßig spät in die reizärmste Zone, den Sack, hinein.

Die nach Tages- und Jahreszeit differenzierten Verhaltensweisen der Fische wirken sich durch entsprechend unterschiedliche Reaktionen der Tiere beim Fang aus. So ist zum Beispiel die Aktivität der meisten Nutzfische bei Temperaturen gleich oder unter 6 °C stark herabgesetzt, was den Fang einiger Arten begünstigt. Während der einzelnen vier Zugphasen (1. Phase: Heranziehen des Netzes bis zu den Flügeln; 2. Phase: Einholen der Flügel zu ein bis zwei Dritteln; 3. Phase: Einholen der Flügel bis zum letzten von Hand gehievten Stück; 4. Phase = Auszugsphase: Einholen des letzten Flügelstückes von Hand, Hieven des Sackes) ändert sich das Verhalten der Tiere zum Netztuch. Bis zum Ende der 3. Zugphase vermeiden die meisten Fische Netzberührung und beginnen dann erst Versuche zu unternehmen, das Netz gewaltsam zu durchbrechen.

Aquarienexperimente von *Baxter* und *Parrish ich* (1966) an Meeresfischen, ergaben dass der Fich in Grundnähe auf Geräusche des Fanggerätes mit ungerichteter Fluchtbewegung reagiert, können möglicherweise auch im Binnengewässer für den Aal zutreffen, sind jedoch für andere Fischarten nicht auszuschließen, solange sich das Fanggerät außerhalb der Sichtweite der Fische befindet.

Plötze und Karpfen können im Netztuch einen so starken optomotorischen Auslösereiz finden, dass Durchschwimm-Versuche aus dem Zug hinaus oder auch von außen hinein gerichtet sein können.

Allgemein kann gesagt werden, dass eine positive oder negative Bewegungsrichtung der meisten Fische in Bezug auf das Zugnetz vorliegt, die zunächst vom Netztuch weg (passive Flucht) und in späteren Phasen sich häufend auch auf das Netztuch hin gerichtet ist (aktive Flucht = Ausbrechen aus dem Netz). Anders reagieren häufig Jungfischschwärme, die ihre Schwimmgeschwindigkeit dem Zugtempo des Netzes angleichen können, es außen begleiten, oft durch die Maschen nach innen wechseln, um Anschluss zu dort schwimmenden Schwärmen zu suchen, und das Netz vielfach erst dann verlassen, wenn es gehievt wird.

4.1. Der Aal (*Anguilla anguilla*) flüchtet zunächst vor dem anrückenden Zugnetz landwärts. Bei zunehmender Netzeinkreisung kann die primär vom Netz weg gerichtete Flucht durch gegenseitige Stimulation der über unbewachsenem Grund umherschwimmenden Tiere sekundär richtungslos werden und auch zufällig gegen das Netz laufen. Nach dem Auftreffen wird die Flucht sofort wieder zum Netz negativ. Über bewachsenem Grund scheuen die Aale nicht vor dem Netztuch. Sie suchen in solchen Gebieten aktiv am Netz nach Fluchtmöglichkeiten, verbergen sich häufig im Kraut und werden nachfolgend oft vom Netz überrollt, ohne zu flüchten.

4,2 Durch Intensivhaltung steht der Karpfen (*Cyprinus carpio* L.) In der Speisefischproduktion der Volkswirtschaft unseres Binnenlandes an der Spitze. Durch seine bisher unbekannten Verhaltenseigenschaften, war es häufig schwierig, ihn effektiv zu fangen.

In Abhängigkeit zur Wassertemperatur befindet sich der Karpfen bei Temperaturen über 6 °C in einem „aktiven" Stadium, während er unter 6 °C ein „inaktives" Stadium durchlebt. Höhere Temperaturen veranlassen ihn, während des Fangs in die oberen Wasserschichten aufzusteigen, aktiv umher zu schwimmen und die Oberleine manchmal in großen Trupps zu überschwimmen.

Während tieferer Temperaturen (unter 6 °C) halten sich die Karpfen, wie Vergleichsbeobachtungen zeigten, an den tiefsten und gleichzeitig wärmstens Stellen des Gewässers in großen Ansammlungen dicht über dem Grund auf und zeigen stark herabgeminderte Aktivität, ohne vollkommen ruhig auf dem Grund zu liegen.

Beim Fang lassen sie sich verhältnismäßig passiv zusammentreiben, wenige Tiere steigen in höhere Wasserschichten auf, die Masse bevorzugt Grundnähe. In den ersten Zugphasen meiden sie das Netz. Stärker zusammengetrieben neigen sie später zu Versteckreaktionen, bei denen sie die Köpfe unter lose dem Grund aufliegende Gegenstände schieben (abgesunkenes Holz, Netzunterleine, Körper des Tauchers). Bei großen Karpfenansammlungen im Zugnetz wird so das Netz häufig über große Mengen von Karpfen hinweg gezogen, die ihre Köpfe unter die leicht angehobene Unterleine stecken und dicht gedrängt passiv auf dem Grund stehen. Am Netz aufgestiegene Karpfen zeigen größere Aktivität, neigen gegen Ende des Zuges dazu, Netzberührung zu suchen und das Garn durch heftige Schwimmbewegungen zu überwinden.

Durch Aufbrechen des Eises oder wiederholte Züge können die Karpfen eines Gewässers so stark beunruhigt werden, dass sie trotz tiefer Temperaturen bei Eisbedeckung in das Flachwasser des Gelegestreifens aufsteigen, wodurch ihr Fang uneffektiv wird, weil sich im Zugbereich des Netzes nicht in fangwürdigen Mengen aufhalten und sie ein dem „aktiven" Stadium ähnliches Verhalten angenommen haben.

4.3.   Der Hecht (*Esox lucius* L.) Zeigt zu Anfang des Zuges kein deutliches Netzmeideverhalten. Er zieht häufig am Zugnetzflügel entlang, beginnt jedoch erst in der dritten Auszugsphase einen Ausweg durch das Netz zu suchen, indem er einzelne Maschen mit dem Maul auf Fluchtmöglichkeiten hin probiert. Er zeigt steigende Kontaktfreudigkeit zu Artgenossen und zieht in Gruppen am Netz entlang. Bei schlechtem Bodenschluss der Unterleine lässt er im Gegensatz zu anderen Fischen ein auffällig gezieltes Durchschwimmen selbst kleinster Lücken erkennen. Es kommt vor, dass er sich ins Kraut drückt und das Netztuch über ihn hinweg gezogen wird.

Selbst bei starker Einengung, in der andere Fische nicht mehr auf Fressfeinde in ihrer Umgebung durch Flucht reagieren, erliegt seinen Beutetrieb nicht völlig und erschlägt noch Fische.

Der Hecht ist mit dem konventionellen Zugnetz leicht zu fangen, wenn das Gerät möglichst während des gesamten Zuges ausreichend Bodenschluss hält.

4.4.   Die Kleine Maräne (*Coregonus albula* L.) gehört zu den Fischen, in deren Zirkulationssphäre häufig Produktion (saisonbedingte und oft zufällige Massenfänge) und Absatz noch nicht aufeinander abgestimmt sind, da der schmackhafte Speisefisch bei der Bevölkerung nicht genügend bekannt ist und dem man infolge seines heringsartigen Aussehens oft mit Skepsis begegnet. Als Schwarmfisch zeigt die Kleine Maräne völlig andere Reaktionen am Zugnetz als die übrigen Speisefische unserer Binnengewässer.

Die nach Größe sortierten Schwärme reagieren auf Störfaktoren mit geschlossenen Reaktionen des gesamten Schwarmes und vermischen sich auch im Zugnetz bis zum Auszug nicht untereinander. Sogar bei Bewegungen in Sack ist das Bestreben deutlich, Schwarmformation aufrecht zu erhalten oder nach zeitweiliger Auflösung wieder aufzunehmen. Beim Auftreffen auf einen Flügel weicht der Schwarm meist seitlich aus und schwimmt eine Strecke am Netztuch entlang, um sich schließlich davon abzuwenden. Trifft der Schwarm steil auf das Netz, passieren die ersten Tiere teilweise die Maschen, einige bleiben darin stecken, die Schwarmformation wird „panikartig" aufgelöst und die nachfolgenden Fische drücken so stark nach, dass sich das Netztuch nach außen beulen kann. Verbleibt die Hauptmasse des Schwarmes im Zug und wendet sich vom Netz ab, so suchen die durch die Maschen nach außen geschwommenen Tiere erneut durch das Netztuch zu schwimmen, um Anschluss an den Schwarmverband aufzunehmen. Sind die Fische beim Entlangschwimmen am Netz inzwischen auf Netztuch mit kleineren Maschen getroffen und gelingt ihnen der Zusammenschluss nicht wieder, so kann das dazu führen, dass sich beide

Schwarmteile durch das Netztuch aufeinander orientieren und bis zum Auszug durch das Tuch getrennt als eine Schwarmformation zusammen schwimmen. Für den effektiveren Fang des wendigen Schwarmfischs Kleine Maräne sollte der Fang mit Elektroschleppnetzen erprobt werden, da die Tiere durch Entlangschwimmen am Flügel das Zugnetz häufig schon in einer frühen Zugphase verlassen.

4.5.	Mit dem Zugnetz werden auch eine Reihe wirtschaftlich weniger wichtige Fische gefangen, wie der Feinfisch Schleie (*Tinca tinca* (L.)) und die bedeutungsloseren Fische Plötze (*Rutilus rutilus* (L.)) und Barsch (*Perca fluviatilis* L.).

4.5.1. Die Schleie vergräbt sich zur Winterruhe (und während der täglichen Ruhezeit) in den Gewässergrund und ist dann nicht mit dem Zugnetz zu fangen. Zu Beginn des Zuges, vom Netz aus dem Grund gejagt, flüchtet sie zunächst vor dem Netz. Im fortschreitenden Zug (etwa ab dritter Phase) versuchen die Tiere das Netz zu verlassen, gegen das Tuch zu schwimmen und sich daran entlang nach unten in den Grund zu wühlen. Der straff nach oben gespannte Netzflügel kann dadurch über die in den Schlamm geschwommenen Schleien hinweg gezogen werden, ohne sie zu fangen. Als Abhilfen wäre hier entweder eine größere Stauhöhe des Flügels anzusehen oder in Unterleinennähe angebrachte stromführende Elektroden, die die Fische aus diesem Bereich vertreiben.

4.5.2.	Für Plötzen besitzt manchmal schon das ruhig stehende Flügelnetztuch optomotorische Auslösefunktion und veranlasst die Tiere dazu, die Maschen zu durchschwimmen. Diese, in späteren Zugphasen häufigeren Durchbruchsversuche können von Einzeltieren oder Gruppen erfolgen und in den Zug hinein oder aus ihm heraus gerichtet sein.

Da die Plötze nicht in so typischen Schwarmverbänden lebt, wie zum Beispiel die Kleine Maräne, ist das Durchschwimmen der Netze durch Gruppen nicht aus dem Schwarmverhalten zu erklären, sondern kann möglicherweise in einem spontan auftretenden Carpenter-Effekt begründet sein.

Kommen einzelne in den Maschen steckende Plötzen nach kurzem Zappelkampf durch das Netz hindurch frei, kann man häufig erleben, wie sie sofort kehrt machen und in entgegengesetzter Richtung das Netztuch erneut annehmen, um wieder hindurch zu schwimmen. Befreit man derart im Netz steckende Plötzen aus den Maschen, so flüchten sie fast regelmäßig immer wieder auf das Netztuch zu, um wiederholt darin stecken zu bleiben, solange es von ihnen noch wahrgenommen wird. Das Durchbrechen ist auch hier nicht richtungsgebunden; denn sie schwimmen auch von der anderen Seite wieder in das Garn, wenn man mit ihnen unter der Unterleine hindurch tauchend den Flügel passierte. Sicherlich ergibt sich durch das vorübergehende Hängenbleiben im Netz eine derart verstärkte optomotorische Reaktion, dass eine motorische Endstrecke aufgebaut wird, die nur auf das Bezwingen des Netzes gerichtet ist. Dadurch mag es zu peripheren Hemmungen und wahrscheinlich auch stark gehemmter Motivation kommen, die immer wieder die gleiche Motorik ablaufen lassen.

Bei normalen Ausbruchsversuchen unterscheidet sich die Plötze zum Beispiel erheblich von den tagaktiven Räubern Hecht und Barsch, indem sie oft wahllos gegen die Maschen schwimmt, die wenige Zentimeter über Bodenschlusslücken dicht an der Unterleine liegen können. Häufig schwimmt sie dabei dicht neben Barschen, die zielgerichtet eine Lücke durchqueren, folgt ihnen aber nicht. Die Plötze zeigt Verhaltensmerkmale am Zugnetz, die mit denen des Karpfens teilweise übereinstimmen oder ihnen nahekommen, doch das Verhalten zum Netz in den ersten Zugphasen unter scheidet sich stark von dem der Karpfen.

4.5.3.	Der tagaktive Barsch orientiert sich wie der Hecht hauptsächlich optomotorisch.

Er sucht am Netztuch aktiv nach Fluchtwegen und schwimmt zum Beispiel auf Bodenschlusslücken zielgerichtet aus größerer Entfernung zu, dabei kann es durch Nachfolgereaktionen zur Gruppenflucht kommen.

Durchbruchsversuche am normalen Netztuch werden auch dann erst unmittelbar vor dem Auszug unternommen, wenn es seine Körpergröße schon in den ersten drei Zugphasen erfolgreich zugelassen hätte. Wird er von einer Netzfalte überdeckt, kann er „panikartig" auszubrechen suchen und dabei im Netz stecken bleiben.

Es konnte nicht beobachtet werden, dass er mit dem Maul tastend die Maschen auf Durchbruchsmöglichkeiten absucht, sondern er schwimmt stets auf sichtbare Lücken zu.

Jungbarschschwärme passen ihre Bewegung, wahrscheinlich infolge einer ottomotorischen Reaktion, häufig der des Flügels an und ziehen innerhalb oder außerhalb des Zuges oft so lange mit, bis der Sack gehoben wird.

Allgemein zeigt der Barsch ein anderes Verhalten am Fangnetz als die beobachteten Friedfische und orientierte sich ähnlich zielgerichtet, um aus dem Netz zu entkommen, wie der Hecht.

5. Bei den Untersuchungen an Stillen Fanggeräten gelang es neben wenigen Beobachtungen an Stellnetzen besonders interessante Verhaltensweisen an Bügelreusen festzustellen.

Nachdem die Reusen im Frühjahr ins Flachwasser der Seen gestellt werden, kommt es nach einigen Tagen zu guten Fängen, die allmählich nachlassen. Das Fanggerät wird in den Wohnbereich der Fische einbezogen, es bilden sich feste Schwimmwege aus, die am Gerät entlang oder hindurch führen. Die anfänglich geringe Fluktuation wird stärker, die Zahl der hinein schwimmenden Fische nähert sich allmählich der Zahl der hinausschwimmenden Tiere.

Während der Laichzeiten der einzelnen Arten kommt es nochmals zu einem vorübergehenden Ansteigen der Fangergebnisse.

Die Fische laufen während bestimmter Tageszeiten häufiger in die Reuse, da ihre Motorik einer bestimmten täglichen Aktivitätsrhythmik unterliegt. Der Beginn der Tagesaktivität und auch die Aktivitätshöhe sind stark von der Lichtintensität abhängig. Für den Flussbarsch konnten Tagesaktivitätskurven ermittelt werden, die den Laborergebnissen von *Siegmund* (1969) entsprechen.

6. Zu den zukunftsträchtigsten Fanggeräten gehören z.Z. Die Elektroschleppnetze, die vielfach in Binnengewässern äußerst effektiv für den Aalfang eingesetzt werden.

Wenn auch *Hering* (1970) mit Recht die Forschungen über die Reaktionen von Fischen in für sie unnatürlich starken elektrischen Feldern aus der fischereibiologischen Verhaltensforschung herausnimmt, so wurde bei vorliegenden Untersuchungen dem Verhalten der Fische im Wirkungsbereich dieser modernen Fanggeräte einige Aufmerksamkeit gewidmet.

Mit dem physiologisch stark wirksamen Elektroschock unterbricht man die Reaktion der Fische für eine Zeit, während der sie, zu keiner koordinierten Bewegung fähig, in das Fanggerät treiben. Zwischen verschiedenen Faktoren (u.a. physiologischer Status der Tiere, elektrisches Feld am Gerät, Leitfähigkeit des Gewässers, Wassertemperatur, Jahreszeit, Bodenbedeckung, Größe des Fangnetzes, Schleppgeschwindigkeit usw.) bestehen aufeinander wirkende Wechselbeziehungen, die sich auch im Verhalten der Tiere vor und nach der Elektronarkose äußern und das Fangergebnis stark beeinflussen können. Es ist nach entsprechender Forschungsarbeit wahrscheinlich möglich, die Wechselbeziehungen zu überschauen und an diesem Fanggerät, das an bestimmter Stelle das Verhalten der Tiere für eine gewisse, vorher festlegbare Zeit unterbricht, von vornherein der günstigste Einsatz des Elektroschleppnetzes mithilfe der Vielefaktorenanalyse zu errechnen.

7. Aus der Zusammenarbeit mit Fischereiwissenschaftlern und Praktikern resultierten durch die direkte Beobachtung der Wechselbeziehungen zwischen dem Fischverhalten und der Arbeitsweise der Fanggeräte eine Reihe von Veränderungen und neue Konstruktionen.

Einige Ergebnisse können eventuell dazu beitragen, Geräte und Methoden in der Perspektive so zu verändern, dass der Fang effektiver wird.

Der nach wie vor bei wechselndem Grund problematische Bodenschluss der Unterleine könnte weniger fluchtbegünstigend wirken, wenn stromführende Elektroden die Fische aus diesem Bereich vertreiben würden, wie es schon bei dem neuen Karpfen-Elektro-Zugnetz versucht wird.

Zugnetze wären leichter zu bauen und zu handhaben, ihre Herstellung könnte billiger sein, wenn ein Drittel bis zur Hälfte der Flügel größere Maschen besäßen, auch brauchte an diesen Teilen kein sicherer Bodenschluss der Unterleine gewährleistet zu sein.

Für Zugnetze zum Aalfang genügte wahrscheinlich eine wesentlich geringere Stauhöhe der Flügel, da der Aal nur in Grundnähe flüchtet.

Das oft problematische Abfischen der Karpfenintensivgewässer zu Beginn der kälteren Jahreszeit könnte einfacher erfolgen, wenn man den Karpfen in seinem „aktiven" Stadium fängt und den Fang mit der Fütterung koppelt.

Die Fischereiwissenschaftler sollten versuchen, die Aal-Elektrozeese abgewandelt für den Fang des schnellen Schwarmfisches Kleine Maräne einzusetzen und vielleicht anstelle der traditionellen Zugnetzfischerei zu verwenden. Möglicherweise wären hier vor allem die Materialkosten herabzusetzen und Arbeitskräfte einzusparen.

Genaue Parameter könnten eventuell gewonnen werden, die den zweckmäßigsten Einsatz des Elektroschleppnetzes im jeweiligen Gewässer bestimmen ließen.

Weitere Erforschung der Fischgeräusche (Signale zur Orientierung und Kommunikation) könnten vielleicht bisher noch nicht genutzte Möglichkeiten ergeben, um eventuell völlig neue Fangmethoden entstehen zu lassen. Vermutlich spielen bei der Kommunikation auch Signale im Infraschallbereich eine Rolle.

Die Reaktionen der Süßwasserfische auf Reize, wie Fremdgeräusche und Kunstlicht mögen ebenfalls, weiter erforscht, Grundlagen für effektivere Fangmethoden liefern.

Martin Rauschert
1034 Berlin
Kopernikusstraße 7

Berlin, den 20.11.1970

Ich versichere, dass ich meine Dissertation

„Beobachtungen zum Verhalten von Fischen an Fanggeräten der Binnenfischerei"

selbst und ohne unerlaubte fremde Hilfe angefertigt habe

und dass andere als die angegebenen Hilfsmittel nicht benutzt wurden.

Auch habe ich mich bisher noch an keiner anderen Stelle zur Promotion gemeldet.